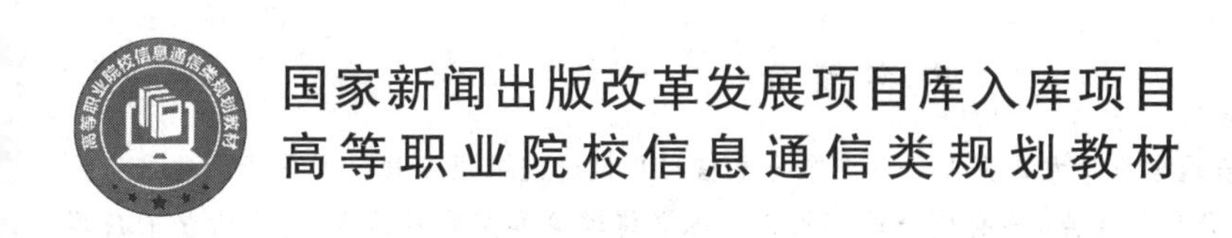

国家新闻出版改革发展项目库入库项目
高等职业院校信息通信类规划教材

通信工程设计实务

庄文雅　主编

北京邮电大学出版社
www.buptpress.com

内容简介

本书的内容取材于广东省通信设计龙头企业——广东省电信规划设计院有限公司。本书紧扣通信行业标准和规范，以工程设计实例分析为重点，具有较强的实用性。本书将理论和实践相结合，包含大量的应用实例，注重对读者实际通信工程勘察能力和设计能力的培养。

本书分为6章。第1章为通信工程设计概述，包括通信网络结构及建设项目的特点、通信工程建设程序、通信工程设计要求和通信工程设计流程。第2～6章介绍通信各专业的设计，分别是无线通信室外基站工程设计、无线通信室内覆盖工程设计、传输系统工程设计、光缆线路工程设计和数据通信工程设计，这五大专业设计基本涵盖了通信工程设计的全部内容。本书对于各专业设计均结合勘察、设计方法和案例进行了详尽的分析论述。

本书既可作为高职高专院校通信工程设计及相关专业的教材，也可作为通信一线设计人员的入职培训教材。

图书在版编目(CIP)数据

通信工程设计实务 / 庄文雅主编. -- 北京：北京邮电大学出版社，2020.7

ISBN 978-7-5635-6103-2

Ⅰ. ①通… Ⅱ. ①庄… Ⅲ. ①通信工程—工程设计—高等职业教育—教材 Ⅳ. ①TN91

中国版本图书馆CIP数据核字(2020)第112485号

策划编辑：马晓仟　**责任编辑**：孙宏颖　**封面设计**：七星博纳

出版发行：北京邮电大学出版社
社　　址：北京市海淀区西土城路10号
邮政编码：100876
发 行 部：电话：010-62282185　传真：010-62283578
E-mail：publish@bupt.edu.cn
经　　销：各地新华书店
印　　刷：保定市中画美凯印刷有限公司
开　　本：787 mm×1 092 mm　1/16
印　　张：15
字　　数：391千字
版　　次：2020年7月第1版
印　　次：2020年7月第1次印刷

ISBN 978-7-5635-6103-2　　定价：39.00元

前　言

通信业是构建国家信息基础设施，提供网络和信息服务，全面支撑经济社会发展的战略性、基础性和先导性行业。自"宽带中国"战略实施以来，光网和4G网络全面覆盖城乡，5G网络快速普及，宽带接入能力大幅提升，容量大、速率高、管理灵活的新一代骨干传输网遍布全国，我国基本建成了高速、移动、安全、泛在的新一代通信设施和网络，初步形成了网络化、智能化、服务化、协同化的现代互联网产业体系。

当前，我国工业互联网加快发展，网络、平台、安全三大体系已经实现了全方位的突破发展，平台供给能力持续提升，融合应用范围加快拓展。2019年11月，工信部办公厅发布《工业和信息化部办公厅关于印发〈"5G＋工业互联网"512工程推进方案〉的通知》，明确到2022年，要突破一批面向工业互联网特定需求的5G关键技术，"5G＋工业互联网"的产业支撑能力显著提升。

所有这些都离不开通信基础网络的支撑。通信设计是通信网络建设的必要环节，通信设计人员承担着通信网络方案比选设计、现场勘察设计、指导施工等重任。通信网络建设工程工作量大，急需一大批通信专业知识扎实的高素质通信设计人才。

本书的编写组由广东轻工职业技术学院与广东省电信规划设计院有限公司的资深专家组成。本书由广东轻工职业技术学院庄文雅主编。第1章由广东省电信规划设计院有限公司电信院总工叶胤编，由广东省电信规划设计院有限公司技术总监赵春华审；第2章由广东省电信规划设计院有限公司高级工程师麦磊鑫编，由广东省电信规划设计院有限公司高级工程师罗宏审；第3章由广东省电信规划设计院有限公司高级工程师沈海红编，由罗宏审；第4章由广东省电信规划设计院有限公司高级工程师江树臻编，由广东省电信规划设计院有限公司高级工程师刘东文审；第5章由广东省电信规划设计院有限公司资深专家谢桂月编，由广东省电信规划设计院有限公司高级工程师冯克正审；第6章由广东省电信规划设计院有限公司高级工程师林园清编，由广东省电信规划设计院有限公司高级工程师姚巧兰审。

在本书编写过程中，我们还得到了广东省电信规划设计院有限公司总工程师曾沂粲，广东轻工职业技术学院秦文胜教授、黄兰老师的大力支持和帮助，他们在百忙之中提出了审校意见，在此一并致以诚挚的感谢！

随着通信技术和通信工程设计的不断发展，对通信工程设计人才的要求也在不断更新。由于编者的经验和水平有限，书中难免有疏漏和不妥之处，恳请广大读者批评指正。

编　者

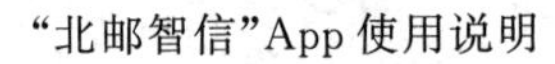

“北邮智信”App使用说明

“说课”

目　　录

第1章 通信工程设计概述

1.1 通信网络结构及建设项目的特点

1.1.1 通信网络结构

信息通信业是构建国家信息基础设施，提供网络和信息服务，全面支撑经济社会发展的战略性、基础性和先导性行业。随着互联网、物联网、云计算、大数据等技术的加快发展，信息通信业的内涵不断丰富，从传统电信服务、互联网服务延伸到物联网服务等新业态。

通信网络实现信息的连接，完成人与人、人与物、物与物间的信息传递，并可以对信息进行一定的处理。最简单的通信系统一般由信源、发送设备、传输信道、接收设备和信宿几部分组成。通信系统可实现点对点通信，可通过交换控制设备将多个通信系统有机地组成一个整体，实现多用户之间的通信，多个通信系统协同工作，形成通信网络结构。为了能够实现全球几十亿人、几百亿服务器和传感器全面交互话音、视频、数据等各类信息，事实上，通信运营网络远比我们想象的更为庞杂。

当前，运营商的网络层次可分成骨干网、本地网(城域网)和接入网三大层级，如图1.1-1所示。

接入网最靠近用户，是用于接入各类通信终端或用户的专网。接入网按技术可以分为无线接入网和有线接入网两大类。无线接入网包括3G无线网、4G无线网、5G无线网、Wi-Fi等。无线基站信号覆盖半径一般从几十米到几千米，无线基站的信号回传基本通过基站回传网(也属于有线接入网)、有线接入网络来传输。典型的有线接入网包括FTTH(光纤到户)、PON无源和MSTP有源接入网、MSTP(大客户专线)接入网等。

随着技术的发展应用及国家战略的推进，光纤逐步向用户端延伸，铜缆逐步退网，我国城市地区90%以上的家庭已具备光纤接入能力，行政村通光缆比例近年超过98%，所以无论有线接入网采用什么技术，其底层的通信介质几乎都是光纤光缆。接入网虽然位于网络最末梢，但犹如神经末梢，其数量非常之巨大，如我国的移动基站数量已超过800万个，接入光缆总长度超过3 000万千米，互联网宽带接入端口数量已超过9亿个。

接入网将通信信号从用户向上连接到本地网(城域网)进行中继或处理。本地网覆盖若干个县市或地市区域，本地网从纵向层次还可分成侧重于传输承载的传输网(包括底层光缆网)和IP网两大层次，以及侧重于控制处理的核心网、业务平台、IT支撑系统等层次。

骨干网实现更广的连接本地外的通信。骨干网纵向层级的划分和本地网类似，从横向地域可再分为省内干线、省际干线、国际干线3个层级。由于部分网络有集中化的发展趋势，所以部分中小型本地网的核心网、业务平台及IT支撑系统的很多功能将集中到骨干层统一实现，不同运营商间的网络互联互通大多在骨干网络层面进行。

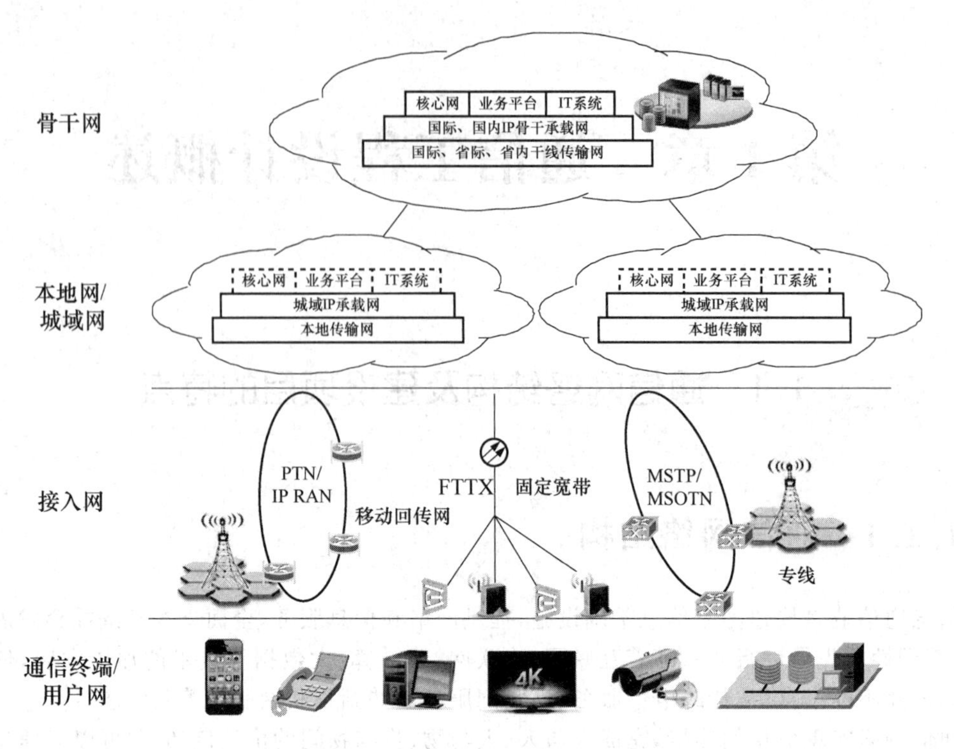

图 1.1-1　通信网络整体结构示意图

除了以上各类网络之外，通信网络还离不开重要的基础设施或配套设施，如容纳各类通信设备的通信机楼、IDC 机楼、接入局所等局房，局房内的配套电源空调等系统，为敷设光缆所需的通信管道或杆路，承载移动天线的通信铁塔，等等。

由于通信运营商的通信网络本身非常复杂，并且新技术、新应用层出不穷，运营商也在进行网络重构，所以不同人站在不同视角对网络结构会有不同的理解。图 1.1-2 是中国电信在 CTNet-2025 网络架构白皮书中提出的网络目标架构。从功能划分的角度看，网络由基础设施层、网络功能层和协同编排层 3 个层面构成，如图 1.1-2 所示。

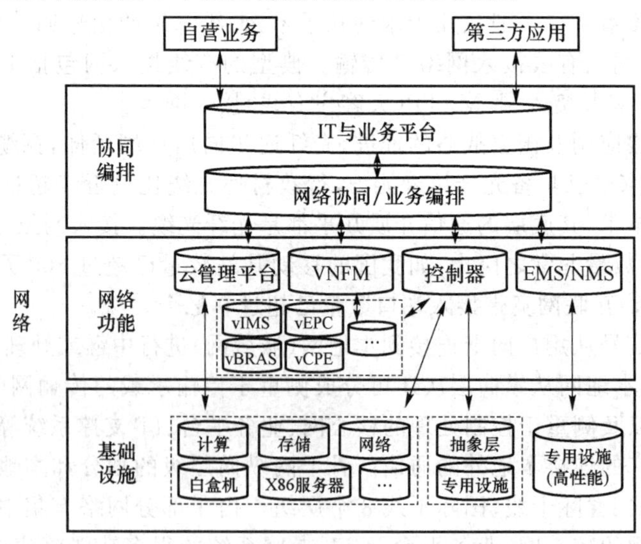

图 1.1-2　中国电信 CTNet-2025 网络目标架构示意图

1. 基础设施层

基础设施层由虚拟资源和硬件资源组成，包括统一云化的虚拟资源池、可抽象的物理资源和专用高性能硬件资源，是以通用化和标准化为主要目标提供基础设施的承载平台。其中，虚拟资源池主要基于云计算和虚拟化技术实现，由网络功能层中的云管理平台、VNFM 及控制器等进行管理，而难以虚拟化的专用硬件资源则主要依赖于现有的 EMS 和/或 NMS 进行管理，某些物理资源还可以通过引入抽象层的方式被控制器或协同器等进行管理。

2. 网络功能层

网络功能层面向软件化的网络功能，结合虚拟资源、物理资源等的管理系统/平台，实现逻辑功能和网元实体的分离，以便于资源的集约化管控和调度。其中，云管理平台主要负责对虚拟化基础设施的管理和协同，特别是对计算、存储和网络资源的统一管控；VNFM 主要负责对基于 NFV 实现的虚拟网络功能的管理和调度，控制器主要负责基于 SDN 实现的基础设施的集中管控。

3. 协同编排层

协同编排层提供对网络功能的协同和面向业务的编排，结合 IT 系统和业务平台的能力化加快网络能力开放，快速响应上层业务和应用的变化。其中，网络协同和业务编排器主要负责向上对业务需求的网络语言进行翻译及对能力的封装进行适配，向下对网络功能层中的不同管理系统和网元进行协同，从而保证网络层面的端到端打通；IT 系统和业务平台的主要作用则是将网络资源进行能力化和开放化封装，以便于业务和应用的标准化调用。

1.1.2　通信网络建设项目的特点

按专业或业务分类，通信网络建设项目一般可划分为无线网、传输网、数据网、核心网、业务网、有线接入网、IT 系统、基础设施、局房等类别。按工程性质划分，工程建设项目可以分为基本建设项目和技术改造项目，其中基本建设项目还可划分为新建项目、改建项目、扩建项目、迁建项目和恢复工程。

通信网络建设工程有如下特点。

① 全程全网联合作业。在工程建设中必须满足统一的网络组织原则、统一的技术标准，解决工程建设中各个组成部分的协调配套，以更好地发挥投资效益。

② 网络建设坚持高起点。通信技术发展快，新技术、新业务不断更新换代。通信网络建设充分论证新技术、新业务、新设备的应用，以保证网络的先进性，提高劳动生产率和服务水平。

③ 工程建设项目数量多，规模大小悬殊。通信网络是现代信息社会的基础设施，可以说有人类活动的地方就需要通信设施。通信网络点多、线长、面广，工程建设项目数量多，分布于全国乃至世界各地，规模大小悬殊，工程建设管理具有一定的难度。

④ 需处理好新建工程与原有网络的关系。很多通信建设项目是对原有网络的扩充、提升与完善，也可视为对原有通信网的调整改造，因此必须处理好新建工程与原有网络的关系，处理好新旧技术的衔接和兼容，并保证原有业务的运行不受影响。

1.2 通信工程建设程序

1.2.1 工程项目生命周期

工程项目投资额巨大、使用年限和投资回收期长，对资源的消耗和对环境的影响大，所以应从工程项目的生命周期进行决策、设计和施工，并进行系统管理，提高工程项目的全生命周期价值。

工程项目的生命周期通常可划分为3个阶段：决策阶段、实施阶段和运营阶段（使用阶段）。工程项目周期主要包括决策、设计、招投标、施工、竣工验收、运营使用和报废等过程，如图1.2-1所示。

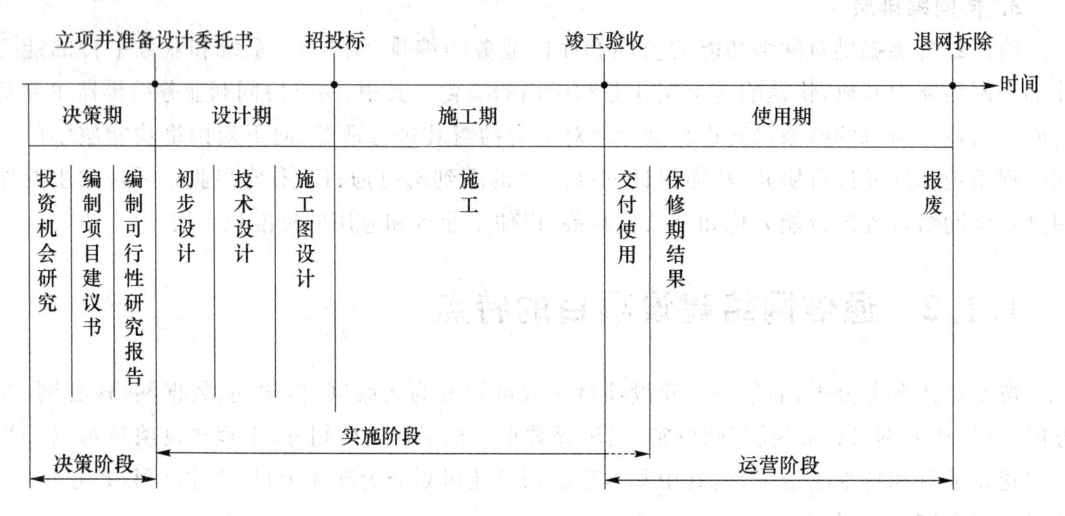

图1.2-1 通信工程项目生命周期

1.2.2 工程建设一般程序

通信固定资产投资项目的工程建设程序大致可划分为3个时期10个步骤，详见图1.2-2。

项目建设的3个时期分别为建设前期、建设时期和竣工投产时期。建设前期包括项目建议书、可行性研究和设计合同/委托书3个步骤；建设时期包括初步设计、施工图设计和工程施工3个步骤；竣工投产时期包括工程初步验收、工程试运行、工程竣工验收（简称“终验”）和投产使用几个步骤。其中建设时期对于小工程项目、技术成熟的扩容工程项目等可以采用一阶段设计，省去初步设计阶段；竣工投产时期对一些小工程项目或技术成熟的工程项目也可采用简化的验收程序。

1. 项目建议书

项目建议书是根据通信业务发展需要和通信网络的总体规划而提出的。编写项目建议书是工程建设程序中最初阶段的工作。项目建议书是投资决策前拟定的该项目的轮廓设想，它包括如下主要内容。

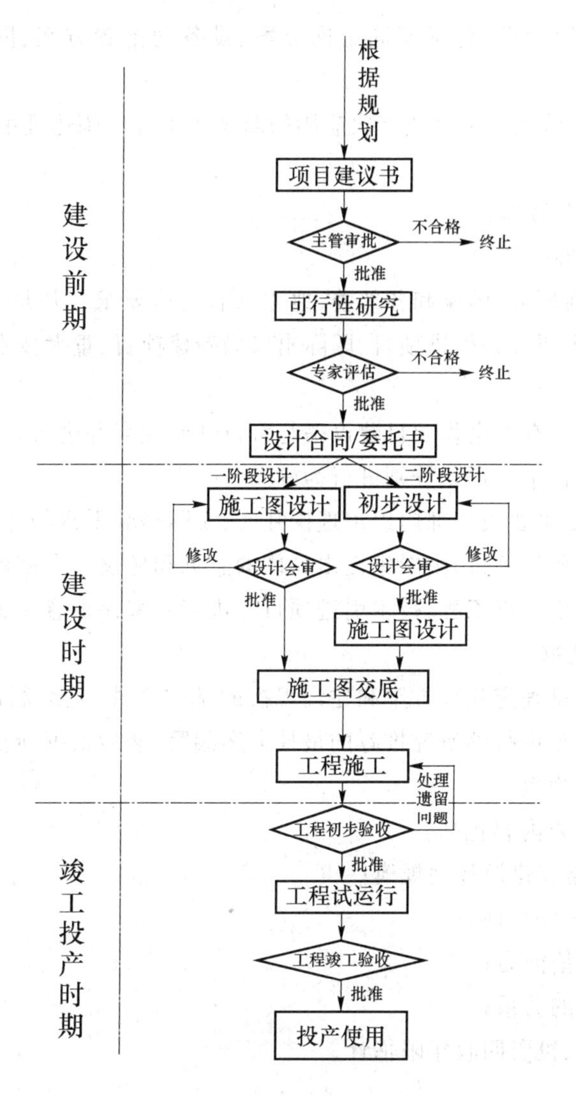

图 1.2-2　通信工程建设程序

① 项目提出的背景、建设的必要性和主要依据。

② 建设规模、地点等初步设想。

③ 工程投资估算和资金来源。

④ 工程进度和经济效益、社会效益估计。

根据项目规模、性质，需报送项目建议书至相关计划主管部门审批。

2. 可行性研究和专家评估

可行性研究是对建设项目在技术、经济上是否可行的分析论证。可行性研究是工程规划阶段的重要组成部分。项目建议书经主管部门批准后，进行可行性研究工作，利用外资的项目对外开展商务洽谈。

通信工程的可行性研究主要内容如下：

① 项目提出的背景、投资的必要性和意义；

② 可行性研究的依据和范围；

③ 提出拟建设的规模和发展规模，以及对新增的通信能力等的预测；

④ 实施方案的比较论证,包括不同组网方案、设备的配置方案、网络保护方案、配套设施等;

⑤ 实施条件,对于试点性工程或首次应用的新技术工程应阐述理由;

⑥ 实施进度建议;

⑦ 投资估计及资金筹措;

⑧ 经济及社会效果的评价。

对于项目的可行性研究,国家和各部委、地方都有具体要求。凡是大中型项目、利用外资项目、技术引进项目、主要设备引进项目、国际出口局新建项目、重大技术改造项目等都要进行可行性研究。

在实际建设过程中,有时会将项目建议书与可行性研究合并进行,这根据主管部门的要求而定,但对于大中型项目来说还是分别进行为好。

专家评估是由项目主要负责部门组织理论扎实、实际经验丰富的专家,对可行性研究的内容进行技术、经济等方面的评价,由专家提出具体的意见和建议。专家评估报告是主管领导决策的主要依据之一,对于重点工程、技术引进项目等进行专家评估意义重大。

3. 设计合同/委托书

设计合同/委托书是确定建设方案和建设规模的基本文件,是编制设计文件的主要依据。设计合同/委托书应根据可行性研究推荐的最佳方案编写,然后根据项目的规模送相关审批部门进行审批,批准后方生效。

合同/委托书的主要内容包括:

① 建设目的、依据和建设计划规模;

② 设备配置及配套的原则;

③ 预期增加的通信能力;

④ 本项目与全网的关系;

⑤ 经济效益预测、投资回收年限估计。

4. 初步设计

设计阶段的划分根据项目的规模、性质等不同情况而定。一般大中型项目采用两阶段设计,即初步设计和施工图设计。大型、特殊工程项目或技术上比较复杂而缺乏设计经验的项目可实行三阶段设计,即初步设计、技术设计和施工图设计。技术成熟的小型项目可采用一阶段设计(即施工图设计)。例如,技术比较成熟或利用相同设备的小规模扩容工程可以采用一阶段设计。

初步设计侧重于项目的总体规模和投资额及经济分析,以及对总体规模和投资额有重大影响的技术方案(如本地网设计中的局所房屋、交换设备、网络组织以及市政建设等方面的配合)的选择。

初步设计的目的是根据已批准的可行性研究报告以及设计任务书或审批后的方案报告,通过进一步深入的现场勘察、勘测和调查,确定工程初步建设方案,并对方案的技术指标和经济指标进行论证,编制工程概算,提出该工程所需投资额,为组织工程所需的设备生产、器材供应,工程建设进度计划提供依据,以及对新设备、新技术的采用提出方案。

通过设计会审、批准之后的初步设计是设备订货和施工图设计的最主要依据。初步设计主要包括以下内容：

① 设计方案；

② 设备选型；

③ 重大技术措施；

④ 确定工程投资概算。

初步设计一经批准，执行中不得任意修改、变更。

5. 施工图设计

施工图设计文件是工程建设的施工依据，是指导施工的主要依据。

施工图设计的目的是按照经过批准的初步设计进行定点定线测量，将各项技术措施具体化，以满足工程施工的深度要求。故施工图设计图纸必须有详细的尺寸、具体的做法和要求。图上应注有准确的位置、地点，使施工人员按照施工图纸就可以施工。施工图设计文件可另行装订，一般可分为封面、目录、设计说明、设备与器材修正表、工程预算、图纸等内容。

施工图设计与初步设计在内容上基本相同。只是施工图设计是经过定点定线实地测量后而编制的，掌握和收集的资料更加详细和全面，所以要求设计文件及内容应更为精确。设计说明中除应将初步设计说明内容更进一步论述外，还应将通过实地测量后对各个单项工程的具体问题的“设计考虑”，详尽地加以说明，使施工人员能深入领会设计意图，做到按设计施工。施工图设计与初步设计相比，增加了实际的施工图纸，将概算改为施工图预算。施工图设计的设计说明、预算及图纸的编制方法与初步设计的设计说明、概算及图纸的编制方法基本相同。

6. 工程施工

通过工程施工招标，建设单位选定工程建设施工单位，并与施工单位签订施工合同，施工单位应根据建设项目的进度和技术要求编制施工组织计划，并做好开工前相应的准备工作。

工程的施工应按照施工图设计规定的工作内容、合同要求和施工组织设计，由施工总承包单位组织与工程量相适应的一个或多个施工队伍和设备安装施工队伍进行施工。工程施工前应向建设单位主管部门呈报施工开工报告或办理施工许可证，经批准后才能正式开工。施工单位要精心组织、精心施工，确保工程的施工质量，施工过程中如有设计变更，应由设计单位出具设计变更单。

7. 工程初步验收

工程项目内容按批准的设计文件要求全部建成后，施工单位应根据相关工程验收规范，编制工程验收文件和初步验收申请，报送建设单位工程主管部门。由建设单位工程主管部门组织相关的投资管理单位、档案管理单位以及设计、施工、维护管理等单位进行初步验收，并向上级有关部门呈报初验报告。初步验收后的通信工程一般由维护单位代为维护。

初步验收合格后的工程项目即可进行工程移交，开始试运行。

8. 工程试运行

工程试运行是指工程初验后到正式验收、移交之间的设备运行。一般试运行期为 3 个月，大型或引进的重点工程项目试运行期可适当延长。在试运行期间，由维护部门代为维护，但施工单位负有协助处理故障确保正常运行的职责，同时应将工程技术资料、借用的工具、器具以及工程余料等及时移交给维护部门。

在试运行期间，按维护规程要求检查，证明系统已达到设计文件规定的生产能力和相关指标。试运行期满后应编写系统使用情况报告。

9. 竣工验收及交付使用

在试运行期间，电路或业务的开放应按有关规定进行管理，当试运行结束并具备验收交付使用的条件后，由主管部门及时组织相关单位的工程技术人员对工程进行系统验收，即竣工验收。系统验收是对通信工程进行全面检查和指标抽测，验收合格后签发验收证书，表明工程建设告一段落，正式投产交付使用。

对于中小型工程项目或者扩容工程，可视情况适当简化手续，可将工程初步验收与竣工验收合并进行。

10. 投产运营

工程建设项目经过最终验收后，将转为固定资产管理，同时由试运行维护转入正常的维护管理，投入正常运营，发挥其运营效益。

1.3 通信工程设计要求

通信工程建设是通信运营企业的固定资产投资项目。不管哪一家通信运营企业，对固定资产投资项目的建设都要进行严格控制及管理，都必须遵守通信工程建设程序并对工程设计有严格要求。

通信固定资产投资建设工程的设计工作是通信建设的重要环节。通信工程设计是指根据通信建设工程的要求，对通信建设工程所需的技术、经济、资源、环境、安全等条件进行综合分析、论证，编制通信建设工程设计文件的活动。通信建设工程设计应当与社会、经济发展水平相适应，做到经济效益、社会效益和环境效益相统一。

通信工程设计的作用是为建设方把好投资经济关、网络技术关、工程质量关、工程进度关、维护支撑关和安全关。

为了保证设计文件的质量，使设计能适应工程建设的需要，达到迅速、准确、安全、方便的目的，设计应符合以下要求：

① 设计工作必须全面执行国家、行业的相关政策、法律、法规以及企业的相关规定，设计文件应技术先进、经济合理、安全适用，并能满足施工、生产和使用的要求；

② 工程设计要处理好局部与整体，近期与远期，新技术与挖潜、改造等的关系，明确本期配套工程与其他工程的关系；

③ 设计企业应对设计文件的科学性、客观性、可靠性、公正性负责，建设方工程建设主管部门应组织有关单位对设计文件进行审议，并对审议的结论负责；

④ 设计工作要加强技术经济分析，进行多方案的比选，以保证建设项目的经济效益；

⑤ 设计工作必须执行技术进步的方针，广泛采用适合我国国情的国内外成熟的先进技术；

⑥ 要积极推行设计标准化、系列化和通用化。

1.3.1 标准规范的要求

标准是“以科学、技术和实践经验的综合成果为基础”的统一规定，是大家“共同遵守的准则和依据”。标准也是衡量事物的准则。

规范是对某一工程作业或者行为进行定性的信息规定。因为无法精准定量形成标准，所以被称为规范。规范是指群体所确立的行为标准。它们可以由组织正式规定，也可以是非正式形成的。

1. 标准规范的分类

标准有多种分类方式，按标准适用的区域划分，标准可分为如下几种。

- 国际标准：主要指国际标准化组织制定的供全球使用的标准。
- 区域性标准：某一地区内经协商制定和通行的标准，如欧盟制定的标准。
- 国家标准：由国家的标准化委员会承认的有关部门制定、批准发布，在全国范围内使用的标准。
- 行业标准：由部委专业标准化委员会正式行文发布，并报国家主管部门备案的标准。
- 地方标准：由省、自治区或直辖市的标准化主管机构所制定，适用于本地范围和企业的标准。
- 企业标准：由企业制定并在主管部门备案的标准。一种是内部标准，用于企业的内部管理；另一种是企业按国家相关标准要求针对自己的产品制定的标准。

按是否强制要求执行划分，标准可分为强制性标准和推荐性标准两类。强制性标准必须坚决执行，不符合标准的产品禁止生产、销售和进口。对于推荐性标准，国家鼓励企业自愿采用，一旦采用则应坚决执行。

2. 标准规范的编号规则

(1) 国家标准编号

国家标准的编号由国家标准的代号、国家标准发布的顺序号和国家标准发布的年号构成：GB/×××—××××。

GB 是强制性国家标准，如“GB 50312—2007 综合布线系统工程验收规范”。

GB/T 是推荐性国家标准，如“GB/T 21195—2007 室内分布天线通用技术规范”。

(2) 行业标准编号

通信行业标准编号由行业标准代号、标准顺序号及年号组成：YD/×××－××××。

① YD：强制性标准。

② YD/T：推荐性标准。

③ YD/C：参考性标准。

④ YD/B：技术报告。

⑤ YD/N：通信技术规定。

如“YD 5079—2005 通信电源设备安装验收规范”“YD/T 5182—2009 第三代移动通信基站设计暂行规定”。

(3) 地方标准编号

地方标准编号由地方标准代号、地方标准发布顺序号和年号三部分组成：DB××/×××—××××。如 DB35/322—2018，福建省强制性地方标准代号。

(4) 企业标准编号

企业标准编号由公司代号、分类号、顺序号和年号四部分组成：QB/××-×××—××××。如 QB/E-007—2007，中国移动(TD/G)双模双待终端规范。

3. 专业设计规范

以移动通信网设计规范为例，专业设计规范包括但不限于：

- 中华人民共和国通信行业标准(YD 5059—2005)《电信设备安装抗震设计规范》;
- 中华人民共和国通信行业标准(YD 5054—2005)《电信建筑抗震设防分类标准》;
- 中华人民共和国通信行业标准(YD 5110—2009)《800 MHz/2 GHz cdma2000 数字蜂窝移动通信网工程设计暂行规定》;
- 中华人民共和国通信行业标准(YD 5111—2009)《2 GHz WCDMA 数字蜂窝移动通信网工程设计暂行规定》;
- 中华人民共和国通信行业标准(YD/T 5161—2007)《边远地区 900/1 800 MHz TDMA 数字蜂窝移动通信工程无线网络设计暂行规定》;
- 中华人民共和国通信行业标准(YD/T 5182—2009)《第三代移动通信基站设计暂行规定》;
- 中华人民共和国通信行业标准(YD/T 5034—2005)《数字集群通信工程设计暂行规定》。

通信线路工程相关设计规范包括但不限于:

- 中华人民共和国通信行业标准(YD 5102—2010)《通信线路工程设计规范》;
- 中华人民共和国通信行业标准(YD 5121—2010)《通信线路工程验收规范》;
- 中华人民共和国通信国家标准(GB 50373—2006)《通信管道与通道工程设计规范》;
- 中华人民共和国通信国家标准(GB 50374—2006)《通信管道工程施工及验收技术规范》;
- 中华人民共和国通信行业标准(YD/T 5066—2005)《光缆线路自动监测系统工程设计规范》;
- 中华人民共和国通信行业标准(YD/T 5093—2005)《光缆线路自动监测系统工程验收规范》;
- 中华人民共和国通信行业标准(YD/T 5148—2007)《架空(光)电缆通信杆路工程设计规范》;
- 中华人民共和国通信行业标准(YD/T 5151—2007)《光缆进线室设计规范》;
- 中华人民共和国通信行业标准(YD/T 5152—2007)《光缆进线室验收规范》;
- 中华人民共和国通信行业标准(YD/T 5175—2009)《通信局(站)防雷与接地工程验收规范》;
- 中华人民共和国通信行业标准(YD/T 5162—2007)《通信管道横断面图集》。

1.3.2 建设、维护和施工单位对设计的要求

对于通信建设工程设计,站在不同单位的角度会有不同的要求,甚至在某些方面可能会出现相反意见,这就需要设计人员多方进行比较分析,并权衡处理。作为设计人员必须了解各方最基本的合理要求。下面简单介绍各方最基本的合理要求。

1. 通信工程建设单位的要求

总的要求:设计经济合理、技术先进、全程全网、安全适用。

对设计文本的要求:勘察认真细致,设计全面详细;要有多个方案的比选;要处理好局部与整体、近期与远期、采用新技术与挖潜利用这几个关系。

对设计人员的要求:要理解建设单位的意图;熟悉工程建设规范、标准;熟悉设备性能、组

网、配置要求；了解设计合同的要求；掌握相关专业工程现状。

2. 施工单位对设计的要求

总的要求：能准确无误地指导施工。

对设计文本的要求：设计的各种方法、方式在施工中具有可实施性；图纸设计尺寸规范、准确无误；明确原有、本期、今后扩容各阶段工程的关系；预算的器材、主要材料不缺不漏；定额计算准确。

对设计人员的要求：熟悉工程建设规范、标准；掌握相关专业工程现状；认真勘察；掌握一定的工程经验。

3. 维护单位对设计的要求

总的要求：安全；维护便利（机房安排合理、布线合理、维护仪表、工具配备合理）；有效（自动化、无人值守）。

对设计文本的要求：要征求维护单位的意见；处理好相关专业及原有、本期、扩容工程之间的关系。

对设计人员的要求：要熟悉各类工程对机房的工艺要求，了解相关配套专业的需求；具有一定的工程经验。

1.3.3 初步设计的内容要求

初步设计在可行性研究报告批复和初步设计委托书（或设计合同）的基础上，详尽地收集各方面的基础资料，进行项目技术上的总体设计。确定明确的方案以指导设备订货。对主要材料和设备进行询价，编制工程概算，进行施工准备，确定建设项目的总投资额。

初步设计的内容和要求主要包括如下几部分。

1. 设计说明

设计说明包括网络现状及分析、建设原则、工程方案、系统配置、网络结构、节点设置、设备选型及配置、接口参数、保护方式、网管、设备安装和布置方式、电源系统、告警信号方式、布线电缆的选用及其他需要说明的问题。

每个建设项目都应编制总体设计部分的总体设计文件（即综合册），其内容应包括设计总说明及附录，各项设计总图、总概算编制说明及概算表。总说明的概述主要应描述的内容有：

① 应扼要说明设计依据（例如可行性研究报告/方案设计或设计合同/委托书/任务书等主要内容）及结论意见；

② 叙述本工程设计文件应包括的各单项工程编册及其设计范围分工；

③ 建设地点现有通信情况及需求；

④ 设计利用原有设备及局所房屋的意见；

⑤ 本工程需要配合及注意解决的问题（例如地震设防、人防、环保等要求，后期发展与影响经济效益的主要因素，本工程的网点布局、网络组织，主要的通信组织等）；

⑥ 表列本期各单项工程规模及可提供的新增生产能力，并附工程量表、增员人数表、工程总投资及新增固定资产值、新增单位生产能力、综合造价、性能指标及分析、本期工程的建设工期安排意见；

⑦ 其他必要说明的问题等。

2. 概算

概算包括编制说明、依据、各项费率的取定方法等，以及完整的概算表。

3. 图纸

图纸包括系统配置图、网络结构图、网管系统图、机房设备平面布置图、机房电源图、告警系统布缆计划及设备公用图等。

1.3.4 施工图设计的内容要求

施工图设计根据初步设计的批复，经过工程现场勘察，进一步对设备安装方面的图纸进行细化，同时依据主要通信设备订货合同进行说明和预算编制。施工图设计文件是控制安装工程造价的重要文件，施工图预算是估算工程价款、与发包单位结算及考核工程成本的依据。

施工图设计的基本内容与初步设计一致，是初步设计的完善和补充，以达到深度指导施工的目的，内容同样包含说明、预算、图纸等三大部分。施工图设计说明中除应将初步设计说明内容进一步进行论述外，还应通过实地测量后对各个单项工程的具体问题详尽地加以说明，使施工人员能深入领会设计意图，做到按设计施工。与初步设计相比，施工图设计增加了实际的施工图纸，将概算改为施工图预算。施工图设计应全面贯彻初步设计的各项重大决策，应核实与初步设计的不同之处并进行调整，针对网络方案变更予以说明，施工图预算总额原则上不能超出初步设计概算。

在施工图设计过程中，设计人员在对现场进行详细勘察的基础上，对初步设计进行必要的修正和细化，绘制施工详图，标明通信线路和通信设备的结构尺寸、安装设备的配置关系及布线，明确施工工艺要求，根据实际签订的主要设备订货合同编制施工图预算，以及必要的文字说明，以表达设计意图，其内容的详尽程度应能满足指导施工的需要。

各单项工程施工图设计说明应简要说明批准的本单项工程部分初步设计方案的主要内容并对修改部分进行论述，注明有关批准文件的日期、文号及文件标题，提出详细的工程量表。施工图设计可不编制总体部分的综合册文件。

以通信线路单项工程为例，施工图设计的主要内容如下。

① 批准的初步设计的线路路由总图。

② 通信光缆线路敷设定位方案（包括无人值守中继站、光放站）的说明，并附在测绘地形图上，以绘制线路位置图，标明施工要求，如埋深、保护段落及措施、必须注意施工安全的地段及措施等；无人值守中继站、光放站的站内设备安装及地面建筑的安装建筑施工图。

③ 线路穿越各种障碍的施工要求及具体措施。对比较复杂的障碍点应单独绘制施工图。

④ 通信管道、人孔、手孔、光/电缆引上管等的具体定位位置及建筑形式，人孔、手孔内有关设备的安装施工图及施工要求；管道、人孔、手孔结构及建筑施工采用的定型图纸，非定型设计应附结构及建筑施工图；对于有其他地下管线或障碍物的地段，应绘制剖面设计图，标明其交点位置、埋深及管线外径等。

⑤ 线路的维护区段的划分、机房设置地点及施工图（机房建筑施工图另由建筑设计单位编发）。

⑥ 枢纽楼或综合大楼光缆进线室终端的铁架安装图、进局光缆终端施工图。

设计文本的编写必须非常严谨，应用语得当，文字流畅，特别注意计量单位的正确书写。

根据以往设计审核过程中的发现，一些法定计量单位的书写较易出错。

1.4　通信工程设计流程

通信工程的设计过程是一种特殊产品（文本）的生产过程，有和普通产品生产过程的共性，例如产品（设计文本）的输入、产品生产（设计）过程的控制和产品的输出等。对设计过程的控制一般都是采用设计、核对、审核和批准等几道控制程序，但对于各个环节的具体控制和管理，不同的设计单位会有所不同。通信工程设计的通用流程如图 1.4-1 所示，下面将对几个主要流程作简单的描述。

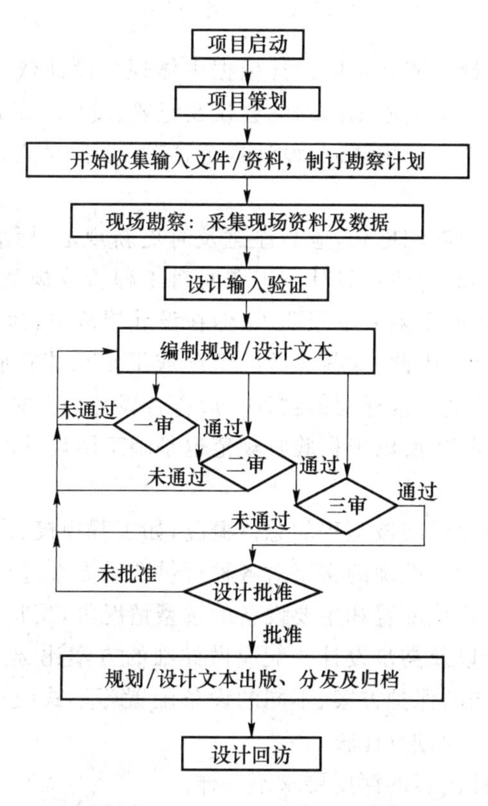

图 1.4-1　规划设计的通用流程图

1. 项目策划

项目策划的目的是保证规划/设计成果的质量。项目总负责人站在更高的角度进行事前指导。策划内容主要包括人力资源配置、进度计划、质量控制要点、政策法规以及强制性规范注意要点等。

2. 收集输入资料，制订勘察计划

收集相关的输入资料及数据，包括历史资料、最新的技术资料等，并制订勘察方案和勘察计划。设计输入主要应包括以下内容。

① 合同/任务书/委托书，包括合同洽谈记录等。

② 引用设计规范、技术标准。

③ 采用设计文件的内容格式。

④ 外部资料、勘察报告,包括调研资料、设备合同、系统开发合同等。

3. 现场采集数据(勘察)

现场采集数据通常称为现场勘察。现场勘察是设计工作重要的环节之一,现场勘察所获取的数据是否全面、详细和准确,对规划/设计的方案比选、设计的深度、设计的质量起到至关重要的作用。因此,要求采用必要的工具、仪表,深入工程现场做细致的调查和测量,准确记录数据。

4. 设计输入验证

对于设计输入的验证,要求审查引用的标准、规范是否齐全、正确及有效,检查采集的数据是否满足合同要求,检查勘察记录是否有缺漏,记录的数据是否准确。对一些通过统计、计算得出的数据应检查统计、计算方法是否正确,检查统计、计算结果是否有误,检查机房平面布置是否合理。

引用的标准、规范在设计说明文本的设计依据中体现。设计依据不仅包括该工程设计的会审纪要和批复文件、该工程重大原则问题的会议及纪要、设计人员赴现场勘察收集掌握的和厂家提供的资料,还包括有效的技术体制,设计规范,施工验收规范,概、预算编制办法及定额等的标准号及名称。

由于规范/标准不断地发展和更新,应当注意及时更新规范/标准,确保设计输入的规范/标准的有效性和先进性。同时应注意设计施工图时对工程验收规范的应用,因为有些技术参数可能在验收规范中有具体的上限或下限要求,但在设计规范中,为便于设计人员根据实际情况灵活应用,可能只提及原则,因此,这些参数的上限或下限只能在验收规范中才能找到。另外,在验收规范中,有许多条文是这样写的:“××应符合设计的要求或规定。”这就说明设计文本中必须明确提出要求或规定,所以工程验收规范也是施工图设计的输入依据之一。

5. 编写设计文本

设计说明应全面、准确地反映该工程的总体概况,如工程规模、设计依据、主要工程量及投资情况。设计说明应通过简练、准确的文字对各种可供选用方案进行比较并得出结论,说明单项工程与全程全网的关系、系统配置和主要设备的选型情况等,反映该工程的全貌。

可行性研究、方案设计以及初步设计一般应做详细的方案比选。方案比选可以用不同的路由、不同的组网方式、不同的保护方案、不同的设备配置等形式组成不同的方案,从技术性、经济性、可靠性、实用性等方面进行比较。

不同阶段的设计其设计内容的深度要求不一样。

6. 设计校审

设计校审是设计过程中必不可少的一个重要环节,是保证设计产品质量重要的手段之一。不同的设计单位根据自身的实际情况和特点,设计校审的做法有所不同。例如,有的设计单位结合自身二级机构设置情况和二级机构控制能力的实际情况,对规划、新技术、新业务的项目以及对项目的可行性研究和初步设计均采用三级校审控制程序,对常规项目的施工图设计一般采用二级校审控制程序。

(1)一审

一审是设计校审的第一关,对设计的质量至关重要。往往一审人员比较清楚许多具体的、细节的问题。因此,最好由一起参加勘察的一审人员审核,一级校审人员审核设计的要点及要求如下。

① 校审设计的内容格式(包括封面、分发表)是否符合规定要求。

② 设计是否符合任务书、委托书及有关协议文件设计规模的要求;设计深度是否符合要求。

③ 设计的依据,引用的标准、规程、规范和设计内容的论述是否正确、清晰明了;可行性研究、初步设计是否有多方案比较;设计方案、技术经济分析和论证是否合理。

④ 所采用的基础数据、计算公式是否正确,计算结果有无错误。

⑤ 各单项或单位工程之间技术接口有无错漏。

⑥ 设计的图纸和采用的通用图纸是否符合规定要求,图纸中的尺寸、材料规格、数量等是否正确无遗漏。

⑦ 设备、工器具和材料型号规格的选择是否切合实际;概、预算的各种单价、合计、施工定额和各种费率是否正确无错漏。

⑧ 按以上各要点对设计文件进行认真校审后,对设计质量做出准确评价;如果设计内容有质量问题,要在质量评审流程上做好详细的质量要点记录。必要时,对关键要点进行跟踪、指导。

⑨ 校审人员必须做好质量记录和各项标识并签字后才能移交下一级校审。

(2) 二审

一审后一般由部门组织二级审核,二级校审人员审核设计的要点及要求如下。

① 审核设计方案、引用的标准与规范和技术措施是否正确,是否经济合理、切实可行,设计深度是否达到规定要求。

② 设备、工器具和主要材料的型号、规格的选用是否正确合理。

③ 设计的计算数、各种图纸等有无差错。

④ 与其他专业或单项工程之间的衔接、配合是否完整无缺。

⑤ 概、预算费率和各种费用合计及总表是否准确。

⑥ 各道工序质量控制的记录是否完备。

⑦ 检查设计人员对审核人员指出的问题是否进行了修改,并对有争议的问题作出判断。如果设计人员没有认真修改一审人员提出的问题,或者上一级校审不认真,质量记录和标识不完善,二审人员有权拒接校审。

⑧ 按以上各要点对设计文件进行认真校审后,二审人员对设计质量做出准确评价。如果设计内容有质量问题,需在工程设计质量评审流程上做好详细的质量要点记录。必要时,对关键要点进行跟踪、指导。

(3)三审

三审主要针对原则性、政策性问题进行把关和控制,一般由公司或院级层面审核,公司或院级审定人员审核设计的要点及要求如下。

① 审核总体设计方案是否正确合理,设计深度是否符合标准、规范要求;所引用的技术标准、规程、规范是否正确有效。

② 设备、器材型号、规格的选用是否得当,项目中采用的新技术是否可行。

③ 技术、经济指标及论证是否合理。

④ 专业之间技术接口的衔接、配合是否完整合理。

⑤ 各种图纸是否符合规范要求。

⑥ 对于设计概、预算是否正确,院级审定人员不可能做详细核算,一般根据工程规模和综合造价进行简单校验,如果综合造价相差甚大,应进一步深入细查。

⑦ 检查设计人员对上一级审核人员指出的问题是否进行了修改，并对有争议的问题作出判断。设计人员没有认真修改二审人员提出的问题，或者上一级校审不认真，质量记录和标识不完善，三审人员有权拒接校审。

⑧ 按以上各要点对设计文件进行认真校审后，对设计质量做出准确评价；如果设计内容有质量问题，要在评审后做好详细的质量要点记录。必要时，对关键要点进行跟踪、指导。

7. 出版、分发及存档

设计文本经过各级审核、批准后，递交出版。按合同或相关规定的要求出版相应数量的文本，并按时递送到相关单位或部门，设计单位同时做好设计文本的归档工作。

8. 设计回访

设计回访是设计质量改进不可缺少的环节之一。设计回访应多方听取意见，一是建设单位工程主管部门的意见，二是建设单位运营维护部门的意见，三是施工单位的意见，四是监理单位的意见。根据设计回访收集的意见，进行质量分析，提出预防改进措施。

本章小结

本章首先介绍了通信网络结构及建设项目的特点，由于通信运营网络非常庞杂，所以本章从通信网络规划设计的角度，结合区域和专业对通信网络的整体结构进行了抽象示意，展示了笔者对通信网络全局的简单认知。运营商的网络层次分成骨干网、本地网（或城域网）和接入网三个大层级，网络建设项目按专业或业务的不同一般可以划分为无线网、传输网、数据网、核心网、业务网、有线接入网、IT系统、基础设施、局房等类别。

本章重点讲解了通信工程建设管理程序、设计要求和通信工程设计流程。通信工程建设程序大致可划分为3个时期10个步骤，建设前期包括项目建议书、可行性研究和设计合同/委托书3个步骤；建设时期包括初步设计、施工图设计和工程施工3个步骤；竣工投产时期包括工程初步验收、工程试运行、工程竣工验收和投产使用4个步骤，其中对于小工程项目、技术成熟的扩容工程项目等可以采用一阶段设计替代初步设计和施工图设计。本章最后介绍了通信工程设计工作的通用流程，讲解了设计工作策划、勘察、编制、校审、出版等全流程的主要环节。

课后习题

1. 请简述工程建设的一般程序。
2. 请简述通信工程设计流程。
3. 请说明通信工程初步设计与施工图设计的区别。

第 2 章　无线通信室外基站工程设计

2.1　无线通信室外基站工程概述

2.1.1　室外基站系统的组成

无线通信室外基站工程的基站类型可按以下两类方式进行划分。

- 从工程角度上可划分为新建站、扩容站、搬迁站等。
- 从主设备类型上可划分为宏基站、BBU＋RRU、RRU、小基站、微微基站等。

室外无线基站一般由 3 个物理“小区”组成，每个小区只负责一个方向上的覆盖。为了方便网络规划和工程设计，把每个小区的覆盖区域都抽象为正六边形，每个基站覆盖区域组成“三叶草”的形式，基站与基站构成“蜂窝结构”，如图 2.1-1 所示。

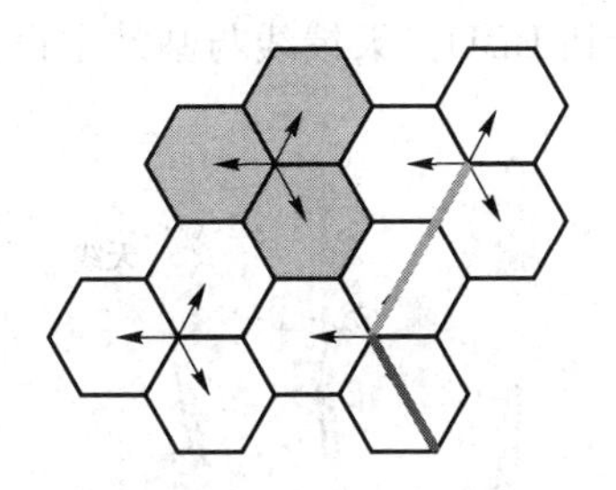

图 2.1-1　蜂窝网络拓扑结构

室外无线基站系统由天面和机房组成。基站机房一般是密闭的房间，用于安放基站及配套设施。这些基站及配套设施包括基站主设备、传输设备、电源系统和其他机房配套。天面可以是建筑物的楼顶天面，也可以是铁塔的平台，主要有杆塔、天馈系统和其他天面配套。室外基站的组成如图 2.1-2 所示，室外基站系统示意见图 2.1-3。通信基站的构成见二维码。

通信基站的构成

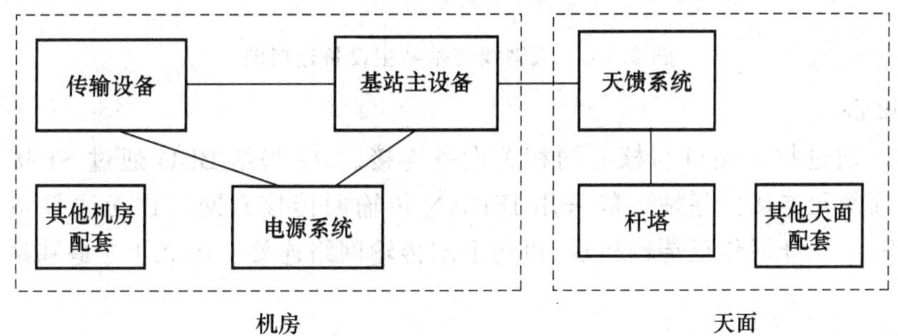

图 2.1-2　室外基站的组成

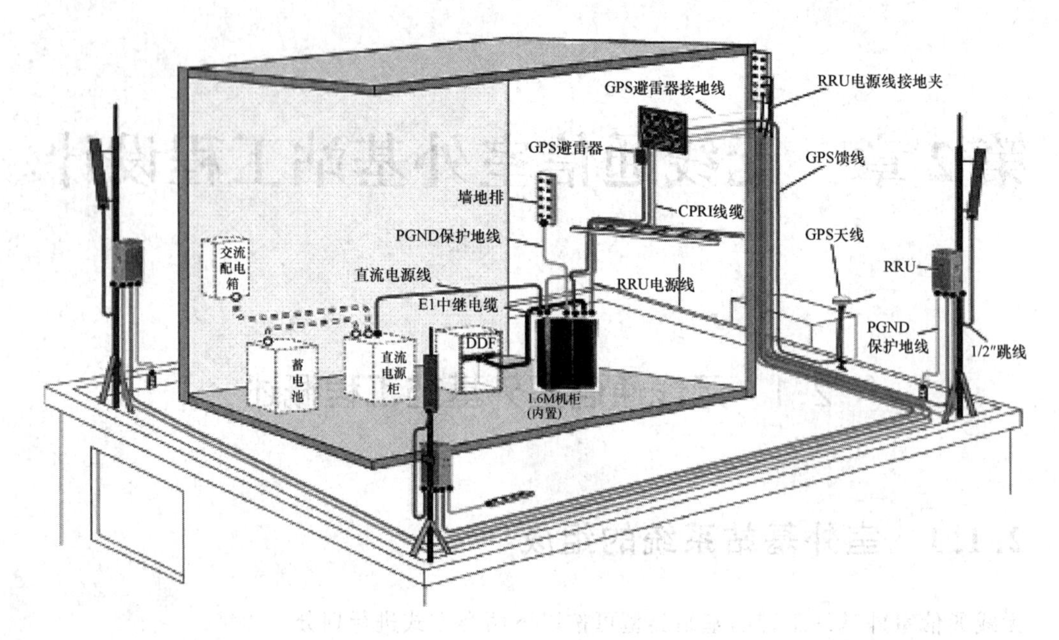

图 2.1-3　室外基站系统示意图

1. 基站主设备

基站主设备包括基带处理单元(Building Base band Unite,BBU)和远程射频单元(Radio Remote Unit,RRU)。BBU 主要完成基带信号处理、基站信令控制等功能;RRU 通过光纤与 BBU 相连接,把基带数字信号转换为射频信号,输出到射频天线进行无线信号发射,并把天线接收的信号转换为数字信号回传到 BBU。天馈线与基站主设备连接示意如图 2.1-4 所示。

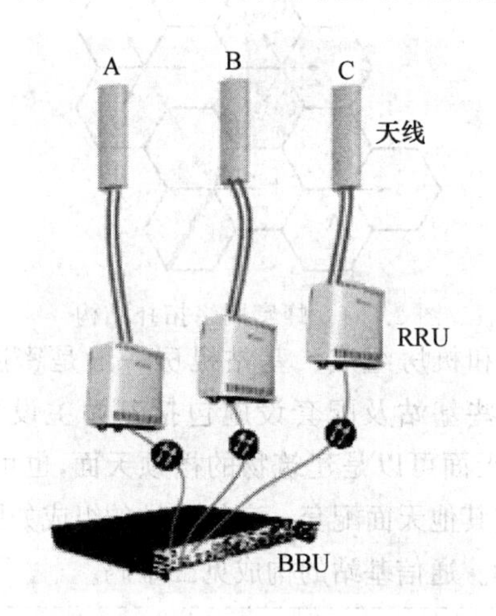

图 2.1-4　天馈线与基站主设备连接图

2. 传输设备

基站 BBU 通过特定接口与核心网相关设备连接。4G 基站 BBU 通过 S1 接口与核心网 MME/SGW 等网元连接。基站一般采用 IPRAN 传输回传核心网。在无线基站机房部署相应的传输设备,由光纤回传至传输机房,再与上层传输网络连接。图 2.1-5 是基站机房传输设备实物图。

图 2.1-5　传输设备

3. 电源系统

通常来说，基站主设备和传输设备采用－48 V 直流供电，因此基站机房内需部署电源系统对设备进行供电。基站电源系统包括外电引入、交流配电屏、直流开关电源、蓄电池组等，如图 2.1-6 所示。

(a) 交流配电屏

(b) 直流开关电源

(c) 蓄电池组

图 2.1-6　基站电源系统

4. 其他机房配套

为了确保基站设备正常运行和满足维护需要，机房还需要配置相应的配套，包括空调、照明、动力环境监控、接地、走线架和机房装修等。图 2.1-7 是室内地线排，图 2.1-8 是室内走线架及馈线窗。

图 2.1-7　室内地线排

图 2.1-8 室内走线架及馈线窗

5. 天馈系统

天馈系统即天线和馈线系统，RRU 的射频信号通过馈线连接到天线，实现无线信号的接收和发送。射频天线与馈线如图 2.1-9 所示。

(a) 射频天线

(b) 馈线

图 2.1-9 射频天线与馈线

6. 杆塔

为了获取良好的覆盖效果，天线需要安装在杆塔上，避免周围建筑物和山体的阻挡，杆塔分为落地塔和楼面塔两大类。落地塔包括角钢塔、通信杆、拉线塔等，楼面塔包括抱杆、支撑杆、围笼、楼面角钢塔等。主要杆塔类型如图 2.1-10 所示。

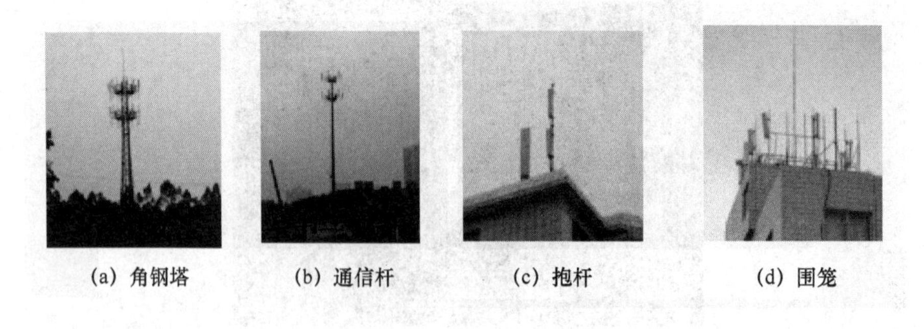

(a) 角钢塔 (b) 通信杆 (c) 抱杆 (d) 围笼

图 2.1-10 主要杆塔类型

7. 其他天面配套

天面配套还包括防雷接地、室外走线架等，如图 2.1-11 所示。

(a) 室外走线架

(b) 防雷接地

图 2.1-11　室外走线架与防雷接地

2.1.2　室外基站工程内容

一般来说，完整的室外基站勘察设计项目应包括项目启动、选址、勘察、设计、出版归档、会审修正等过程。如果会审的结果需要进行修正设计，则室外基站勘察设计项目还包含设计修正过程。设计流程如图 2.1-12 所示。

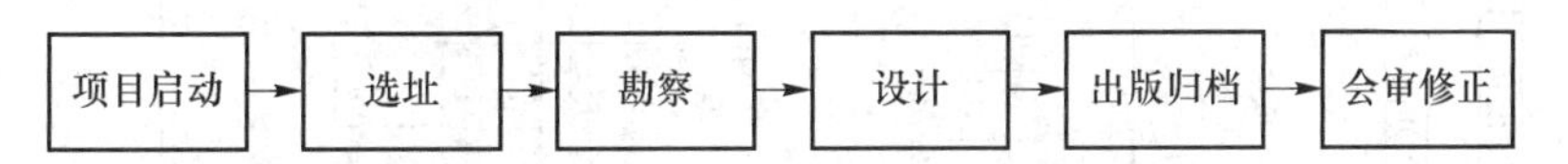

图 2.1-12　工程项目设计阶段流程图

- 选址。明确网络覆盖需求后，根据网络拓扑结构要求以及建筑物分布情况，在目标区域选取相应候选站址，进行实地考察。输出选址报告，通过选址评审则进入下一阶段，若无法满足要求则需要重新选址。
- 勘察。根据候选站点的评估报告，结合施工条件和物业协调等实际工程因素，进行现场详细勘察，制订初步设计方案，输出勘察报告和设计草图。
- 设计。经过现场勘察后，根据勘察报告和设计草图进行建设方案的制订，绘制设计图纸，编制工程概、预算。若出现设计变更，需要更新设计图纸和概、预算，最后编制设计说明文档。

2.1.3　分工界面

无线通信设计涉及无线专业、传输专业、电源专业和土建专业。无线专业主要包括无线主设备、天馈系统和 GPS 系统等；传输专业为无线专业提供基站回传；电源专业包括市电引入、交流配电、开关电源和电池组等，为传输专业和无线专业设备稳定供电；土建专业则包括杆塔、机房建设、机房空调、动力环境监控和防雷接地等，为基站提供杆塔配套和机房配套。室外无线基站工程专业分工界面如图 2.1-13 所示。

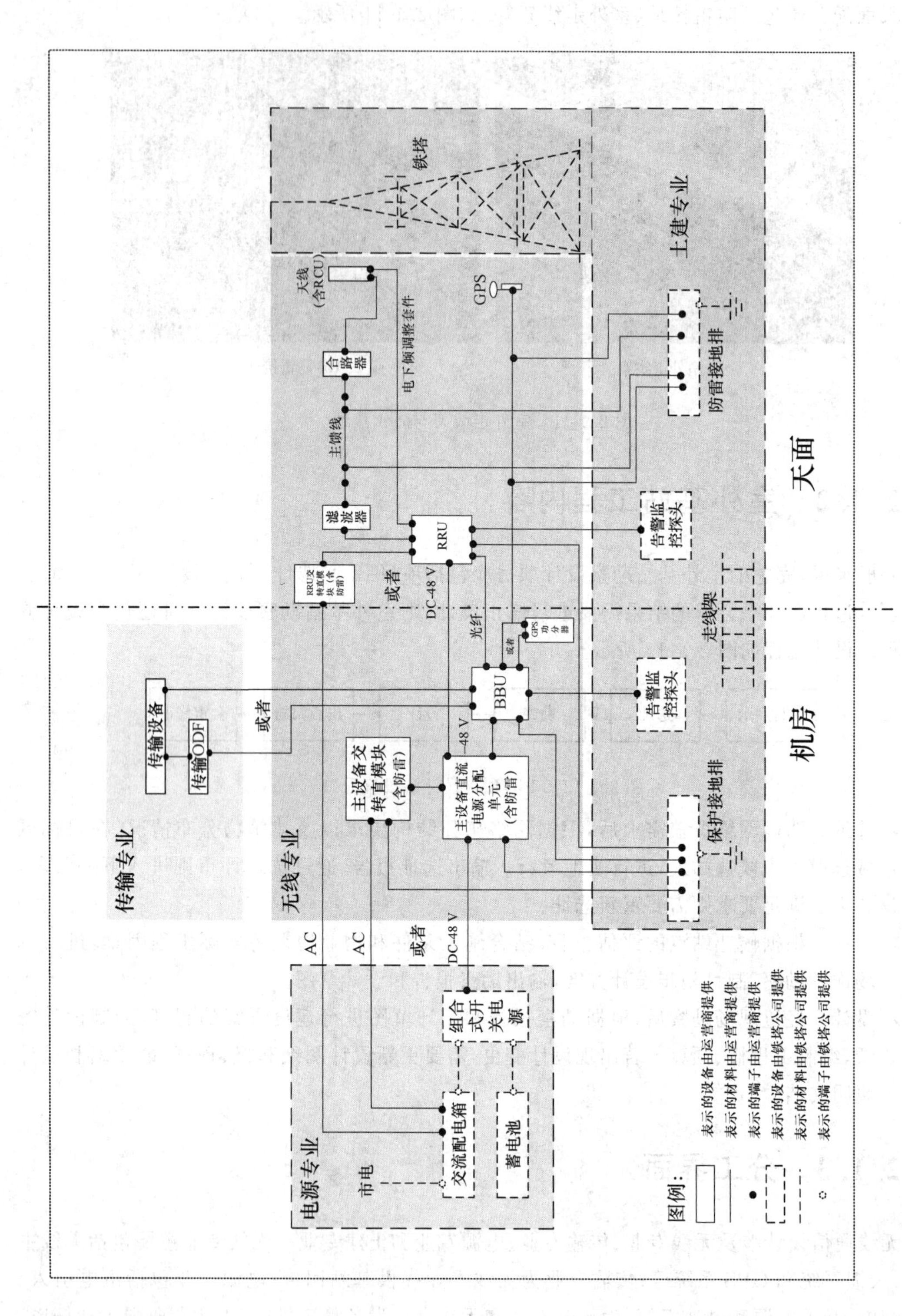

图 2.1-13　室外无线基站工程专业分工界面

2.2　室外基站选址

2.2.1　选址内容、原则和流程

选址是网络建设从规划走向实施的第一步，实际网络是否基本符合规划设想，恰当选址至关重要，优质的无线网络建立在科学选址上。

1. 选址内容

根据网络规划方案或现有网络布局情况，对新增或搬迁站点的建设位置进行选定。选址工作的输出包括候选点位置、基站建设方案、配套建设方案等。

① 确定拟建站址。根据容量预测、话务分布、覆盖要求等条件，进行现场选址。

② 确定基站有关参数。有关参数包括基站设备类型，天线类型、挂高、方向、下倾等。

③ 确定基站配套建设条件。初定杆塔类型、高度，外电引入、传输建设条件以及地网的建设情况。

④ 共享共建条件。明确周边其他运营商的站址、杆塔类型、抱杆安装情况、天线隔离度情况等。

2. 选址原则

① 技术性原则。站址选择应符合网络蜂窝拓扑结构要求，与周边站点形成良好的互补关系，满足无线网络覆盖和业务需求，适应站址周围的无线电波传播环境，考虑与其他移动通信系统的干扰隔离要求。

② 经济性原则。在满足站址技术要求的前提下，站址应最大限度地利用运营商自有物业，尽量利用存量站址。

③ 发展性原则。站址的选取要与当地市政规划相结合，与城市建设发展相适应，考虑中长期城市发展需要。

④ 安全性原则。站址选择必须满足基站的安全性要求，确保网络设备安全运行。

⑤ 工程实施性原则。站址选择需要综合考虑机房面积、负荷、天线架设的可行性与合理性等工程实施因素。

3. 选址流程

室外基站选址流程如图 2.2-1 所示。

2.2.2　选址要求

1. 网络技术要求

基站选址对整个无线网络的质量和发展有着重要的影响，因此在选址时应全面考虑各方面因素，具体包括网络结构要求、业务分布要求、网络覆盖要求、无线传播环境要求、干扰规避要求等,其中网络结构要求是技术上的首要考虑因素。

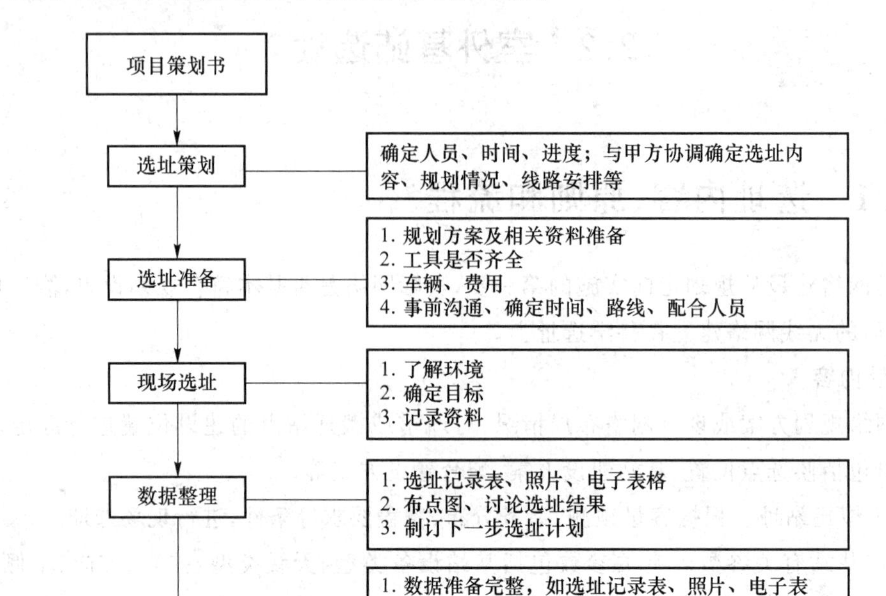

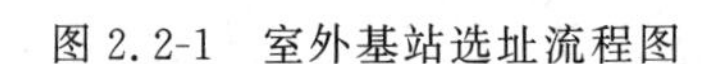
图 2.2-1　室外基站选址流程图

(1) 网络结构要求

一般要求选择的基站站址与规划站址的偏差小于站间距的 1/4,在密集市区区域尽量小于站间距的 1/8。在密集市区,楼房密集,高层建筑众多,无线电波传播环境非常复杂,站点位置不能简单地根据是否满足偏离要求判定,需结合实际情况进行选址。对于高速公路、农村开阔地,站址受地形起伏、业务分布等因素的影响,需因地制宜地进行站址选取。典型站间距及基站选址允许偏离值如表 2.2-1 所示。

表 2.2-1　典型站间距及基站选址允许偏离值

区域类型	站间距/m	一般情况下最大允许偏离/m
密集市区	375～525	50
普通市区	675～925	100
郊区乡镇	1 500～3 000	500

（2）业务分布要求

在满足网络结构要求的前提下，基站站址应靠近业务热点区域。站址分布密度与业务分布应基本一致。基站扇区方向应指向业务热点区域，以更好地吸收话务，满足业务需求。站址需结合城市规划发展动态，满足中长期网络发展需求。

（3）网络覆盖要求

基站站址应满足网络的覆盖要求。基站选址应按照密集市区→普通市区→郊区乡镇→农村开阔地的优先级顺序进行，并注意在密集市区和普通市区保证成片覆盖，在农村等地区注重大客户区等重要区域，此外对重要旅游区也应优先考虑。

（4）无线传播环境要求

基站勘察时，应考察基站周围的传播环境状况。选为站址的建筑物应高于周围建筑物的平均高度。站址周围 100 m 范围内，天线正前方不应有障碍物阻挡。天线安装位置的第一菲涅尔区必须无障碍物。天线高于最近的障碍物 5 m 以上，天线与障碍物的关系可参考表 2.2-2。

表 2.2-2　天线与障碍物的关系

天线离障碍物的距离/m	天线底端高于障碍物顶端的高度要求/m
0～1	0.5
1～10	2
10～30	3
>30	3.5

为了保证良好的传播环境，天线支撑杆一般安装在女儿墙边上或外侧。站址所在建筑物高度、天线挂高要求如表 2.2-3 所示，在实际工程中应根据具体情况作适当调整。

表 2.2-3　站址所在建筑物高度、天线挂高要求

<table>
<tr><th>区域类型</th><th>天线挂高</th><th>建筑物高度要求</th></tr>
<tr><td>密集市区</td><td rowspan="2">30～40 m</td><td rowspan="2">避免选择比周围建筑物平均高度高 6 层以上的建筑物。最佳高度为比周围建筑物平均高 2～3 层</td></tr>
<tr><td>普通市区</td></tr>
<tr><td>郊区乡镇</td><td>30～50 m</td><td>避免选择比市郊平均地面海拔高度高 100 m 以上的山峰。可结合实际地形选取乡镇附近的小山丘，实现对乡镇镇区及附近道路的良好覆盖</td></tr>
<tr><td>农村开阔地</td><td>根据地形及覆盖区域而定</td><td>可选在覆盖区域附近的山上</td></tr>
<tr><td>高速公路</td><td>根据地形及道路走向而定</td><td>可选在高速公路附近的山上</td></tr>
</table>

注：天线挂高指天线底端距离天线所在建筑物地面的高度。

2. 站址环境要求

➢ 在选址过程中，要充分考虑无线基站周边环境对基站正常使用的影响。

➢ 站址应选在地形平整、地质良好的地段。

➢ 站址应具有安全环境，避免选在雷击区、易受洪水淹灌的地区。

- 不应选择在易燃、易爆的仓库、工厂和企业附近。
- 不宜靠近高压线。
- 不宜在大功率无线发射台、高压电站等高电磁辐射区域附近设站。
- 当基站需要设置在飞机场附近时，其天线高度应符合机场净空高度要求和航空管理要求。

3. 作业安全要求

- 登高作业安全。注意防止高空跌落、滑倒；雷雨天禁止登高登山，以避免雷击；野外勘察防止烟火。
- 防止电磁辐射。避免接近贴不同颜色的警告标志的射频设备；应尽量避免在天线方向1 m内工作，无法避免时应尽量减少逗留时间。
- 防止触电。进入机房寻找照明开关时，应注意找准开关，严禁触碰其余开关及线缆；勘察电源系统时，不要接触电池的正负极，不要触摸DC架内的任何设备。
- 其他人身安全。夏天做好防暑工作；野外勘察注意防狗咬、防虫咬、防蛇咬。
- 财产安全。包括笔记本式计算机、勘察工具和个人财产的安全，尤其是笔记本式计算机及数据安全。

2.2.3 选址工具与使用

室外基站选址所需的工具、装备有照相机、GPS、指北针、激光测距仪、皮尺、卷尺、四色笔、车载电源、望远镜、角度仪、智能手机、坡度仪、手电筒、安全帽等。下面是几种主要工具的使用。

① 照相机。照相机用于记录天面、机房勘察中重点关注的细节，特别是无法书面记录的现场情况，也常用于记录基站周围环境。

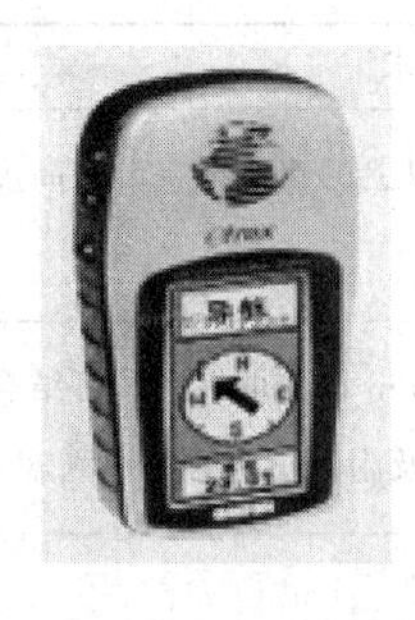

图 2.2-2　手持式 GPS

② GPS。GPS用于确定基站所在的经纬度以及导航。为保证良好的接收信号，使用时须将GPS放置在开阔无阻挡的地方。在一个地区首次使用时，GPS需开机10 min以上，才能确保测量精度。设置坐标系统为WGS84模式，信号锁定后读取GPS数据即可。图2.2-2是手持式GPS。

③ 指北针。指北针用于确定天线的方向角。常用的指北针有65式和97式两种，如图2.2-3所示。这两种指北针功能基本相同。首先测定现场东南西北方向，再利用罗盘，使地图上的方位和现场方位一致，标定地图方位，然后测定目标方位。

④ 智能手机。随着智能手机功能的不断完善，市面上的智能手机已具备照相机、GPS、指北针等功能。灵活运用智能手机可极大地方便选址工作，减轻设计人员的负重。智能手机如图2.2-4所示。

(a) 65式

(b) 97式

图 2.2-3　指北针

图 2.2-4　智能手机

2.2.4　选址示例及文档模板

基站选址视频见二维码。

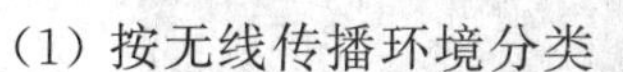

一、典型区域选址

基站选址

1. 区域分类

因地形地貌的不同和业务量的大小直接影响基站分布密度，所以在无线网络规划布点时，需将覆盖区域按无线传播环境以及业务类型进行划分。

(1) 按无线传播环境分类

对应于不同的地形地貌，覆盖区域的划分情况如表 2.2-4 所示。

表 2.2-4　按无线传播环境分类

区域类型	典型区域描述
密集市区	区域内建筑物平均高度或平均密度明显高于城市内周围建筑物，地形相对平坦，中高层建筑可能较多
普通市区	城市内具有建筑物平均高度和平均密度的区域；或经济较发达、有较多建筑物的城镇
郊区乡镇	城市边缘地区建筑物较稀疏，以低层建筑为主；或经济普通、有一定建筑物的小镇
农村开阔地	孤立村庄或管理区，区内建筑较少；或成片的开阔地；或交通干线

(2) 按业务类型分类

对应于不同的业务类型和服务等级,覆盖区域分为 A、B、C、D 4 类,如表 2.2-5 所示。

表 2.2-5　按业务类型分类

区域类型	特征描述	业务分布特点
A	主要集中在区域经济中心的特大城市,面积较小。区域内高级写字楼密集,是所在经济区内商务活动集中地,用户对移动通信需求大,对数据业务要求较高	① 用户高度密集、业务热点地区 ② 数据业务速率要求高 ③ 数据业务发展的重点区域 ④ 服务质量要求高
B	工商业和贸易发达。交通和基础设施完善,有多条交通干道贯穿辖区。城市化水平较高,人口密集,经济发展快,人均收入高的地区	① 用户密集,业务量较高 ② 提供中等速率的数据业务 ③ 服务质量要求较高
C	工商业发展和城镇建设具有相当规模,各类企业数量较多,交通便利,经济发展和人均收入处于中等水平	① 业务量较低 ② 只提供低速数据业务
D	主要包括两种类型的区域: ① 交通干道 ② 农村和山区,经济发展相对落后	① 话务稀疏 ②建站的目的是解决覆盖

2. 各区域类型选址案例

(1) 密集市区

典型区域为以高层建筑为主的新城区、商业中心区、城中村。一般采用"室外宏基站+室内分布系统"的方式,充分利用已有站点资源,确保容量配置,满足用户业务需求。

图 2.2-5 是密集市区区域类型的示例。密集市区的选点要求:相对高度比绝对高度重要,不宜选择高层建筑,以中层建筑为主;可尽量利用原有站点,对机房和天面进行改造。高话务区要充分利用周围建筑物阻挡。密集市区选址要求如图 2.2-6 所示。

(a) 区域类型图1

(b) 区域类型图2

图 2.2-5　密集市区区域类型图

图 2.2-7(a)是密集市区某基站设置案例。在该区域,几条交通干道交汇,日车流量极大,区域内四周均建有高楼,周边区域以高层建筑为主,无线传播环境恶劣。十字路口转盘处北面在进行城市建设改造,原有老城区已经拆除,正在建设高层建筑。该区域话务量较高。

图 2.2-7(b)至图 2.2-7(e)分别是正北、正东、正南、正西周边环境照片。该区域的站点设置方案及覆盖仿真预测分别如图 2.2-7(f)和图 2.2-7(g)所示。

图 2.2-6　密集市区选址要求

(a) 区域地形图

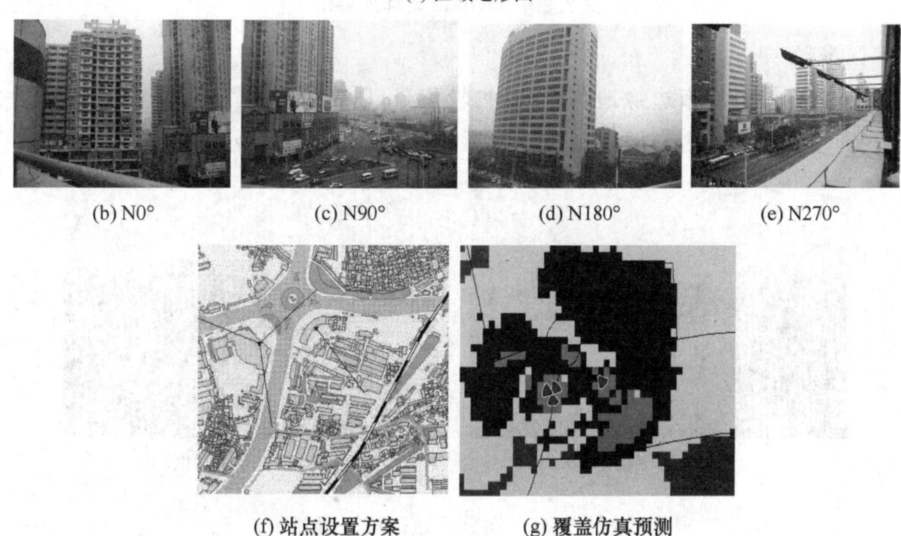

(b) N0°　(c) N90°　(d) N180°　(e) N270°

(f) 站点设置方案　(g) 覆盖仿真预测

图 2.2-7　密集市区基站设置案例

(2) 普通市区

普通市区是城市内具有建筑物平均高度和平均密度的区域；或经济较发达、有较多建筑物的城镇，如图 2.2-8 所示。

(a) 普通市区示例1

(b) 普通市区示例2

图 2.2-8　普通市区区域类型图

普通市区覆盖的解决方案一般是充分利用已有站点资源，采用“室外宏基站＋微基站＋RRU”的方式，机房和天面预留扩容位，以确保网络结构符合要求。

普通市区的基站站址高度一般要求比周围建筑物高 2～3 层。基站站址过高会造成越区覆盖。普通市区选址要求如图 2.2-9 所示。

(a) 普通市区基站示例1

(b) 普通市区基站示例2

图 2.2-9　普通市区选址要求

(3) 郊区乡镇

郊区乡镇一般位于城市边缘地区，建筑物较稀疏，以低层建筑为主；或是经济普通、有一定建筑物的小镇。典型区域为一般乡镇和工业园区，如图 2.2-10 所示。

(a) 郊区乡镇示例1

(b) 郊区乡镇示例2

图 2.2-10　郊区乡镇区域类型图

郊区乡镇覆盖一般采用“室外宏基站＋RRU＋直放站”的解决方案。

对于镇区面积较大的乡镇，可将基站设在镇区中心位置，实现对镇区的良好覆盖。

对于山区县面积较小的乡镇，可将基站设在镇区边缘的小山包上，以达到同时覆盖部分交通干道的目的。

对于位于山区中的乡镇，由于受到山体的阻挡，站点的覆盖范围并不大，考虑工程实施性和后期站点维护成本，可将站点设置于镇中心，而不设置于山丘中。

图 2.2-11 是郊区乡镇选址案例。该镇位于某地区西部，处于群山环绕中，镇区面积不大，主要覆盖镇区。

(a) 郊区乡镇设置

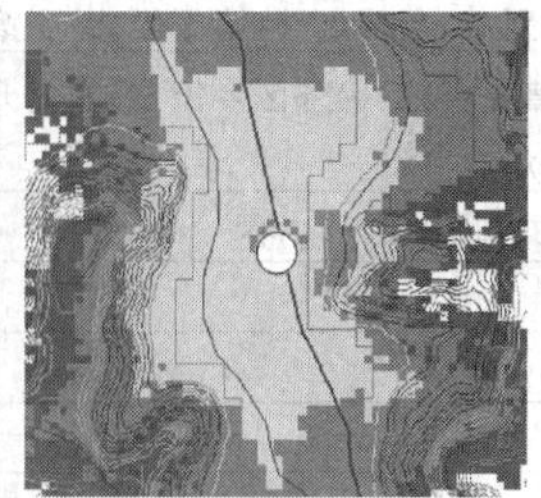

(b) 仿真图

图 2.2-11　郊区乡镇基站设置案例

(4) 农村开阔地

孤立村庄或管理区属于农村开阔地类型。该类区域建筑较少，或是成片的开阔地，或是交通干线。图 2.2-12 是农村开阔地的典型地形。典型区域为农村、风景区。

(a) 农村开阔地示例1

(b) 农村开阔地示例2

图 2.2-12　农村地区区域类型图

该区域的覆盖一般采用“室外宏基站＋RRU＋直放站”的解决方案，基站类型以铁塔站、高山站为主。农村地区基站设置案例如图 2.2-13 所示。

(a) 农村开阔地基站示例1

(b) 农村开阔地基站示例2

图 2.2-13　农村地区基站设置案例

二、选址记录表

无线基站选址记录表

建设单位代表	
勘察人	
勘察日期	
审核人	

工程名称：______ **地区**：______

规划编号：______ **规划站名**：______

选点名称：______ **选点类别**：()主选点/()第1候选/()第2候选

区域类型：()密集市区/()普通市区/()郊区乡镇/()农村开阔地

区域业务类型：()A/()B/()C/()D

共址情况：()移动G网/()联通G网/()PHS

1. 站点信息：

站点地址：

站点坐标：E：　　　　N：

物业性质：()自有；()自建；()购置；()租赁

物业类型：()电信局楼/()电信物业/()邮政物业/()办公楼宇/()商住楼宇/()民用住宅/()机关单位/()宾馆酒店/()学校/()土建机房/()一体化机房

总楼层/总楼高：(　)层/(　)m；**机房楼层**：(　)层；**天面高度**：(　)m

2. 主设备信息

设备类型：()宏基站/()微基站/()射频拉远/()直放站

站型：(　　)　**信道配置**：()高配/()中配/()低配　**施主基站**：(　　)

3. 扇区信息

扇区编号	扇区方向/(°)	是否功分	天线类型	天线增益	天线下倾	天线挂高	安装位置	天线美化	覆盖区域描述
1									
2									
3									
4									
5									

4. 配套情况

杆塔性质：()原有/()新建/()租赁；　**杆塔高度**：(　　)m

杆塔类型：()支撑杆/()超高杆/()增高架/()H形杆/()地面塔/()楼面塔/()通信杆

电源性质：()利旧/()新建　**外电引入距离(km)**：(　　)

传输性质：()利旧/()新建　**传输类型**：()光纤/()微波　**传输引入距离(km)**：(　　)

机房承重初步核实：

5. 周边环境与照片

照片拍摄　天面：　　张。环境(正北开始，每30° 1张)：　　张。机房：　　张。照片编号：

环境描述：

6. 其他情况

特殊情况(如干扰、阻挡、防雷接地，是否需要采用美化天线及业主的其他特殊需求等)描述：

注：机房承重描述用来描写机房承重是否足够，以及需采用何种加固措施等。

三、选址照片示例

在勘察选址时，勘察设计人员需在勘察现场拍摄照片。照片一般要求如下。

1. 大楼外观

照片记录站址所在建筑物的外观，在选址记录表上记录门牌号，确定所选站点，以方便后续谈点工作。大楼外观及门牌如图 2.2-14 所示。

(a) 大楼外观　　(b) 门牌

图 2.2-14　大楼外观及门牌

2. 天面照

天面照应全面详细地记录天线所在的天面情况，如图 2.2-15 所示。

(a) 某基站天面照1

(b) 某基站天面照2

(c) 某基站天面照3

(d) 某基站天面照4

图 2.2-15　天面照

3. 无线环境照

站在天线位置，从正北开始，逆时针每隔 30°拍摄一张照片，如图 2.2-16 所示。

(a) N0°　(b) N30°　(c) N60°　(d) N90°
(e) N120°　(f) N150°　(g) N180°　(h) N210°
(i) N240°　(j) N270°　(k) N300°　(l) N330°

图 2.2-16　天面环境照

4. 机房照

机房照详细记录拟作为机房的房屋内部情况，如图 2.2-17 所示。

(a) 图1　(b) 图2
(c) 图3　(d) 图4

图 2.2-17　机房环境照

四、选址报告

1. 站点规划目标

满足××路附近居民区和道路的覆盖需求。

2. 目标区地理位置图

目标区地理位置图如图 1 所示。

图 1　目标区地理位置图

3. 基站基本信息

基站基本信息见表 1。

表 1　基站基本信息

基站名称		区域类型	郊区	业务类型	B 型
地　址		经　度		纬　度	
基站类型	S111	杆塔类型	通信杆	杆塔高度	35 m
所在楼层/总楼层数	×/×	机房面积	2 m^2	机房机构	室外一体化机柜
是否需要修建简易机房	否	地理位置		物业协调	未知

4. 周边区域环境描述

每 30°拍摄一张区域环境照片(10°～330°),参见图 2。

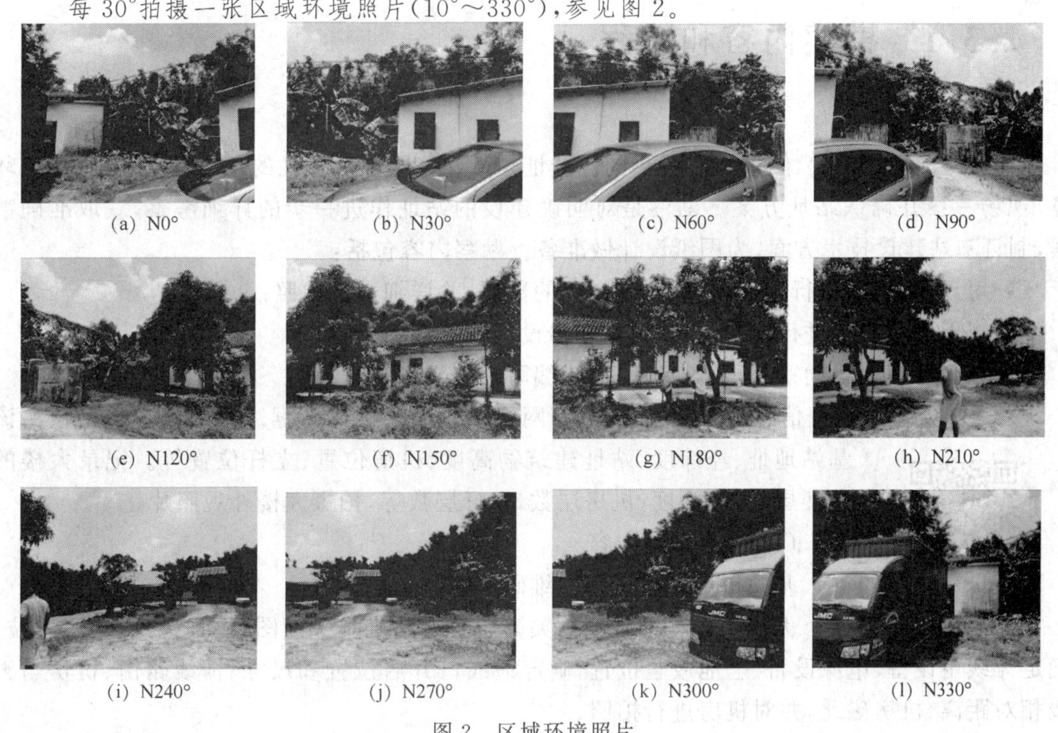

(a) N0°　(b) N30°　(c) N60°　(d) N90°

(e) N120°　(f) N150°　(g) N180°　(h) N210°

(i) N240°　(j) N270°　(k) N300°　(l) N330°

图 2　区域环境照片

5. 基站建设方案

在目标区域新增基站,新增室外一体化机柜,新增 35 m 通信杆和单频 4 口定向双极化天线,新增 RRU 挂于天线下面。基站建设方案如表 2 所示。

表 2 基站建设方案

BBU 安装方案	RRU 安装方案	天线方案	规划方向角/下倾角
BBU 集中放置	新增 RRU 并安装于天线下面	新增 35 m 通信杆和单频 4 口定向双极化天线	80°/180°/270° 8°/8°/8°

主选点方向角说明如表 3 所示。

表 3 主选点方向角

扇 区	方向角	覆盖目标
CELL1	80°	道路和居民区
CELL2	180°	道路和居民区
CELL3	270°	道路和居民区

选点报告人：×××

填表日期：××××年××月××日

2.3 室外基站勘察

2.3.1 勘察内容和流程

1. 勘察内容

勘察与选址相比较，侧重点有所不同。选址是从网络结构合理性的角度考察基站位置、环境，现场考察并确认站址方案。勘察是对明确建设的站址作进一步的详细考察，获取准确数据，制订基站建设技术方案，为图纸设计做准备。勘察内容包括：

➢ 对天面、机房进行勘察，获取准确详尽的数据，并详细进行拍照；
➢ 对天面和机房进行初步设计，描绘初步设计草图；
➢ 认真客观填写勘察表，及时整理资料，编写勘察报告。

首先核实基站地址信息是否准确，为后期网络优化提供准确数据。核实内容包括核实该基站地址、经纬度、站址建筑物高度、机房位置、立杆位置等。记录大楼的总楼层，每层高度，机房层数，立杆层数等，拍摄大楼外观照片。

基站机房勘察

(1) 机房勘察内容

基站机房勘察请扫二维码。

无线工程现场勘察的关键点是绘制机房平面图，核实机房尺寸、梁位，确定无线主设备、电源设备、电池放置位置，确定馈线口开启位置和尺寸、馈线路由、机房与天线相对距离、机房磁北，并对机房进行拍照。

对于利旧站址和扩容站，还需要核实原有设备放置位置，本次扩容设备是否满足机房承重要求，原电源系统用电和占用资源情况，电源容量、设备功耗评估及电池容量等，初步确定扩容方案。机房设备安放位置核查如图 2.3-1 所示。DC 端子占用情况核查如图 2.3-2 所示。馈线孔和走线架等配套核查如图 2.3-3 所示。

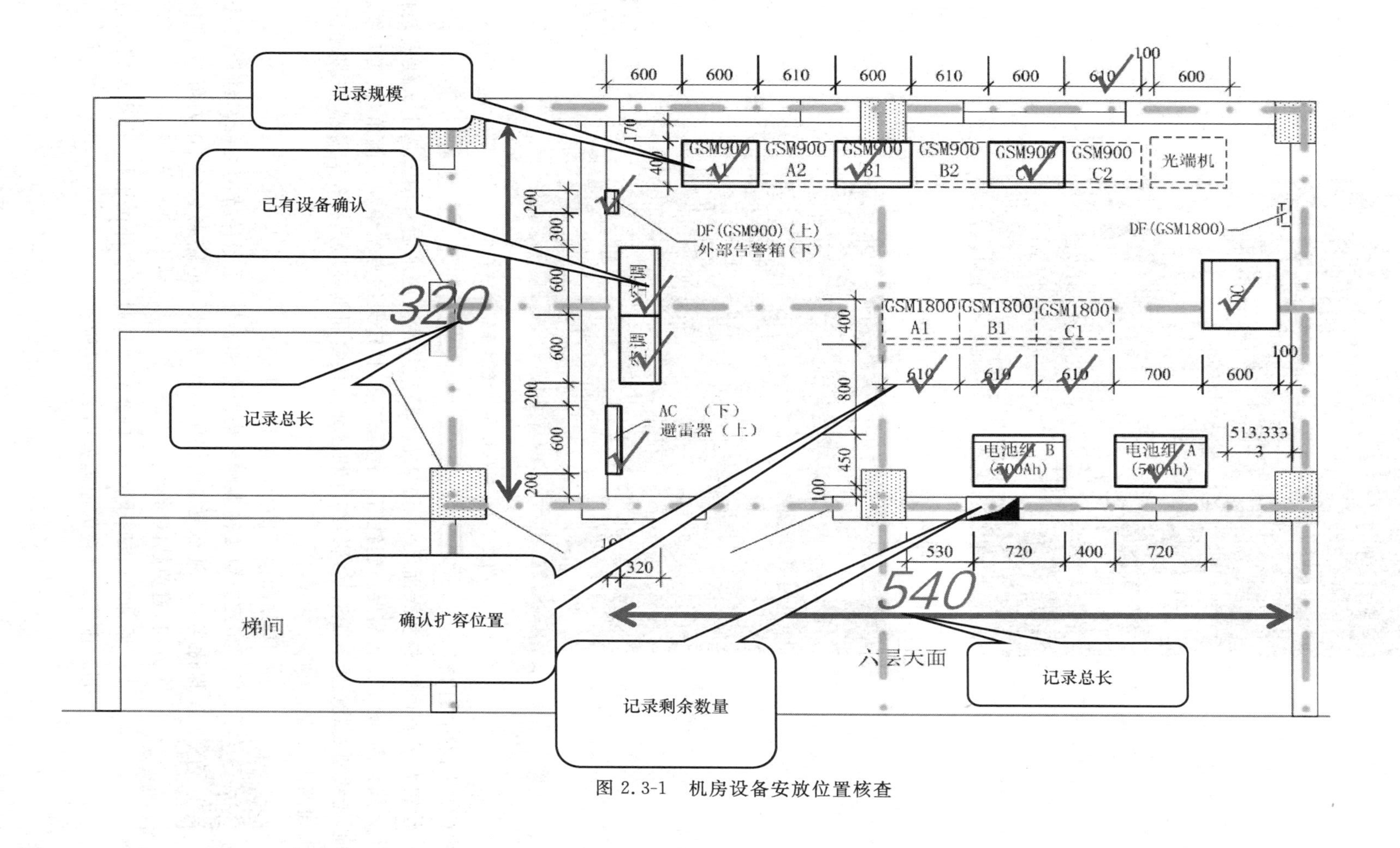

图 2.3-1　机房设备安放位置核查

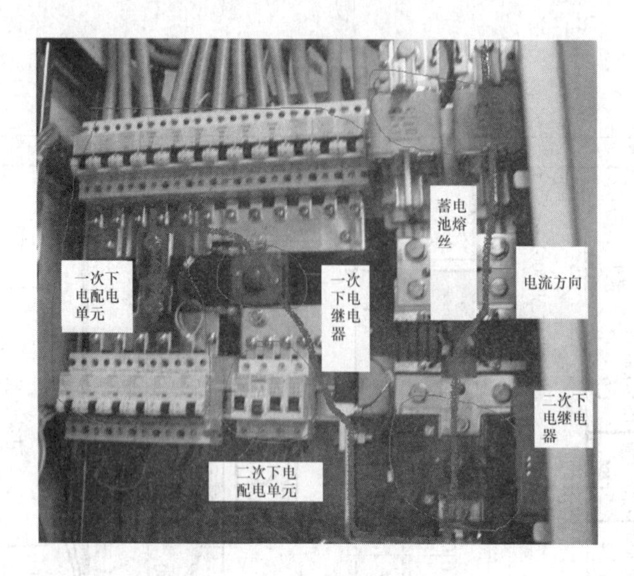

图 2.3-2　DC 端子占用情况核查

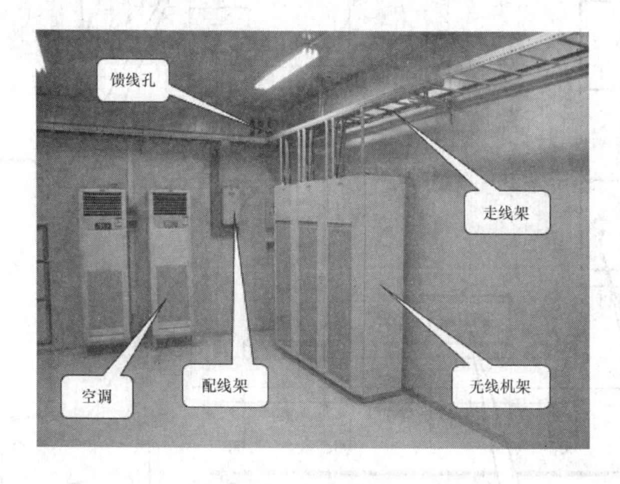

图 2.3-3　馈线孔和走线架等配套核查

(2) 天面勘察内容

绘制大楼平面图,核实天面尺寸,图 2.3-4 是某基站天面平面草图。选定天线安装位置,确定天线挂高,确定是否需要新建铁塔及铁塔高度,拟定天线方位角和下倾角,核实馈线路由、接地、走线架安装位置、GPS、基站经纬度和磁北。核实周围环境是否符合覆盖需求,拍环境照和天面照。

基站勘察草图绘制

基站勘察草图绘制请扫二维码。

拟定方位角需兼顾考虑覆盖和容量,尽量保持网络蜂窝结构,3 个方向保持均匀。对于覆盖道路的小区,建议与道路成 15°～30°夹角,分别覆盖两个方向,避免越区覆盖。

俯仰角(也叫下倾角)的主要目的是减少邻区干扰,提高网络质量和容量。俯仰角调整的原理如图 2.3-5 所示。

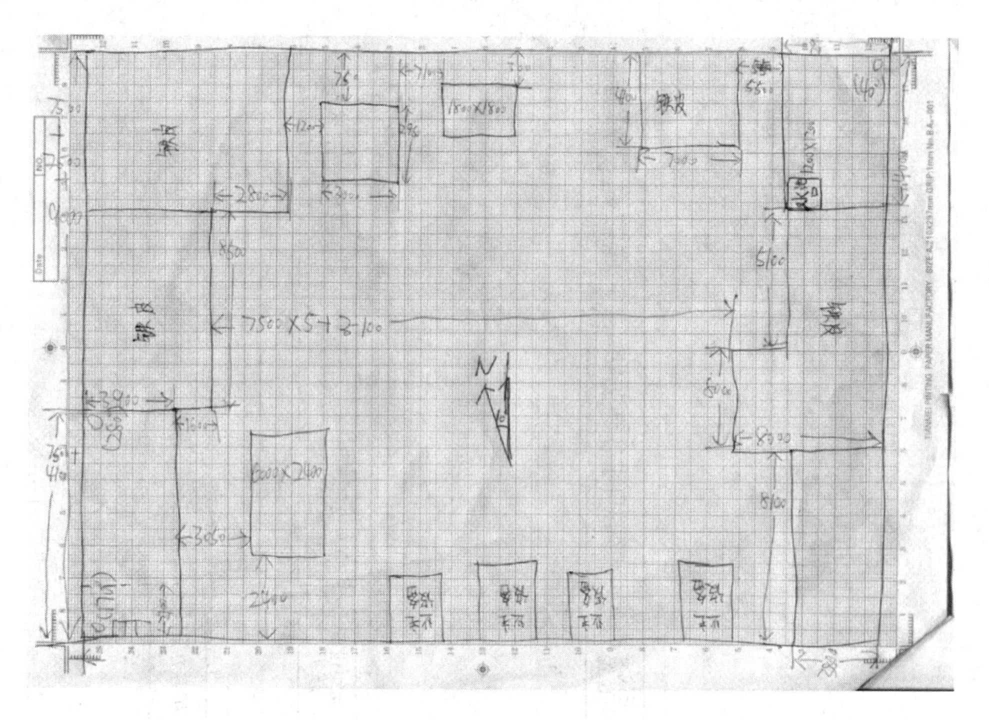

图 2.3-4　现场勘察天面平面草图

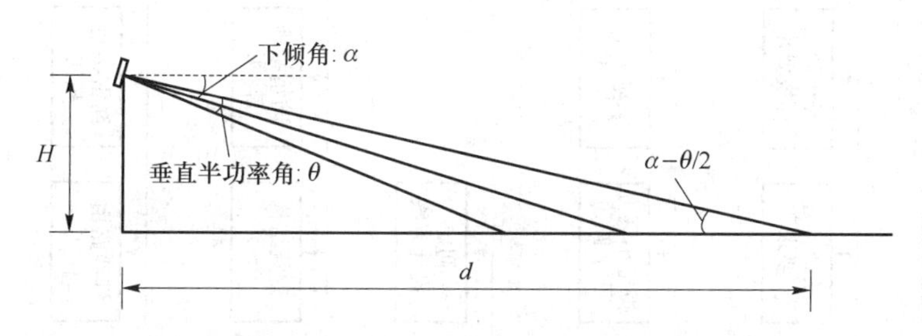

图 2.3-5　天线下倾角与覆盖区域关系图

根据图 2.3-5，有 $H/d=\tan(\alpha-\theta/2)$ 或 $\alpha=\arctan(H/d)+\theta/2$。根据上面的公式可得到表 2.3-1，这个对照表供勘察参考。

表 2.3-1　下倾角、垂直半功率角与挂高、覆盖半径的关系

$\alpha-\frac{\theta}{2}$/(°)	1	2	3	4	5	6	7	8	9
d/H	57	29	19	14	11	10	8	7	6
$\alpha-\frac{\theta}{2}$/(°)	10	11	12	13	14	15	20	25	30
d/H	6	5	5	4	4	4	3	2	2

例如，基站天线高度为 30 m，天线垂直半功率角为 14°，当基站的边缘覆盖半径为 600 m（垂直半功率角覆盖边缘）时，即 $d/H=600/30=20$，查表可得下倾角应该为 $3°+14°/2=10°$。

2. 勘察流程

无线基站的勘察过程如图 2.3-6 所示。

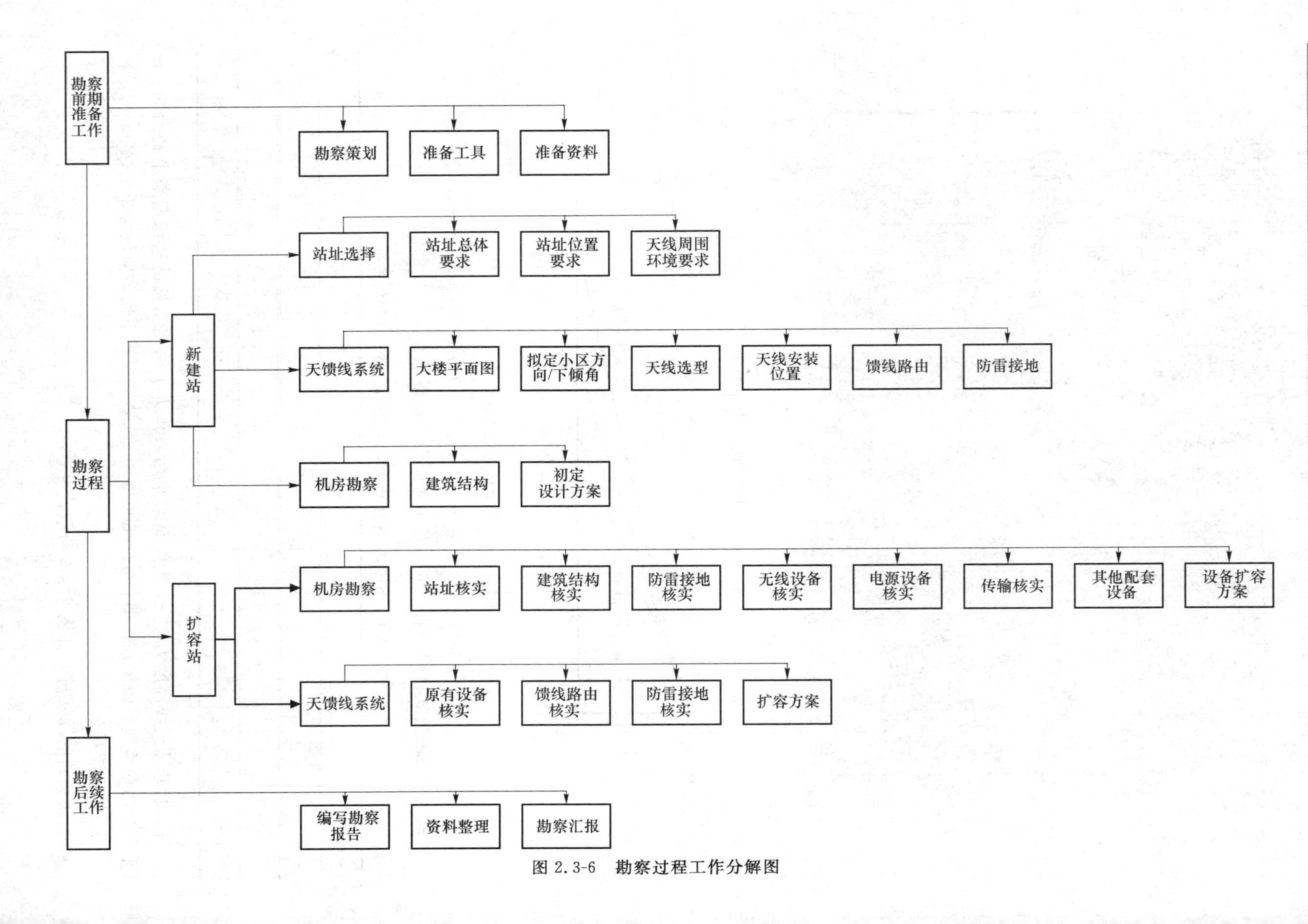

图 2.3-6　勘察过程工作分解图

2.3.2　勘察文档模板

1. 基站勘察记录表模板

基站勘察表　　　　版本号：WX-KC-V1.2

工程名称：__________ 站名：__________

基站资源编码：__________

设备类型：□宏基站 □BBU □RRU □微基站 □直放站 / □室外型 □室内型

本期站型：______ 站点坐标：E：____ /N：____ 地面海拔高度(m)：______

站点地址：__________

建设单位代表	
勘察人	
勘察日期	
审核人	

1. 机房情况：

机房楼层/净空(层/米)：____/____ 机房结构类型描述：□框架混凝土 □砖混：　　机房指北确认□

空调型号×数量：______ 匹×______ 馈窗数量：______ 馈孔情况(总/余)：______/______

2. 现网情况：

站型：______ 机架型号×数量：______ 新增机柜位置确认□

原有信道板/传输板配置(型号×板数)：__________

系统	天线挂高	小区方向/(°)	下倾角/(°)	天线型号×数量			备注
CDMA		/ /	/ /				

3. 天面情况：

天线安装类型：□地面塔 □楼顶塔 □支撑杆 □通信杆 □抱杆 □笼架 □H 形杆 □其他

绿色环保天馈系统：□烟囱 □水罐 □变色龙 □集束型 □杆塔型 □仿生树 □空调型 □广告牌型 □植物隐蔽 □风格型 □路灯型

总楼层/总楼高：__/__，塔(杆)高度：____ 铁塔(通信杆)平台数：____ 剩余横担数：____ 空抱杆(数量)：____

扇区号	天线挂高	扇区方向/(°)	下倾角/(°)	天线类型(增益/半功率角/极化/下倾方式)	备　注
1					
2					
3					
4					

4. 电源：

交流引入： 新建交流引入情况：(1)交流引入距离______ m；(2)是否新增变压器□否□是__________

已有交流情况：AC 屏数量______架；厂家及型号______；总输入开关______ A；

输出回路配置情况(个×A/P)(已用/未用)__________

原有稳压器 □没有□有，稳压器容量______ kV·A，厂家__________

电源设备配置： 是否新建电源：□是 □否，新建 DC 交流引入：□新建 AC 屏 □已有 AC 屏______ A/3P 开头

原有电源系统：开关电源厂家______，系统型号______，DC 机架数量______

整流模块型号(容量×数量)______，畜电池熔丝(A×数量)______ 增加 DC/DC 转换架□是 □否

直流系统目前耗电量______ V×______ A；直流输出端子情况(已用/未用)：__________

蓄电池厂家及型号______，容量______ Ah×______ 组，安装方式__________

接地： 室内地排位置确认 □，室内原有地排数量____，室内地排剩余孔位____，是否够用 □是□否；地网：□已有，□改造

其他情况： 新增电源空位 □是□否______

5. 传输：

传输方式：□光纤□小微波□电缆□其他______，传输现状：□自建 □租用

6. 室内/室外平面草图(见附图)：

(含主设备大致布置、机房工艺要求等)

7. 照片拍摄：

建筑外观□，机房□，AC□，DC□，主架信道板□，地排□，馈孔□，走线架□，电池□，天面□，馈线路由□，环境(12 张)□

8. 安全风险现场识别：

基站基本情况： □位于荒山野岭 □位于重要通信机房内 □设备需吊车安装 □施工中的建筑物

室内设置安装： □已核实上级电源负载

天馈线系统安装： □杆塔类设备安装 □天面没有女儿墙 □天面防雷带是否良好 □高压线附近(见附图)

布放各类线缆： □布放缆线路由经过其他系统

9. 其他： □机房漏水、渗水 □机房门禁失灵 □其他

2. 勘察照片

勘察照片与选址照片的要求相似。需按照类型将勘察照片放置于不同目录,并命名好。典型勘察照片目录如下。

```
├─01 勘察资料电子版
├─02 外观
├─03 经纬度及地址
├─04 环境照
├─05 新增扇区相片
├─06 天面照
├─07 机房内相片
│   ├─01 AC
│   ├─02 DC
│   ├─03 蓄电池
│   ├─04 地排
│   ├─05 无线设备
│   ├─06 传输柜、综合柜、龙门架
│   ├─07 走线架、馈孔
│   └─08 其他
└─08 其他
```

环境照片、天面照片和机房照片以下列顺序命名。

- ××机房××.jpg。
- ××天面××.jpg。
- ××无线环境 N××.jpg(每 30°拍一张)。
- ××小区方向××.jpg(天面需立支撑杆的基站勘察作此要求,且拍摄时应站在天线挂位处)。

3. 勘察报告模板

××工程无线基站勘察报告

××××年××月××日至××月××日,××设计单位××部门的××、××会同××分公司××等对××工程 3 个新建站和 30 个扩容站进行了勘察,现将这次勘察的情况总结如下。

一、已勘察基站的清单

详见附表一。

二、新建基站情况介绍

1. ××,该站为新建基站,经纬度为 E113°31′12″、N23°34′27″,×××周围楼房高约 2~6 层,基站南边为东西走向的路。该基站主要完善公路以及所属区域信号差的问题。经勘察以及与运营商技术人员协商,该站新建 13 m 简易架,天线方向拟定为 N100°、N180°、N310°。

2. ××，该站为新建基站，经纬度为 E113°29′04″、N23°25′47″，某村东边楼房较密集，高约 10 层，基站北边为东西走向的路。该基站主要完善公路以及所属区域信号较弱的问题，并提高所属区域的话务量。经勘察以及与运营商技术人员协商，新建 13 m 简易架，天线方向拟定为 N0°、N130°、N270°。

3. ××，该站为新建基站，经纬度为 E113°41′53″、N23°48′03″。××村与相邻村之间有高山阻挡，该站主要是解决××村庄的无线覆盖。经勘察以及与运营商技术人员协商，该站新建 30 m 铁塔，天线方向拟定为 N10°、N140°、N280°。

三、扩容基站情况介绍

1. 本次共勘察完××工程 30 个扩容站。具体情况详见附表一。

2. ××站，该站点主要覆盖校园，忙时流量达××GB，达到扩容门限，建议进行第二载波扩容，开启载波聚合功能。

附表一：

基站名称	经　度	纬　度	方向角			忙时吞吐量/GB			备　注
			S1	S2	S3	S1	S2	S3	
									新建
									扩容

2.4　室外基站工程设计方法和要求

2.4.1　工程设计方法和要求

1. 设计原则

无线网络设计应满足数字蜂窝移动网服务区的覆盖质量和用户容量的需求。无线网络设计应综合考虑工程在技术方案和投资经济效益这两方面的合理性。无线网络设计应满足相关施工安全要求、网络安全要求以及其他安全要求，满足抗震、防火、防雷接地要求等。充分考虑建设方案的投资费用和运行维护费用，在满足覆盖需求和一定扩容需求的前提条件下，尽量选择投资较低的方案。

2. 设计指标

(1) 覆盖指标

无线网络质量的关键影响因素是信号覆盖，主要技术指标是参考信号接收强度。必须关注网络站点拓扑结构，关注站点天线挂高、方位角和俯仰角等工程参数设置，避免出现弱覆盖和过覆盖的情况。

(2) 容量指标

用户所在的位置影响用户的感知速率，一般离基站越近，用户数据速率越高，离基站越远则速率越低。由于用户随机分布在空间，平均小区吞吐率体现了小区的整体容量，能真实反映用户的体验速率。为了确保用户的基本业务，将小区边缘用户(5%)的感知速率作为设计指标。

3. 设计流程

① 明确站点建设类型并初步审核勘察纸方案。

② 与审核人员初步确定设备、馈线路由、天线方案。

③ 针对不同建设类型找模板、绘制图纸,并进行图纸审核。

2.4.2 设计重点内容

无线基站施工图设计主要包括无线主设备设计、天馈线设计、机房配套设计等。

一、无线主设备设计

基站机房设计

3G 和 4G 网络大量使用分布式基站架构。分布式基站架构的核心概念就是把传统宏基站基带处理单元(BBU)和射频处理单元(RRU)分离,RRU 和 BBU 之间通过光纤连接。一个 BBU 可以支持多个 RRU。BBU 设备不防水,只能放在室内或室外防水机柜中;RRU 防水防尘,可以装在天面上。基站机房设计视频请扫二维码。

① BBU 优先考虑安装于室内机房,安装方式有机架安装、挂墙安装、落地安装。若无机房配套,需要新增一体化机柜或者采用 RRU 拉远方式。BBU 设备安装方案如图 2.4-1 所示。

(a) BBU安装于3U框内

(b) BBU安装于电源柜内

(c) BBU安装于综合柜内

图 2.4-1 BBU 设备安装方案

② RRU 安装优先考虑靠近天线,以缩短馈线长度,降低信号损耗。安装方式包括安装在抱杆、塔上平台、增高架下方等,或者在天面女儿墙或梯间挂墙安装,尽量少采用室内挂墙安装或机架安装。RRU 设备安装方案如图 2.4-2 所示。

(a) 挂墙安装

(b) 安装于抱杆

(c) 安装于垂直走线架

(d) 安装于1 m小抱杆

(e) 安装于L架

图 2.4-2 RRU 设备安装方案

二、天馈线设计

1. 天线选型

天线设计指导原则：对于共址新建站和扩容站，能新增则尽量新增天线；如果不能新增天线，将原有天线替换为多频多端口天线。

(1) 非美化站点

① 优先新增天线。新增的天线挂于原有杆塔，或者挂于新增抱杆上。在 30 m 以下的建筑上，优先新增 6 m/4 m/3 m 抱杆。在 30 m 以上的建筑上，优先新增 3 m 抱杆。

② 如无法新增天线，考虑替换原有天线，原有单频天线考虑替换成多频多端口天线。

(2) 美化站点

① 优先考虑新增美化天线，如排气管型、空调型、方柱型、排水管型天线等。

② 如无法新增天线，考虑将美化罩内的原有天线更换为多频天线。

③ 如无法更换天线，考虑整体替换美化天线。

④ 集束天线可替换集束头，但需向厂家核实。

2. 天线安装位置

天线尽量分布在靠近女儿墙的天面上，位置建议如图 2.4-3 所示。

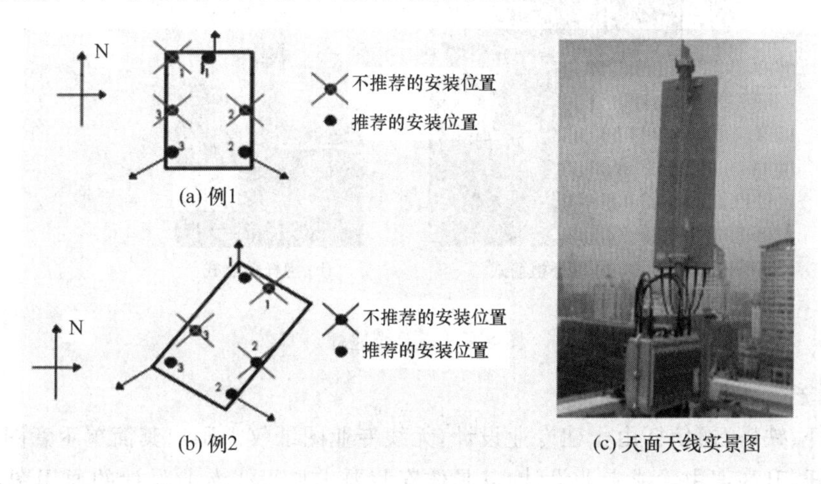

图 2.4-3　天线安装位置

3. 馈线布放

(1) 馈线的使用

常用的馈线有 1/2″、7/8″馈线。1/2″馈线主要用于短距离连接，7/8″馈线主要用于长距离连接。

(2) 馈线的路由和安装

馈线的路由设计应首要考虑使用的馈线最短和安装、维护方便。馈线的弯曲曲率应参照馈线厂家的曲率要求。无论天线安装在塔上，还是屋顶或任何其他位置，其馈线在进入机房时，都应将馈线的外导体良好接地，走线架要求水平安装。馈线不能和电源线交叉。

(3) 馈线选型

RRU 到天线之间的馈线选型与路由距离相关，如表 2.4-1 所示。

表 2.4-1 馈线选型与路由距离的关系

线缆型号	长度范围
1/2″馈线	$L \leqslant 10$ m
7/8″馈线	10 m$<L\leqslant 35$ m

(4) GPS 线缆距离

➢ 不分路时，BBU 至 GPS 天线的最大距离为 150 m。

➢ 一分二时，BBU 至 GPS 天线的最大距离为 130 m。

三、杆塔

(1) 抱杆

天线抱杆如图 2.4-4 所示。

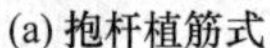

(a) 抱杆植筋式　　(b) 抱杆贴墙式

图 2.4-4 天线抱杆

(2) 支撑杆

➢ 升高杆、铁塔、通信杆由土建专业设计，无线专业图纸仅需画出其简单示意图。

➢ 支撑杆、升高架由无线专业设计，其具体安装要求见无线专业设计的通用图，一般在施工工程开始前出版并交付给建设单位。

➢ 升高架最长为 12 m，单根支撑杆最长为 6 m。升高架、单根支撑杆应安装在梁柱位置上，需预留足够的斜撑杆安装位置。

(3) 美化天线

➢ 美化天线的类型有美化通信杆、美化树、天线加装外罩（包括水罐、排气管、空调室外机型、灯柱型、配合墙体颜色的外罩、广告牌）等。

➢ 各种美化方案的提出需与土建专业核实，并由土建专业进行美化设计。

➢ 无论采取何种美化天线方式，均需达到无线技术要求。

四、电源系统

基站机房内的电源系统包括交流配电、整流模块、直流配电、蓄电池、监控中心等，其构成如图 2.4-5 所示。

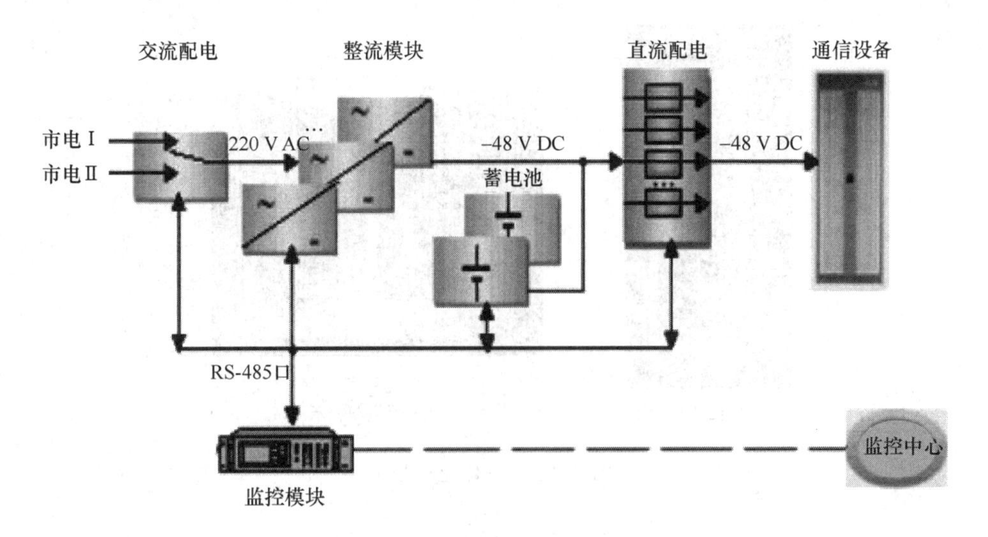

图 2.4-5　基站电源系统的构成

（1）电源核算

根据无线主设备和传输设备的最大功耗、蓄电池充电功率等参数计算出电源所需的容量。新建电源系统时，需设置市电引入、AC 配电、开关电源容量等。

（2）电源扩容

根据各本地网的要求设置蓄电池放电时间。首先核查原有电源系统是否能满足新增设备的需求。如果原有电源系统不满足新增设备需求，则需对电源系统扩容。扩容时，根据原 DC 架和整流模块的型号，判断电源能否通过新增整流模块的方式扩容。

（3）室外电源柜的使用

在无机房的情况下，无线主设备供电一般有户外电源柜和一体化机柜两种方案。

户外电源柜主要用于无线基站、通信综合业务、接入/传输交换局站、应急通信/传输等。可在一个柜体中安装多功能的电源供电设备，比如既能提供交流供电，也能提供直流供电，且自带电池设备的电源柜产品。户外电源柜如图 2.4-6 所示。

室外一体化机柜集成了主设备、系统电源、交直流配电、环境监控、蓄电池和防雷接地设备等，实现站点易选取、节能环保、部署迅速的要求。一体化机柜如图 2.4-7 所示。

(a) 户外电源柜示例1

(b) 户外电源柜示例2

图 2.4-6　户外电源柜

（4）室外一体化 AC 的使用

对于 RRU 拉远站，一般使用专用 AC 箱，直接为交流 RRU 供电，无须配置后备电源，供电方式如图 2.4-8 所示。

(a) 一体化机柜示例1

(b) 一体化机柜示例2

图 2.4-7　一体化机柜

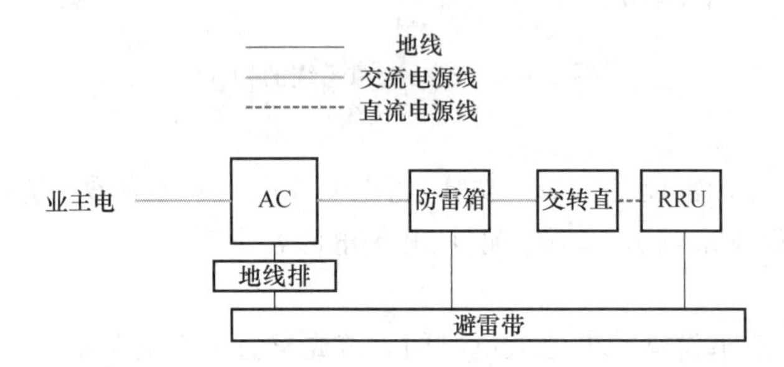

图 2.4-8　室外一体化站供电方式

五、机房选择

(1) 简易机房＋空调

简易机房平面图如图 2.4-9 所示。

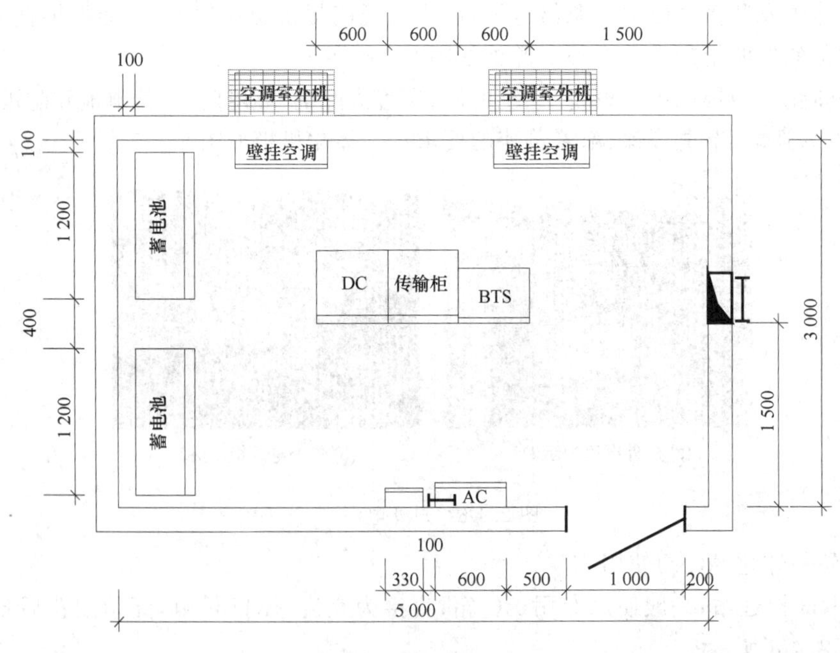

图 2.4-9　简易机房平面图

（2）户外电源柜＋电池柜＋防盗铁笼

户外电源柜＋电池柜＋防盗铁笼如图 2.4-10 所示。

图 2.4-10　户外电源柜＋电池柜＋防盗铁笼示例

（3）土建机房

土建机房如图 2.4-11 所示。

(a) 土建机房示例1

(b) 土建机房示例2

图 2.4-11　土建机房

2.4.3　典型图纸及说明

部署方案。该站点为 BBU 集中＋RRU 拉远站，物理站点上只部署 RRU 和天馈系统，RRU 通过光纤上连到 BBU 集中机房。

无线主设备。部署 3 个 1.8G RRU 在通信铁塔二层平台。

天馈系统。二层平台新增 3 面四端口天线，实现 2T4R，3 个小区分别覆盖周边的农村道路和居民楼房。

电源系统。从铁塔下一层的简易机柜内取电。

杆塔。利旧原有通信铁塔，天馈部署在二层平台，挂高为 33 m。

设计图纸如下。

① 某无线基站机房设备布置平面图如图 2.4-12 所示。该图为 RRU 所在物理站址的机房设备情况，主要说明取电方式。

② 某 BBU 机房设备布置平面图如图 2.4-13 所示。该图主要说明 BBU 在集中机房的位置。

③ 某无线基站天馈线安装示意图(一)如图 2.4-14 所示。图 2.4-14 为 RRU 所在物理站的天面俯视图，描述 RRU 和天馈的安装位置与线缆路由等。

④ 某无线基站天馈线安装示意图(二)如图 2.4-15 所示。图 2.4-15 为 RRU 所在物理站址的铁塔侧视图，配合图 2.4-14 说明 RRU 和天馈安装的位置以及线缆路由。

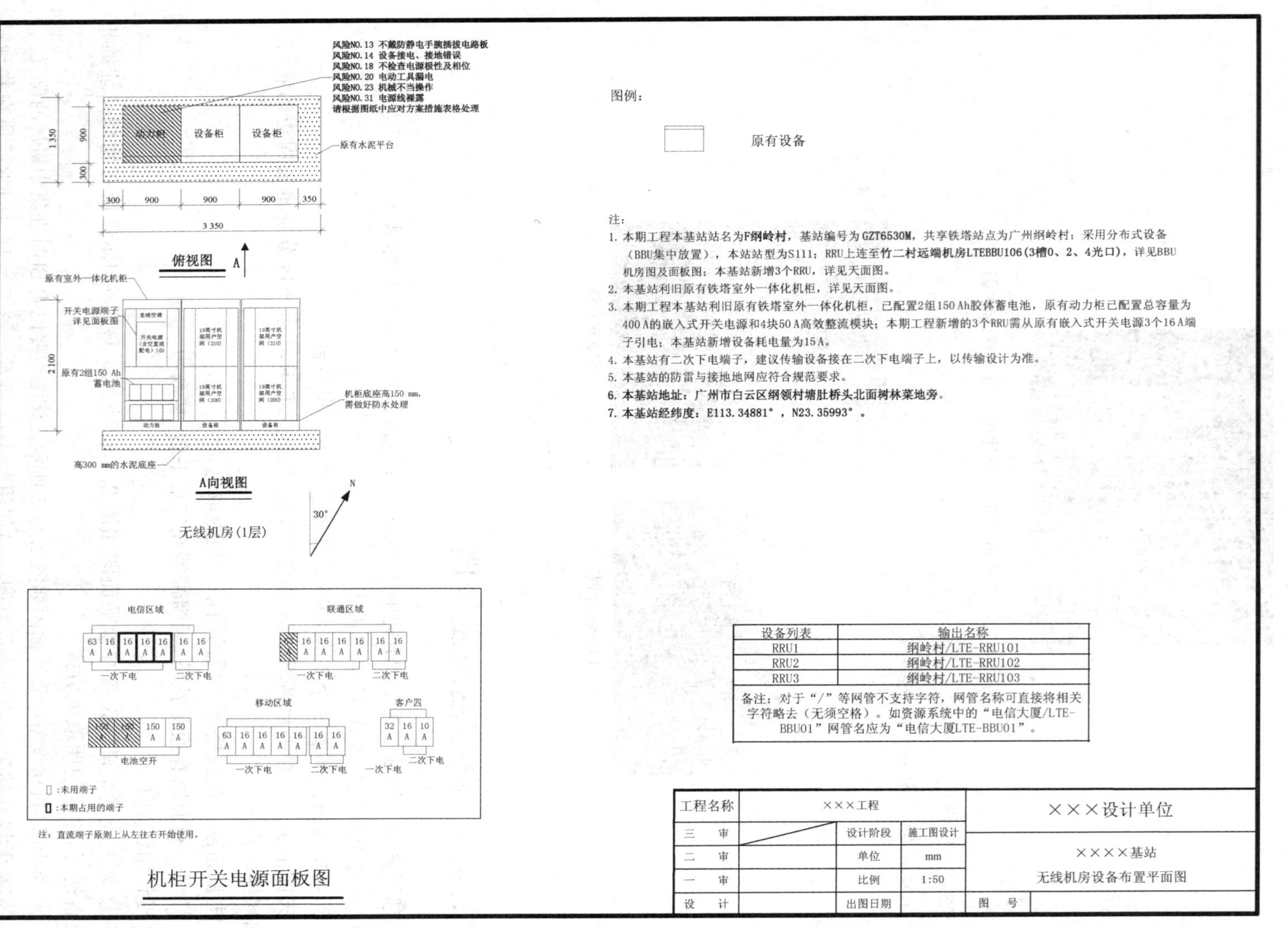

设备列表	输出名称
RRU1	纲岭村/LTE-RRU101
RRU2	纲岭村/LTE-RRU102
RRU3	纲岭村/LTE-RRU103

备注：对于“/”等网管不支持字符，网管名称可直接将相关字符略去（无须空格）。如资源系统中的“电信大厦/LTE-BBU01”网管名应为“电信大厦LTE-BBU01”。

工程名称	×××工程			×××设计单位
三　审		设计阶段	施工图设计	××××基站
二　审		单位	mm	无线机房设备布置平面图
一　审		比例	1:50	
设　计		出图日期		图　号

图 2.4-12　某无线基站机房设备布置平面图

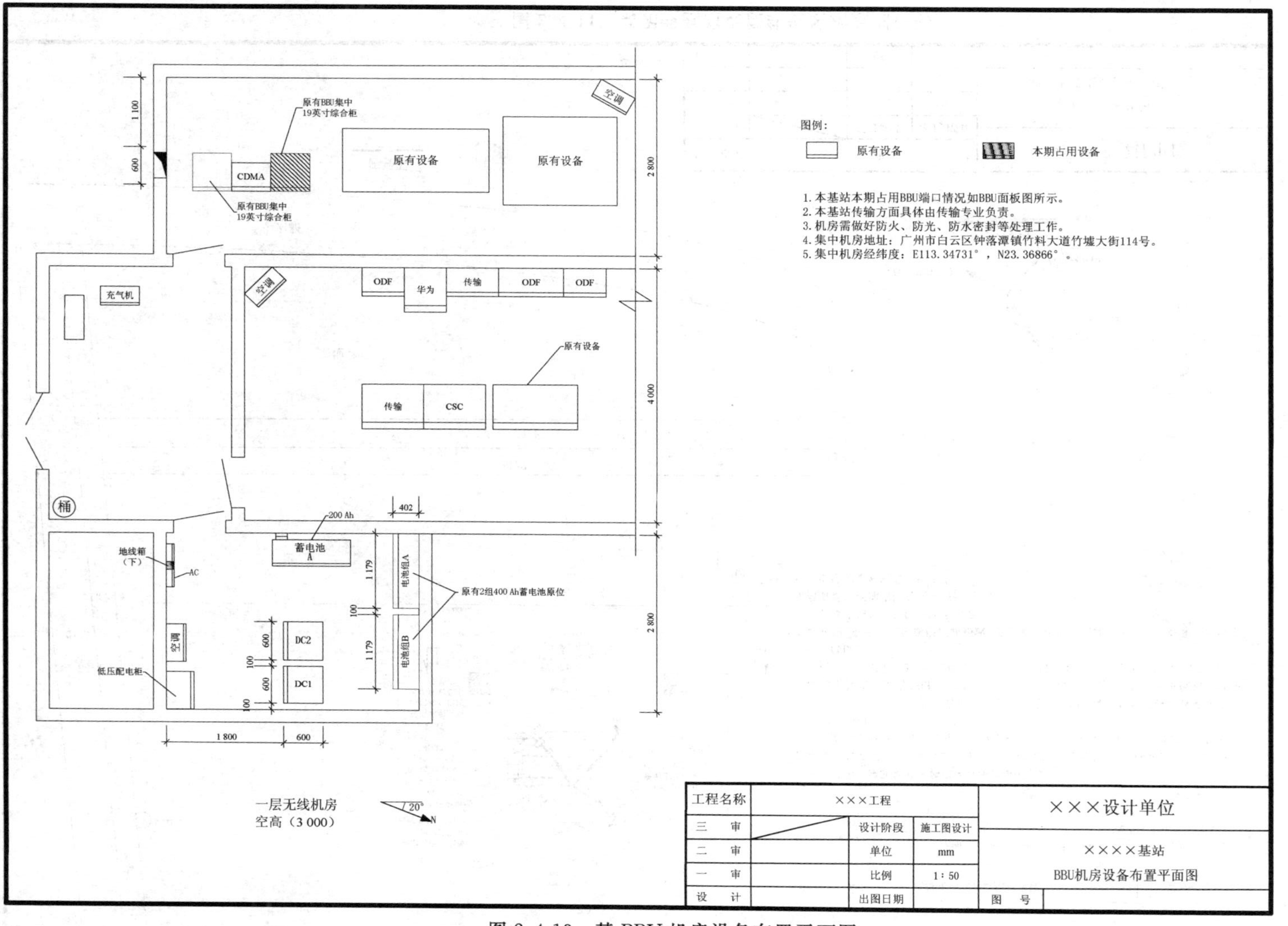

图 2.4-13　某 BBU 机房设备布置平面图

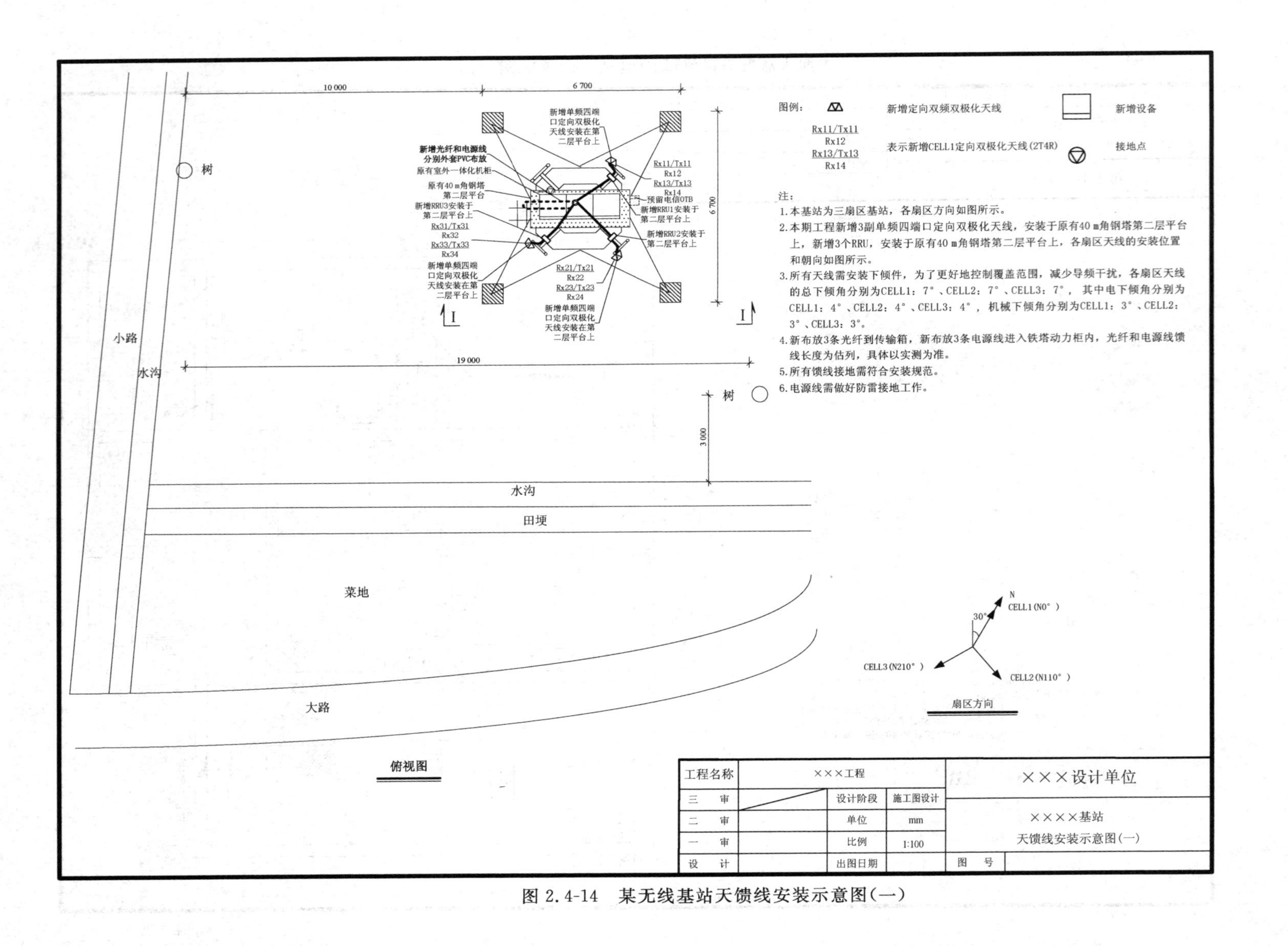

图 2.4-14 某无线基站天馈线安装示意图(一)

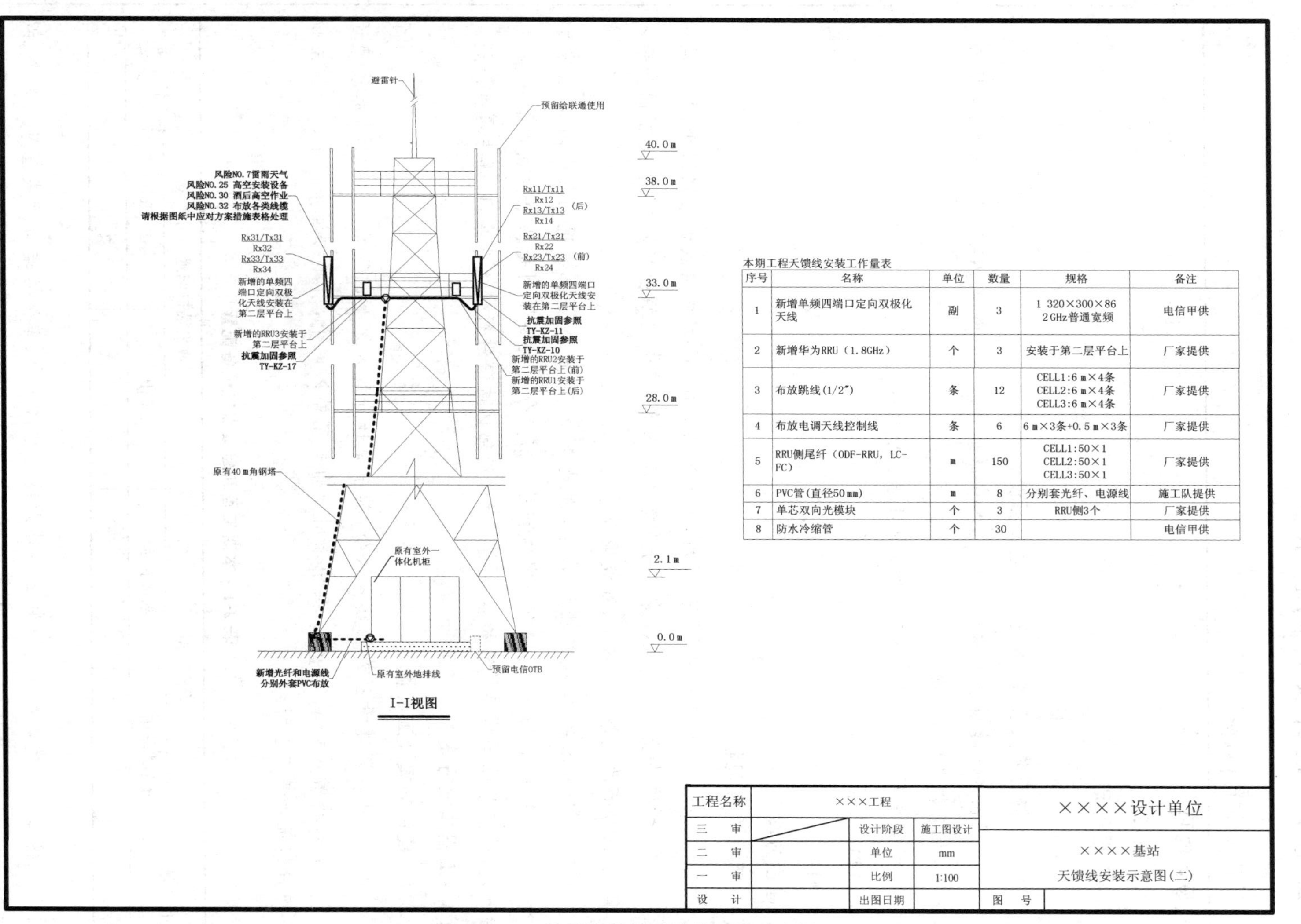

本期工程天馈线安装工作量表

序号	名称	单位	数量	规格	备注
1	新增单频四端口定向双极化天线	副	3	1 320×300×86 2 GHz普通宽频	电信甲供
2	新增华为RRU（1.8GHz）	个	3	安装于第二层平台上	厂家提供
3	布放跳线(1/2″)	条	12	CELL1:6 m×4条 CELL2:6 m×4条 CELL3:6 m×4条	厂家提供
4	布放电调天线控制线	条	6	6 m×3条+0.5 m×3条	厂家提供
5	RRU侧尾纤（ODF-RRU，LC-FC）	m	150	CELL1:50×1 CELL2:50×1 CELL3:50×1	厂家提供
6	PVC管(直径50 mm)	m	8	分别套光纤、电源线	施工队提供
7	单芯双向光模块	个	3	RRU侧3个	厂家提供
8	防水冷缩管	个	30		电信甲供

图 2.4-15　某无线基站天馈线安装示意图(二)

2.4.4 设计文件内容示例

设计文件样式说明如下。

一、设计说明

1. 工程概述

1.1 工程概况

本工程为××项目。

本工程按两阶段设计，本设计为施工图设计。

本工程在××建设室外站点××个，其中原址升级××个，1.8G站址××个，原址搬迁××个，新增载扇数××个。

本预算总额为××元人民币，平均每载扇造价××元人民币。

1.2 设计依据

略。

2. 建设方案

2.1 网络资源现状

截至××××年上半年工程完工后，××××工程4G室外站点达到××个，其中同站址××个，新建站址××个；4G室内分布系统××套，其中同站址××个，新建室内分布××套；室内分布改造站点××个；载波聚合站点××个。

根据××××年××月测试数据，对比××市室外覆盖情况，LTE网络覆盖率(××%)与竞争对手(××%)有一定的差距。初步分析主要原因是部分站点为新建基站，待开通，站点故障等情况导致覆盖不足。所以局部区域需进行优化调整，以解决覆盖问题。

2.2 工程建设方案

2.2.1 建设规模及工程量

本工程在××建设室外站点××个，其中原址升级××个，4G站址××个，原址搬迁××个，共新增载扇数××个。其中采用分布式基站××个，射频拉远××个。具体主设备配置情况如表2-1所示。

表2-1 本期工程新建站点主设备配置

区 域	设备类型		收发端口配置		合 计
	分布式基站	射频拉远	2T2R	2T4R	

本期工程新建站点采用单频2端口天线基站××个、单频4端口天线基站××个、双频2+2端口天线基站××个、双频2+2端口天线基站××个、双频2+4端口天线基站××个、双频4+4端口天线基站××个、美化天线××个。具体天线配置情况如表2-2所示。

表 2-2　本期工程新建站点天线配置

区　域	天线类型					
	单频 2 端口	单频 4 端口	单频 2+2 端口	单频 2+4 端口	单频 4+4 端口	美化天线

2.2.2　建设案例

以××基站为例，介绍建设方案。该站点为 3G 站点，设备厂家为××；同时有 4G 设备，设备厂家为××。基站现状如表 2-3 所示。

表 2-3　基站现状

站　点	现　状							
	是否有 3G 设备	3G 厂家	是否有 4G 设备	4G 厂家	3G 天线类型	4G 天线类型	天线是否为共天线	传输资源情况

该站点位于××市××路，属于县城区域，周围站点分布及环境情况分别如图 2-1、图 2-2所示。

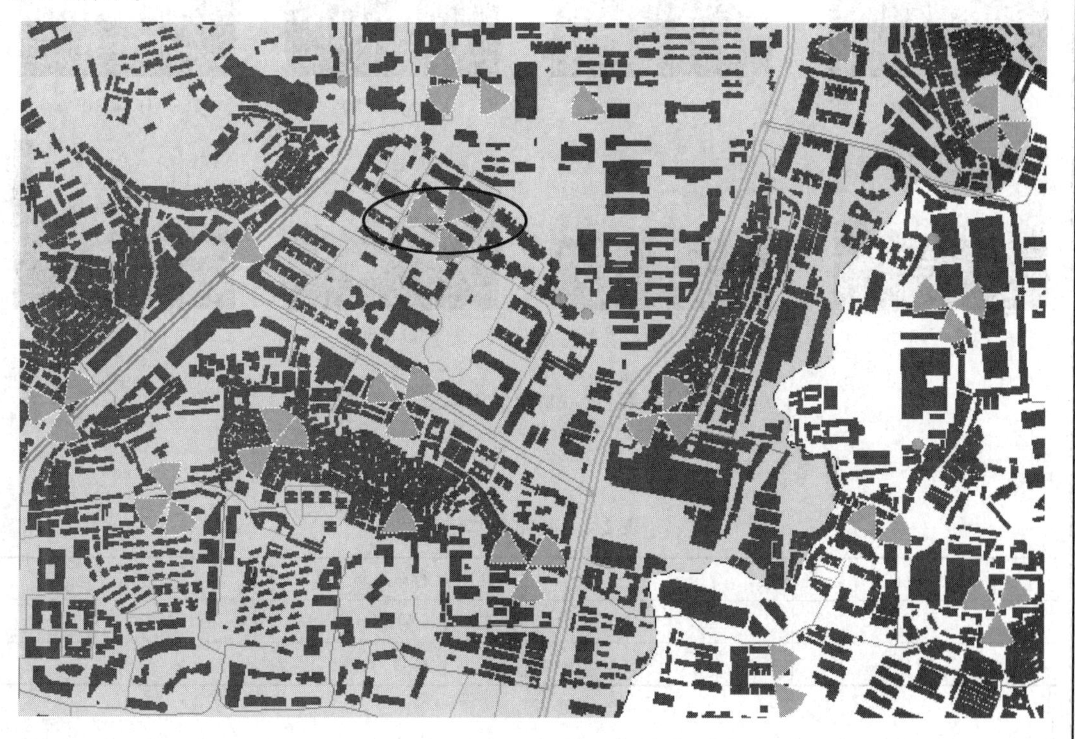

图 2-1　基站周围站点分布情况

(a) 外观照片

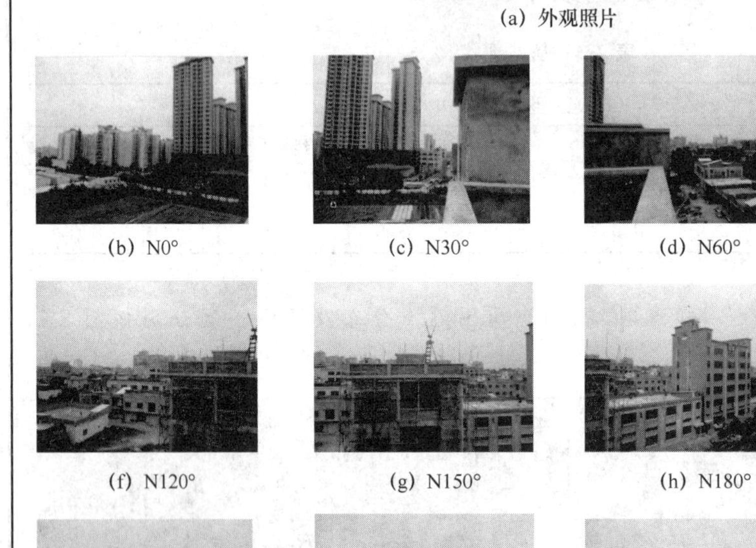

(b) N0°　(c) N30°　(d) N60°　(e) N90°

(f) N120°　(g) N150°　(h) N180°

(i) N210°

(j) N240°

(k) N270°

(l) N300°

(m) N330°

图 2-2　基站周围环境

该站点的基本信息如表 2-4 所示。

表 2-4　基站基本信息

站点名称		行政区域	
楼层/层		高度/m	
经度/(°)		纬度/(°)	

经过分析，该区域无法通过调整周边基站的方式来解决其覆盖问题，需要在覆盖空洞区域新增基站。经现场选点，该新增站点定在××路附近的位置，该新增站点的主要技术条件如表 2-5 所示。

表 2-5　基站主要技术条件

基站名称	设备类型	基站站型	天线类型	杆塔类型	天线挂高/m	天线方向角/(°)			天线下倾角/(°)		
						C1	C2	C3	C1	C2	C3
××	射频拉远	R111	单频四端口	支撑杆	32	20	110	190	5	5	5

2.3　设备配置

4G 基站系统无线设备主要采用分布式基站(BBU＋RRU)和射频拉远(RRU)设备，可适用于各类使用场景。

本工程 4G 基站天线包括 800 MHz 单频天线和 800 MHz/2 GHz 双频天线。

2.4　传输需求

在实际组网时，基站带宽需求需根据 BBU 组网方式、频宽、扇区数量和 MIMO 方式等参数，以及城区、郊区的业务密度等因素统筹考虑。

本工程无线侧需要配置××个 GE 光口。本期工程传输需求如表 2-6 所示。

表 2-6　本期工程传输需求表

序　号	单项名称	GE 光口/个
1	××项目	××

3. 设备安装要求

略。

二、工程预算

1. 预算编制说明
2. 预算表格

三、附表

附表一：本册工程建设规模一览表

附表二：本册工程新建室外站技术条件表

附表三：本册工程设备安装工作量表

附表四：本工程基站耗电及电源设备配置表

附表五：本册工程基站中继传输配置方案表

四、图纸

1. 抗震加固通用图
2. 基站专业设计图纸

本章小结

本章主要介绍无线通信室外基站设计的基本概念、流程和要点，提供了典型设计案例，以便于读者学习掌握。室外基站设计涉及无线专业、传输专业、电源专业和土建专业，属于系统性工程设计。设计时应强调系统性，必须充分考虑各专业的衔接。设计文件需有效指导具体施工安装，确保无线基站正常运作，满足网络覆盖和容量需求；同时还要求考虑各项安全风险点，做好必要的安全指引说明。

课后习题

1. 基站机房和天面由哪些设备及设施构成？请绘制一个典型基站机房的平面示意图。
2. 基站选址的主要内容是什么？需获得哪些数据？
3. 基站勘察的主要内容是什么？需获得哪些数据？
4. 请描述基站选址与勘察的异同点。

第3章 无线通信室内覆盖工程设计

3.1 无线通信室内覆盖工程概述

3.1.1 室内分布系统的组成

室内分布系统由信号源和分布系统两大部分组成。

信号源是指馈入分布系统的信号设备，如宏基站、分布式基站、微蜂窝、直放站、射频拉远单元等类型的设备。信号源馈入分布系统的信号都是射频信号。

分布系统由传输介质、功分器、耦合器、天线等器件组成，如图 3.1-1 所示。传输介质包括同轴电缆(馈线)、光纤、泄漏电缆等。信号功率通过功分器和耦合器进行合理分配。天线是室内分布系统发射和接收信号的设备。

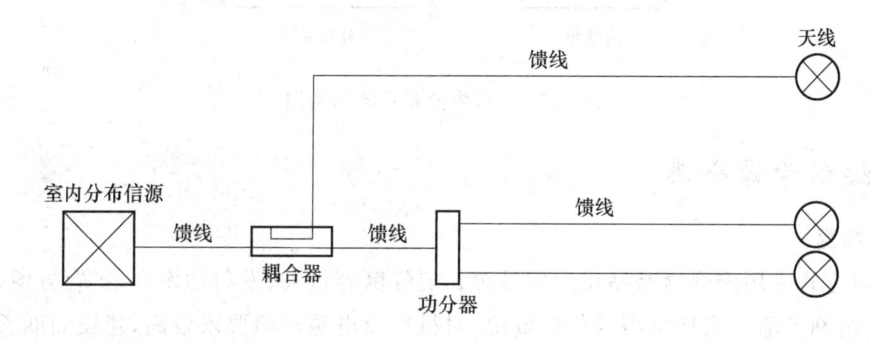

图 3.1-1　室内分布系统组成图(示例)

3.1.2 室内覆盖工程的分类

城市内高楼林立，由于建筑物自身的屏蔽和吸收作用，无线电波衰耗较大，导致存在部分室内无线信号的弱覆盖区，甚至是盲区。在诸如大型购物商场、会议中心等建筑物中，由于移动电话使用密度大，所以局部网络容量不能满足用户需求，无线信道易发生拥塞现象。这些问题可以概括为网络的覆盖问题、容量问题和质量问题，主要解决方法是在建筑物内建立室内分布系统。

室内覆盖工程就是在建筑物内建设室内分布系统，用于改善建筑物内的移动通信环境。其原理是利用室内天线分布系统将移动通信基站的信号合理地分布在建筑物内，以保证室内区域拥有理想的信号,从而改善建筑物内的通话质量,扩大网络容量,从整体上提高移动网络服务水平。室内分布系统示意如图 3.1-2 所示。

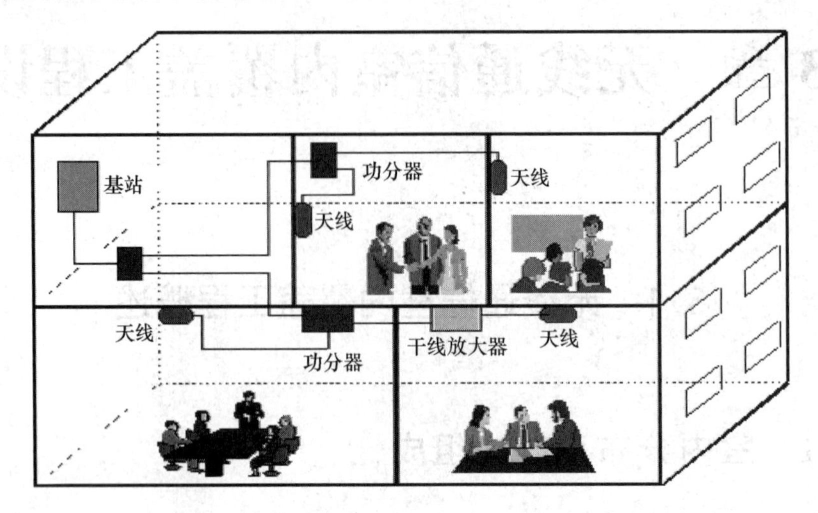

图 3.1-2 室内分布系统示意图

根据信号源和分布系统的不同,室内分布系统有如图 3.1-3 所示的类别。

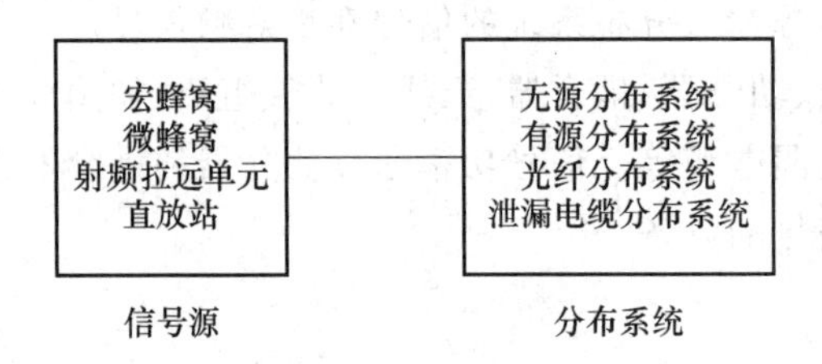

图 3.1-3 室内分布系统的类别

一、按信号源分类

1. 宏蜂窝

宏蜂窝方式采用宏蜂窝基站作为信号源。宏蜂窝容量大,发射功率高,扩容方便,性能高,安装方便,组网灵活。宏蜂窝需要传输资源,对机房及电源环境要求较高,建设周期长,建设成本高。宏蜂窝主要应用在话务量高、覆盖区域大、人流量大、具备机房条件的高档写字楼、大型商场、星级酒店、奥运体育场馆等重要建筑物中。

2. 微蜂窝

微蜂窝方式采用微蜂窝基站作为信号源,可以独立承载话务量,并且可分担宏蜂窝小区的话务量。该方式需要传输和供电设备,实施简单,无须机房资源。微蜂窝主要应用在中等话务量、中小型建筑物中,如果分布系统的功率不够可增加干线放大器进行覆盖。

3. 射频拉远单元(RRU)

分布式基站"BBU+RRU"的核心思想是将基站的基带处理单元(BBU)和射频拉远单元(RRU)分开。在分布式基站方案中,射频拉远单元更加靠近覆盖区域,减小了信源与分布式天线间的距离,降低了功率损耗和对干线放大器的依赖。基带处理单元可以集中放置,从而更好地共享基带容量,支持话务调度。分布式基站结构如图 3.1-4 所示。

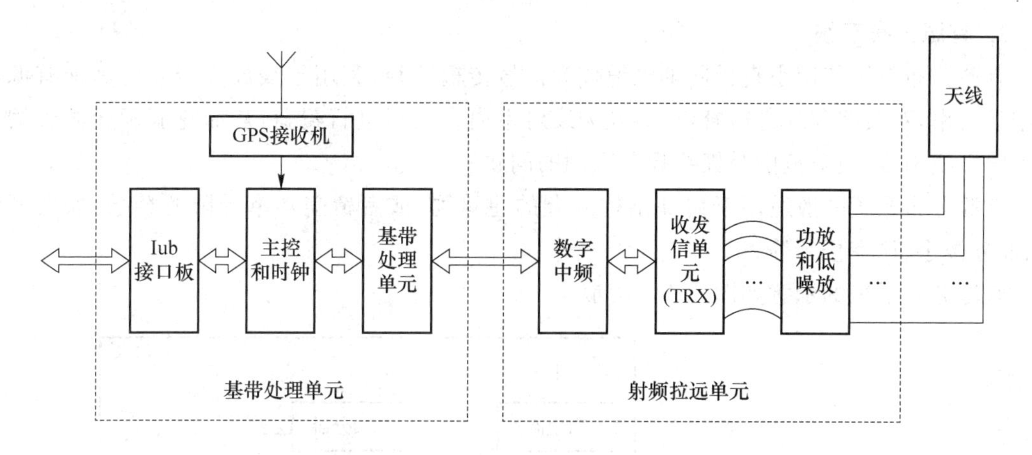

图 3.1-4　"BBU＋RRU"结构示意图

4. 直放站

直放站是能够在上下行收发、放大射频信号的设备，其本身不产生容量，只是扩展或延伸施主基站的覆盖。直放站的引入必然对基站产生干扰，干扰随着直放站数量的增多而加大，特别是大功率直放站的引入，会使系统干扰明显加剧。另外直放站在放大转发上行信号的过程中，会增加信号的传输时延，对信号质量有可能产生负面影响。目前直放站使用得较少。

二、按分布系统分类

按分布系统分类，室内分布系统包括无源分布系统、有源分布系统、光纤分布系统和泄漏电缆分布系统四大类。

1. 无源分布系统

无源分布系统通过耦合器、功分器、合路器等无源器件进行分路，经由馈线将信号尽可能平均地分配到每一副分散安装在建筑物各个区域的低功率天线上，从而实现室内信号的均匀分布，解决室内信号覆盖差的问题。

无源分布系统一般应用于话务受限场景，如会展中心、体育场馆、交通枢纽等话务密集区域；或者应用于小范围区域覆盖，如建筑面积在 20 000 m^2 以下的酒店、超市等；同时也适用于 1 000 m 左右的短距离公路隧道。

无源分布系统的示意如图 3.1-5 所示。

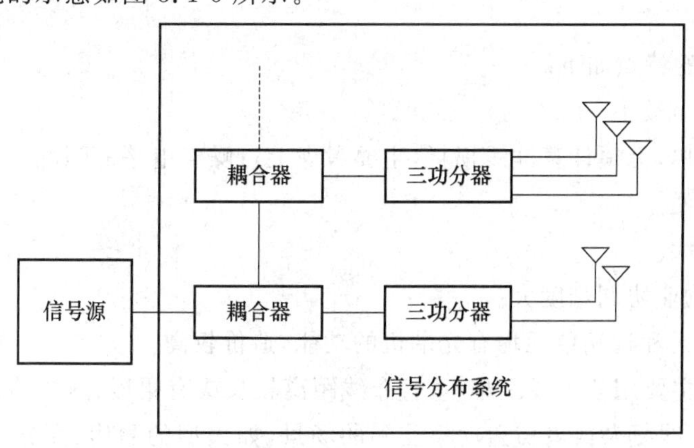

图 3.1-5　无源分布系统示意图

2. 有源分布系统

有源分布系统使用小直径同轴电缆作为信号传输路径，利用干线放大器或者其他有源器件增强功率，对线路损耗进行补偿，再经天线对室内各区域进行覆盖，从而克服了无源天馈分布系统布线困难、覆盖范围受馈线损耗限制的问题。

有源分布系统一般适用于内部结构复杂的建筑物，或者覆盖功率受限的场景，如大型酒店、商务楼宇、住宅楼宇等。

有源分布系统的示意如图 3.1-6 所示。

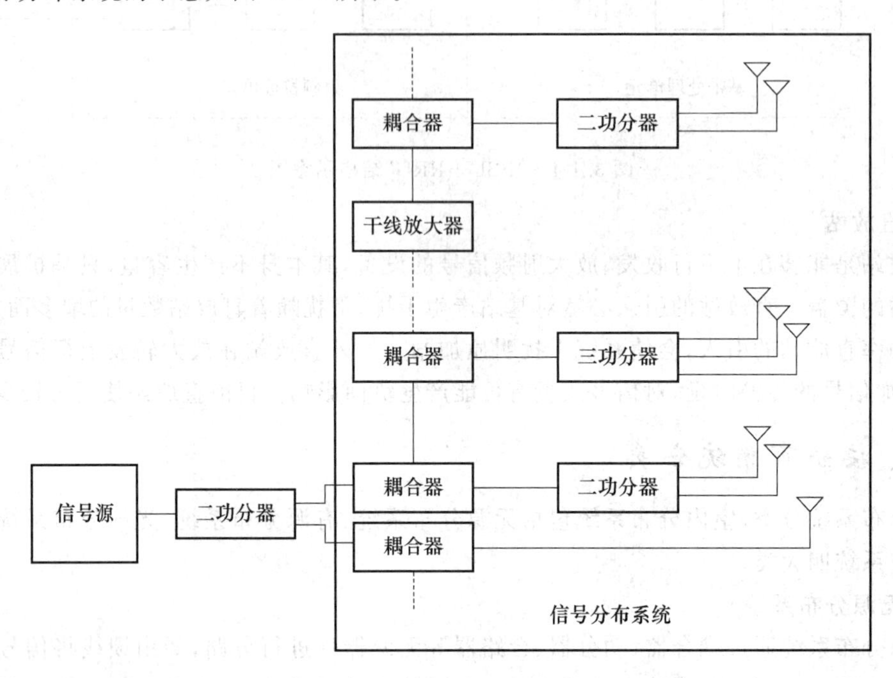

图 3.1-6　有源分布系统示意图

3. 光纤分布系统

光纤分布系统把基站直接耦合的射频信号转换为光信号，利用光纤将光信号传输到分布在建筑物各个区域的远端单元，再把光信号转换为电信号，经放大器放大后通过天线对室内各区域进行覆盖，从而克服无源天馈分布系统因布线距离过长而线路损耗过大的问题。

光纤分布系统的特点如下。

➢ 系统引入噪声较小。

➢ 工程设计简单，无须计算馈线损耗，主要考虑上行噪声电平的问题。

➢ 工程施工方便。

➢ 覆盖范围较大。

➢ 取电点多，物业协调难度大。

➢ 系统主机单元和远端单元均有光端机的功能，造价较高。

光纤分布系统主要用于布线困难、垂直布线距离较长或有裙楼、附楼的大型高层建筑物的室内覆盖，适用于布线复杂或者覆盖功率受限的场景，如大型的酒店、商务楼宇、住宅楼宇（建筑面积在 60 000 m^2 以上），同时也适用于中长距离（1 000 m 以上）的公路隧道。

光纤分布系统的示意如图 3.1-7 所示。

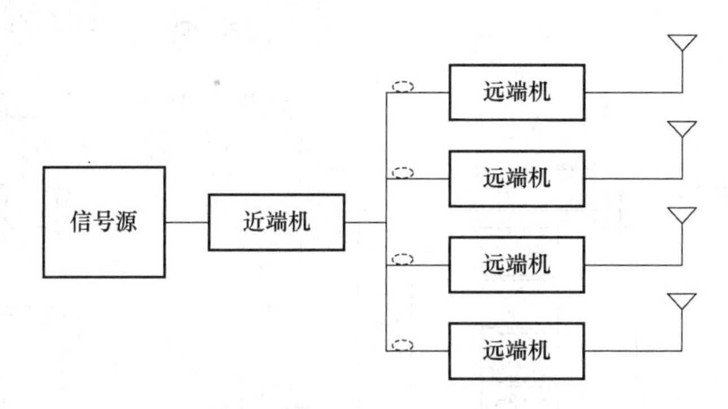

图 3.1-7　光纤分布系统示意图

4. 泄漏电缆分布系统

泄漏电缆属于无源器件，是一种特殊的同轴电缆，既可用作信号的传输，又可代替天线把信号均匀地发射到自由空间。对于线路损耗严重的系统还可加装干线放大器。

泄漏电缆分布系统由泄漏电缆、功分耦合器件组成，造价较高。信号通过泄漏电缆传送到建筑物内各个区域，同时通过泄漏电缆外导体上的一系列开口，在外导体上产生表面电流，从而在电缆开口处横截面上形成电磁场，把信号沿电缆纵向均匀地发射出去和接收回来。泄漏电缆分布系统的示意如图 3.1-8 所示。

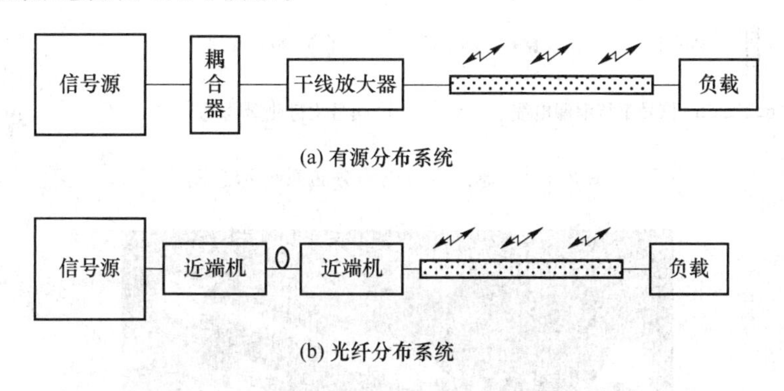

(a) 有源分布系统

(b) 光纤分布系统

图 3.1-8　泄漏电缆分布系统示意图

泄漏电缆分布系统适用于隧道、地铁等天馈分布系统难以发挥作用的地方。图 3.1-9 是地铁泄漏电缆分布系统的示意。

3.1.3　室内分布系统的主要器件

1. 功分器

功分器是等功率分配器件。功分器将功率信号平均地分成几份，给不同的覆盖区域使用，如图 3.1-10 所示。常见的功分器有二功分器、三功分器、四功分器 3 种。

室内覆盖工程经常使用功分器。功分器把信号分配进馈电电缆时会引入分配损耗，损耗取决于分配的端口数。功分器的主要指标包括分配损耗、插入损耗、隔离度、输入输出驻波比、功率容限、频率范围和带内平坦度、输入阻抗。

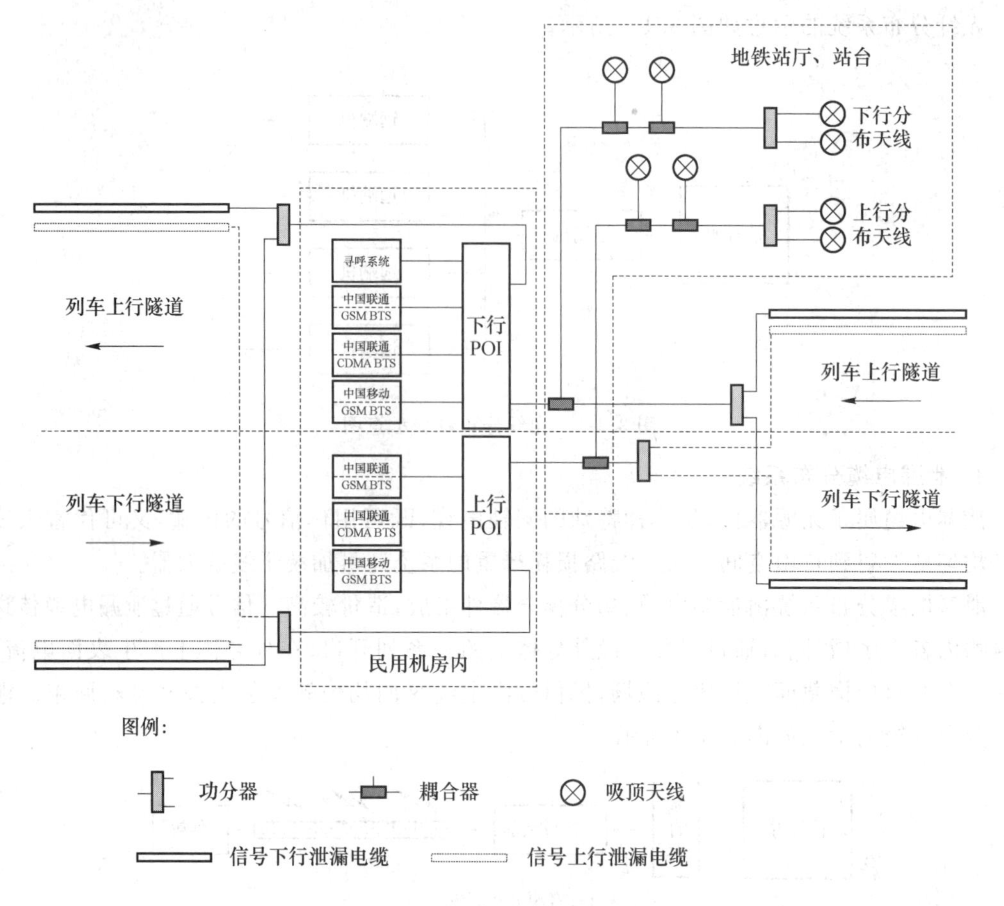

图 3.1-9　地铁泄漏电缆分布系统示意图

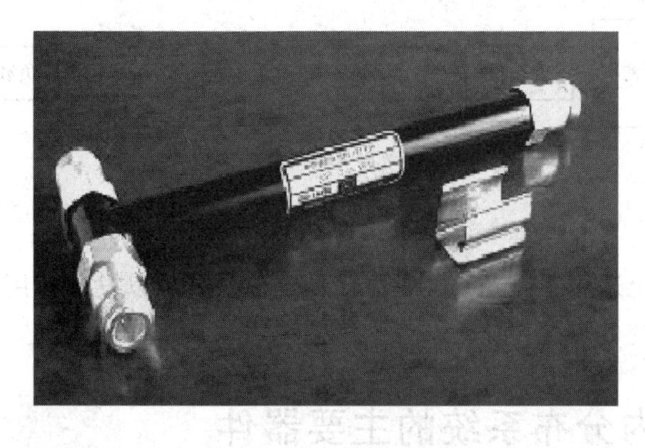

图 3.1-10　功分器

2. 耦合器

耦合器是一种非等功率分配的功率分配器件。耦合器从无线信号主干通道中提取出一小部分信号,将信号不均匀地分成两份。耦合器将输入功率分两路输出,其中一路由耦合端输出,另一路由直通端输出,直通端也称为主干端。耦合端的功率比直通端小 n dB。耦合器型号较多,常见的有 6 dB、10 dB、15 dB、20 dB、30 dB 和 40 dB 等多种耦合比的耦合器。耦合器如图 3.1-11 所示。

图 3.1-11　耦合器

耦合器的主要指标包括耦合度、隔离度、方向性、插入损耗、输入输出驻波比、功率容限、频段范围、带内平坦度、输入阻抗。

3. 合路器

合路器有同频合路器和多频合路器两种。同频合路器能将两个或两个以上的同频段信号合成一路信号输出,多频合路器则能将多个频段的发射和接收信号合成一路信号输出。合路器如图 3.1-12 所示。

图 3.1-12　合路器

4. 馈线(同轴电缆)

在室内分布系统中,要使用馈线把所有器件连接起来。室内覆盖使用的馈线基本上只有 3 种:7/8″(普通)、1/2″(普通)和 1/2″(超柔)。它们都是同轴电缆。主干线要选用损耗较小的电缆,如 7/8″馈线。连接到天线的支线尽量使用 1/2″馈线,以便于安装。馈线如图 3.1-13 所示。

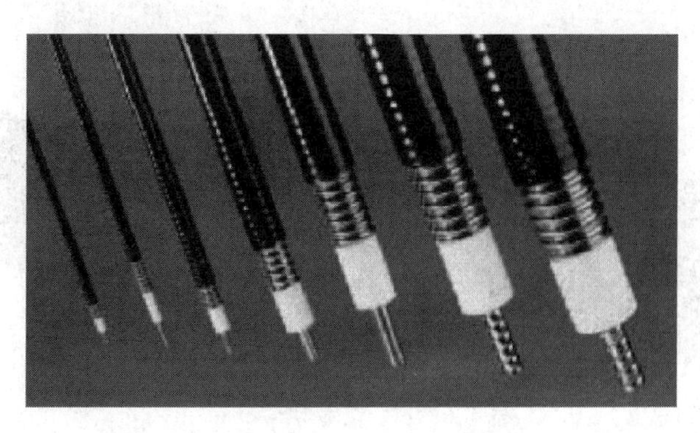

图 3.1-13　馈线

5. 泄漏电缆

泄漏电缆是一种具有优良导引辐射性能的传输线，也是一种开有八字槽的同轴电缆，兼有普通电缆和天线的作用。槽孔的节距和传输辐射的频率有很大的关系。泄漏辐射和槽孔的长度及槽孔的角度有很大关系，长度越长、角度越大，辐射越强。泄漏电缆如图 3.1-14 所示。

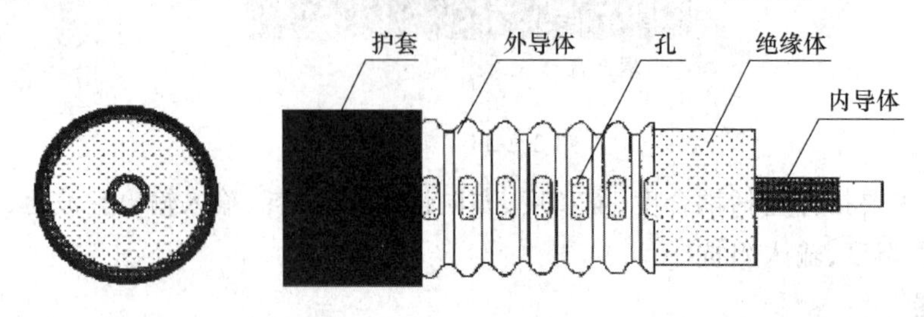

图 3.1-14 泄漏电缆

6. 天线

天线是将高频电流或波导形式的能量转换成电磁波，并向规定方向发射出去，或把来自一定方向的电磁波还原为高频电流的一种设备。室内分布系统的天线从用途和外观角度上可分为全向吸顶天线、鞭状天线、定向板状天线、八木天线、对数周期天线等，如图 3.1-15 所示。

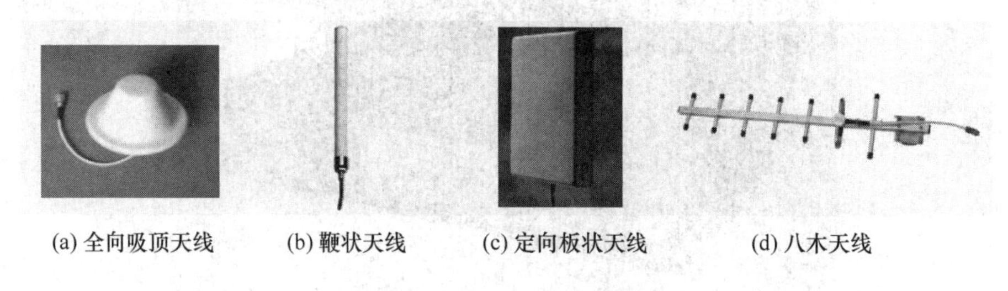

(a) 全向吸顶天线　(b) 鞭状天线　(c) 定向板状天线　(d) 八木天线

图 3.1-15 不同类型的天线

7. 干线放大器

干线放大器的作用是在室内覆盖信号源功率不够的主干末端对信号功率进行放大，以满足室内环境覆盖的要求。干线放大器如图 3.1-16 所示。

8. 负载

负载用于吸收器件上未使用端口的信号功率，对负载最基本的要求是阻抗匹配和能承受未使用端口的信号功率。负载如图 3.1-17 所示。

图 3.1-16 干线放大器

图 3.1-17 负载

3.1.4　室内覆盖工程的内容

室内覆盖工程的内容包括信号源的选取和安装设计、室内分布系统结构设计和分布方式确定。合理选择使用各类设备和器件，明确其安装位置及安装方式，合理设置天线发射功率和天线位置，提高系统性价比，使系统满足网络近期和远期的发展要求。

室内覆盖工程需综合考虑目标建筑室外无线网络覆盖现状，目标建筑地理位置、周边情况，用户组成和分布情况等，根据不同系统建设质量指标要求和通信业务经营者的特殊要求，结合目标建筑特点、建筑用户分布情况、室内信号现状和传播特性，综合确定室内覆盖目标区域。然后对覆盖目标区域进行详细勘察和测试，根据覆盖目标区域情况，确定信号源类型和建设方案，确定室内分布系统方式，计算室内信号传播损耗，设计室内分布天线，完成室内分布系统图和天线安装及馈线安装图，并编制工程概、预算表。

室内覆盖工程设计具体内容主要包括如下几点。

① 需求分析。

② 现场勘察。

③ 模拟测试。

④ 设计方案制订。

- 设计方案概述：描述室内覆盖工程站点的建筑环境信息，简要说明工程点周围环境情况、信号覆盖情况、拟覆盖区域、拟采用覆盖方式、可达到效果情况等。
- 工程规模：简述工程规模，如覆盖范围、信源类型、分布系统类型、天线数量等。
- 设计依据：设计依据的相关标准和规范。
- 设计思路和原则：设计考虑的主要因素和问题等。
- 设备选型及主要性能指标。
- 设计技术指标：包括室内分布系统设计指标、用户感知相关指标等。
- 信号源设计：信号源类型选取、位置确定及安装设计、载波配置等。
- 分布系统设计：包括分布系统方式的确定、系统原理图设计、天馈线安装图设计等。系统原理图中应标出系统各个器件所处楼层、输入输出电平值及系统的连接分布方式等。
- 工程安全及强制性要求：包括防雷接地、环境保护、抗震加固、安全施工等要求。
- 工程图纸：系统原理图、设备安装示意图等。
- 工程预算：工程费用预算。

⑤ 设计会审。

3.1.5　分工界面

无线室内覆盖工程设计包括信号源设计和室内分布系统设计。无线室内覆盖工程和其他专业的分工界面如下。

1. 与无线通信室外基站工程的分工

如果该工程室内分布系统的信号源不是从新建基站引出的，而是从已有的基站引出的，则引出的线缆以下由室内覆盖工程设计负责。

如果该工程的信号源是从新建的宏蜂窝或者微蜂窝引出的,则信号源和室内分布系统全部由室内分布工程设计负责。新建宏蜂窝或者微蜂窝信号源的设计方法,同第 2 章的无线通信室外站设计方法,本节不重复描述相关内容。

2. 与传输专业的分工

室内分布站点楼宇外部光缆接入及楼宇之间光缆由光缆专业负责,楼内 RRU 之间级联光缆及尾纤由室内覆盖工程负责。

3. 与配套专业的分工

市电引入、防雷接地、消防、动力环境监控等设计内容由相关设计单位或厂家负责设计安装。

3.2 无线通信室内覆盖工程勘察方法

3.2.1 勘察流程和工作内容

1. 勘察前准备

在勘察前必须做好准备工作,以便勘察工作顺利展开。勘察前准备工作的内容包括准备勘察工具、模测设备、图纸资料、车辆等。其中勘察工具包括笔记本式计算机、照相机、GPS、指北针、激光测距仪、皮尺、卷尺、四色笔、勘察纸、手电筒、安全帽等。

勘察前需根据项目特点准备勘察工具,并检查勘察工具是否能正常使用。阅读图纸是我们初步了解建筑物信息的最好方式,它可以反映站点的大致情况,需留意图纸上是否有标明尺寸等。一般情况下,建筑平面图是在事前由专门的谈点人员和业主沟通后,由业主提供。在条件允许的情况下,在到达站点之前,勘察人员需要仔细阅读相关图纸。

2. 需求分析

通常情况下,室内覆盖主要是解决信号覆盖、容量或者质量方面的问题。

首先,覆盖方面。室内结构复杂,加上建筑物自身对信号有屏蔽和吸收作用,造成无线电波传输衰耗较大,形成了移动信号的弱场强区,甚至是盲区,致使大楼的部分区域,如地下室,一、二层等区域,场强较弱,甚至存在盲区。室内覆盖信号差,容易出现手机掉网、用户不在服务区等现象。

其次,质量方面。建筑物高层空间极易存在无线频率干扰服务小区,造成信号不稳定,出现乒乓切换效应,话音质量难以保证,并出现掉话现象。

最后,容量方面。诸如大型购物商场、会议中心等建筑物里,移动电话使用密度过大,导致局部网络容量不能满足用户需求,无线信道发生拥塞。

根据市场需求并结合网优部门的测试结果,运营商向设计单位提出室内覆盖的站点需求。设计人员需详细了解站点需求信息,包括覆盖目的(解决覆盖问题、容量问题还是质量问题)、站点是否具备勘察条件(楼层是否已竣工,有无建筑平面图,租赁协议是否签订等)、站点类型(住宅楼、小区、商务酒店或者商场等)、站点位置、站点周围基站的分布情况、站点内规划的覆盖区域(楼层和电梯数量)、站点内用户的大致估算等信息。对于存在的疑问,勘察设计人员需做好信息反馈,及时与建设单位相关人员进行沟通。通过以上工作确保需求分析的准确和及时。

3. 初步勘察

初步勘察内容包括勘察覆盖区域的建筑结构，分析覆盖区域的情况，分析附近基站分布、话务分布，确定工程设计需要覆盖的区域，初步设想可采用的室内分布系统的信号源和组网方式。

在初步勘察时，还需对室内无线信号现状进行测试。信号测试的目的是为室内覆盖设计提供依据。对大楼现有的由周边宏蜂窝基站提供的室内信号进行测试，收集所用频段内存在的各种频率的信号，找出各楼层最强的信号电平，由此得到各楼层所需的最小设计电平。为保证楼内手机能够驻留在室内基站的小区上并具有良好的载干比，必须保证室内信号有足够高的设计电平。

4. 方案沟通

勘察人员根据需求分析和初步勘察的结果，对具备勘察条件的站点确定具体的覆盖区域。覆盖区域的确定需要结合多个方面的因素，包括覆盖效果、建设单位（网络优化部门和工程建设部门）的要求、施工难度等。覆盖区域确定的具体原则如下。

首先，勘察设计人员须尽量确保运营商网络优化部门提出的覆盖需求得到满足。如果物业业主对覆盖区域存在疑问的话，宜协同物业人员与物业业主进行沟通。在沟通时，设计人员提供技术支持。如果物业业主坚持不同意的话，需要将物业业主的意见向运营商网络优化部门反馈，询问是否修改方案。

其次，单纯从技术上考虑能否达到建设单位要求的覆盖效果。常规站点较容易实现，特殊站点应采用特殊的覆盖方式或解决办法。

最后，从施工难度的角度考虑，对于运营商提出的在工程上难以实现的覆盖区域，宜采用特殊的覆盖方式解决。譬如，业主不同意在大会议室内布放吸顶天线，可考虑在对角布放小壁挂天线进行覆盖。采用特殊的覆盖方式时，须向建设单位说明情况。

另外，室内分布系统设计灵活，用户量、话务量、站型、信源选择、组网方式等内容需与建设单位商定。室内分布系统设计的主要工作包括：对于室内分布系统信号源的选择，需要征询建设单位和业主的意见和建议；根据初步勘察记录，从网管处采集相关基站信息和进行话务数据分析；根据覆盖建筑物的结构，初步商定采用的组网方式；确定覆盖区域基站类型，根据预测的覆盖区域内的用户数和覆盖区话务需求预测，确定基站话务容量；初步商定覆盖方案，结合用户需求和建设条件，初步确定基站类型和数量、干线放大器数量。

5. 详细勘察

详细勘察内容主要包括以下几点。

（1）地理环境和建筑物结构

关于地理环境和建筑物结构，需勘察的内容包括建筑物所处区域、建筑物名称、建筑物经纬度、建筑物详细地址、建筑物性质、建筑物总建筑面积（平方米）、建筑物的外观照。

（2）建筑物结构详情

关于建筑物结构，需勘察的内容包括楼层/区域描述及其用途、天花板材质及维修口情况、楼层数小计、单层面积（平方米）、楼层/区域面积小计，以及建筑平面图，含地下层、裙楼、夹空层和标准层的结构。

若建设单位提供了建筑平面图和结构图，则需核实图纸与实际尺寸是否一致，如不一致，要对重要尺寸重新测量以修正图纸；若建设单位没有提供建筑图，需绘制勘察草图。

（3）通信基本条件

对于通信基本条件，需勘察的内容包括忙时人流量、区域类型、重点覆盖区域、建筑物内覆盖现状及覆盖手段概述（包括本建筑物现有基站的情况概述）、信源安装位置、楼层间走线描述、天线是否允许外露于天花板外、建筑物外墙（玻璃幕墙/砖墙/钢筋混凝土）、建筑物内部墙体类型（砖墙/板材/玻璃）。

（4）电梯详情

对于电梯详情，需勘察的内容包括电梯编号、用途、是否共井、电梯数量（类型一样）、电梯运行区间。

（5）周边基站分布记录

对于周边基站分布记录，需勘察的内容包括站点名称（或安装楼宇名称）、站点 CSID、基站靠建筑物方位、基站高度（米/层）、与大楼的距离（m）、基站和天线类型、覆盖目标。

（6）初步设计方案草图

确定信源等新增设备安装位置，确定覆盖各区域的天线类型和安装位置，确定布线路由，绘制相关草图。

详细勘察完成后填写勘察报告，为后续方案设计提供充分的依据。

6．模拟测试

将模拟发射机装在拟放天线的位置，利用测试手机对要求覆盖的区域进行测试，通过模拟测试得出建筑物各处的信号接收情况。

模拟测试的主要步骤如下：

① 首先进行扫频，选出干净的频率，此频率可作为信号源基站的频率；

② 设置发射机的发射功率和信道，对上下楼层及楼层各位置进行测试；

③ 根据发射机的发射功率和测得的各点信号强度计算出覆盖区各区域的无线传播损耗情况。

模拟测试示意如图 3.2-1 所示。

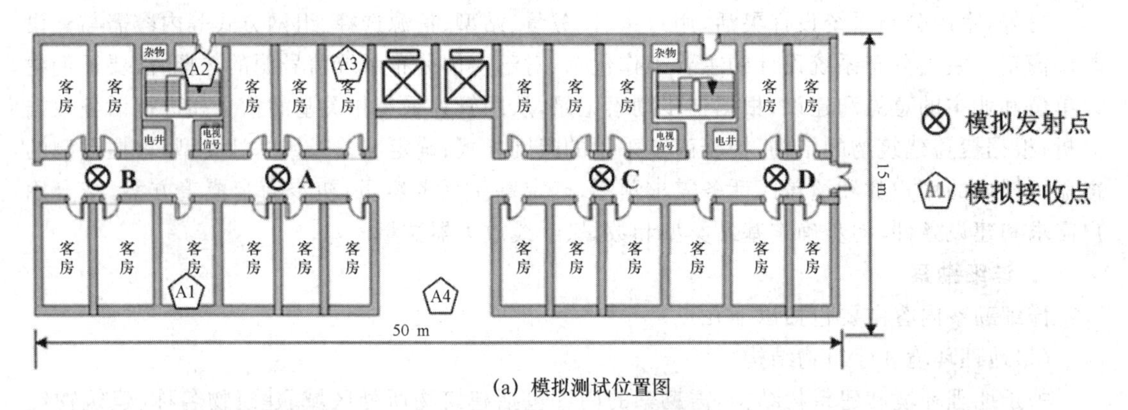

(a) 模拟测试位置图

接收点	网络系统1(以GSM为例)				网络系统2(以WCDMA为例)				网络系统3(以TD-LTE为例)			
	发射功率/dBm	实测场强/dBm	设计功率/dBm	推算场强/dBm	发射功率/dBm	实测场强/dBm	设计功率/dBm	推算场强/dBm	发射功率/dBm	实测场强/dBm	设计功率/dBm	推算场强/dBm
A1	5.0	−70.0	8.0	−67.0	3.0	−80.0	6.0	−77.0	3.0	−114.0	9.0	−108.0
A2		−72.0		−69.0		−81.0		−78.0		−113.0		−107.0
A3		−68.0		−65.0		−75.0		−69.0		−111.0		−105.0
A4		−64.0		−61.0		−69.0		−66.0		−110.0		−104.0

(b) 模拟测试传播损耗

图 3.2-1　模拟测试示意图

3.2.2　勘察工具及其使用方法

勘察工具包括照相机、GPS 测量仪、笔记本式计算机、测试手机、模测信号源和相关测试组件、指北针、测距仪、皮尺、卷尺、四色笔、勘察纸、手电筒、安全帽等。勘察时需根据项目特点准备勘察工具。勘察工具的具体使用方法参考“第 2 章　无线通信室外基站工程设计”。

3.2.3　勘察注意事项

室内覆盖工程勘察注意事项如下。

① 勘察前准备全套勘察工具以及勘察表和相关图纸等文件。

② 带齐证明身份的文件以及处理紧急事件的相关负责人员的联系方式。

③ 勘察时应遵守相关安全文明规范，按要求提供相关证件。

④ 勘察时信息要记录完整准确，现场照片也要完整。照片最好包括全局照（整体外观照）、室内环境照（房间、隔断、走廊周边、电梯厅周边、窗户周边）、吊顶/天花板照、走线环境照（梁、馈孔、桥架等）、弱电井环境照（设备安装位置、取电位置）、地下室出口等。

⑤ 勘察时需注意确认现场施工条件，要确认站点是否具备施工条件，如土建是否已完成，装修进度，天花板、桥架施工进度，取电条件等。

⑥ 现场进行信号测试时，测试信息应尽量详细，测试采样点应具有典型性和代表性，不同场景的区域必测，采样点数与楼宇规模应成正比。为了解网络实际覆盖情况，需对建筑物的地下、地上的每一层、每部电梯都进行测试，测试内容包括楼层连续通话测试、电梯测试、边缘场强测试等。

⑦ 模拟测试注意事项：每种覆盖场景应投放合适的发射点数量，发射点所对应的接收点位置能有效示意信号覆盖或外泄的范围；应给出模拟信号发生器的型号、输出连续波的信号中心频点以及功率大小；发射天线的辐射方向上不能有阻挡，天线的挂高应与实际安装高度相同。

⑧ 勘察结束后，需及时完成勘察资料的整理并进行资料归档。

3.2.4 勘察文档

1. 初步勘察记录表

No.:WX-XD-02/A

室内覆盖站点初勘记录表

建设单位代表	
填表人	
审核人	
日期	

项目名称：______________ 地区：______________

站点编号：__________ 站点名称：__________ 所属区域：__________

地址：______________________________

1. 站点信息

区域类型：()密集市区/()普通市区/()郊区乡镇/()农村　　站点类型：()室外/()室内

业务类型：()A/()B/()C/()D　共址情况：()移动G网/()联通G网/()电信C网/()其他补充

2. 建筑物信息

站点地址：______________________________ 站点坐标：E：__________ N：__________

楼宇性质：

1. 重要工业园区
- ()科技园/软件园
- ()制造基地
- ()医院

2. 重要政企
- ()市委市政府以上机关
- ()其他政府机关

3. 大型场馆
- ()会展中心/会议中心

4. 住宅小区
- ()高档住宅小区
- ()大型住宅小区
- ()高层住宅楼(非小区)

5. 校园
- ()大学(本科)
- ()大专
- ()高中
- ()中专及技校
- ()初中

6. 办公楼宇
- ()甲级写字楼
- ()其他高级写字楼
- ()一般写字楼

10. 电信物业
- ()三级以上营业厅
- ()地市电信大楼

7. 医院
- ()三甲医院
- ()二甲医院
- ()其他普通医院

8. 宾馆酒店
- ()五星级宾馆
- ()四星级宾馆
- ()三星级或同级别宾馆
- ()其他宾馆

13. 风景区
- ()国家级风景区
- ()省级风景区
- ()其他风景区

9. 餐饮娱乐消费场所
- ()大型聚类市场(IT类)
- ()大型聚类市场(其他类型)
- ()大型餐饮娱乐健身场所
- ()连锁餐饮、咖啡厅
- ()大型商场、大型超市
- ()亚运场馆、大运会场馆
- ()其他地市级体育馆

14. 其他类型热点

11. 交通枢纽
- ()机场
- ()客运港口、码头
- ()地市级火车站
- ()地市级汽车站
- ()地铁

12. 城中村
- ()城中村

建筑物外墙：()琉璃幕墙/() 砖墙/() 钢筋混凝土墙/() 其他：

建筑物内部墙体隔断类型：()砖墙/() 板材/() 玻璃/()/其他：

建筑物总楼层：(　层)　主楼层层数：(　层)　主楼层单层面积：(　m^2)

裙楼层数：(　层)　裙楼单层面积：(　m^2)　地下层数：(　层)　地下层单层面积：(　m^2)

共有几栋裙楼：(　栋)　每栋裙楼上分别有几栋主楼：(　　)　共有几栋楼：(　栋)

电梯数量：(　部)　电梯井数量：(　个)　建筑物忙时人流量：(　人)

周围情况描述：______________________________

附近基站：由近到远依次填写

(1)__________(2)__________(3)__________(4)__________(5)__________

3. 照片记录

(1) 建筑物外立面照片______张；建筑群内部情况______张；　照片编号：________

(2) 周围外部环境(从正北开始，每30°一张)，共______张；　照片编号：________

(3) 建筑物内部结构图：()是/()否

4. 建筑物内信号情况

地下层中间：____楼　　RSRP：____　　SINR：____

底层中间：____楼　　RSRP：____　　SINR：____

中层中间：____楼　　RSRP：____　　SINR：____

高层中间：____楼　　RSRP：____　　SINR：____

电梯内：　　RSRP：____　　SINR：____

5. 楼层功能说明

6. 备注

2. 覆盖资源需求报告

××大酒店室内覆盖资源需求报告

编制时间：××××-××-××
编制人：×××
建设地点：×××
经纬度：×××××

一、背景概述

1. 站点情况介绍

××位于×××，经纬度为×××××，是一家集住宿、办公、购物、餐饮为一体的五星级酒店，由地下室、贵宾楼、迎宾楼组成，总建筑面积为95 500 m^2。具体包括：B2～B1层为地下室、车库；贵宾楼为1～28层，共计9部电梯；迎宾楼为1～19层，共计4部电梯。

2. 问题描述

(1) 本问题的类型是覆盖类

经现场勘察，××大酒店部分区域存在弱覆盖，该楼并无××运营商独立天馈系统，原C网信号由联通系统承载，系统复杂，C网的覆盖效果难以保障，升级L网困难，无法满足用户需求。××大酒店地处市区核心地段，定位高端，为提升C网和L网的覆盖质量，增强客户感知，建议通过新建室内分布系统的方式来同步解决C网和L网的覆盖问题。

(2) 拟覆盖的目标描述

××大酒店包含地下室及车库(B2～B1层)、贵宾楼(1～28层，含电梯)、迎宾楼(1～19层，含电梯)，覆盖面积约为95 000 m^2。

3. 问题来源

本问题的来源：网优投诉站点/市场前端需求。

二、问题分析

1. 站点位置

(1) 现场GPS数据截屏

略。

(2) 百度地图(标准地图，显示区位/位置)

略。

(3) 百度地图(卫星地图，显示地貌)

略。

2. 周边无线环境及网络结构

① 周边L网基站信息见图1与表1。

图1 周边L网基站信息示意图

表 1　周边 L 网基站信息表

基站名	距离站点/m	基站运行情况
××站点	220	已开通
××站点	280	已开通
××站点	300	已开通

② 周边 C 网基站信息见图 2 与表 2。

图 2　周边 C 网基站信息示意图

表 2　周边 C 网基站信息表

基站名	距离站点/m	基站运行情况
××站点	220	已开通
××站点	280	已开通
××站点	300	已开通

3. 现场照片

① 室内环境。

② 吊顶。

③ 馈孔、桥架。

④ 弱电井。

⑤ 地下车库出入口。

4. 现场测试截图

① ×××××(位置 1)。

② ×××××(位置 2)。

③ ×××××(位置 3)。

测试结论分析如下。

通过测试可知，该站点××区域 L 网络无信号/场强小于等于－110 dBm/场强在－110～－105 dBm 之间/场强在－105～95 dBm 之间，整体覆盖质量较差，需建设室内分布系统来解决室内 LTE 信号弱覆盖问题。

三、建设方案

方案:新建L网室内分布系统/新建C+L网室内分布系统/改造原有C网室内分布系统。

××大酒店位于市区核心地段,定位高端,为提升L网/C+L网的覆盖质量,增强客户感知,建议通过新建室内分布系统的方式来解决××大酒店覆盖问题。室内分布系统覆盖××大酒店B2~B1层、贵宾楼1~28层(含电梯)、迎宾楼1~19层(含电梯)。L网信源采用×个射频拉远单元,覆盖面积约为95 000 m^2,预算投资×××.××元,单位造价×××.××元/米^2。

主要工作量如表3所示。

表3 主要工作量

建设方式	预算投资/元	覆盖面积	单位面积造价/(元·米$^{-2}$)	C网RRU数量	C网直放站数量	C网覆盖范围	L网RRU数量	L网覆盖范围	新增室内天线数量	新增射灯天线数量	新增功分器数量	新增耦合器数量	新增合路器数量	新增7/8″馈线数量	新增1/2″馈线数量

3. 勘察报告

×××××××
一阶段设计
勘察报告

审核人：×××
编制人：×××
勘察人：×××
建设单位代表：×××

建设单位：×××××××××
设计单位：×××××××××
编制日期：20××年××月××日

目　录

一、勘察概况

1. 勘察依据

××××××设计合同。

2. 工程勘察概况

本册设计为××××××一阶段设计，包括××套室内分布系统。

二、勘察日期及方法

1. 勘察日期

本工程勘察日期为20××年××月××日—20××年××月××日。

2. 勘察方法和整理资料情况

① 采用现场测量与向各有关部门调查了解相结合的方法，制订勘察计划。现场实地测量时，围绕各室内分布系统的站点，先收集现有网络相关资料，再进行实地测量。

② 进行勘察前的准备工作。首先认真阅读建设单位的勘察设计委托书，根据建设单位所提供的信息及资料，会同相关人员进行商讨，确定室内分布系统建设站点分布方案；制订勘察计划和准备相关技术资料、工作模板；与建设单位联系，请他们作必要的配合协作和准备工作，如提供勘察中所需的资料和派专人协助勘察工作等；准备必要的勘察工具，包括皮尺(30 m)、钢卷尺、指南针、GPS测量仪、数码相机、手电筒、地图、测试手机、交通工具等。

③ 组织勘察小组，并请建设单位勘察人员配合。

④ 勘察小组听取和讨论工程设计负责人对该工程的要求和具体意见，并明确该工程的任务、范围、性质、期限等。在勘察完成后工程设计负责人对勘察结果进行归纳整理并交审核人进行审核。

三、勘察内容

本工程现场勘察工作的主要内容：收集建筑楼宇性质、建筑外墙、内部、总楼层、建筑周围传播环境等信息，测试建筑室内信号等。

四、勘察结果

经过现场勘察及根据调查了解收集到的各种资料，得出各基站的勘察结果，包括的相关信息有站点地址、经纬度、楼层情况、覆盖区域类型和周围无线传播环境、建筑内部环境、建筑内部信号情况等。

五、选点及勘察表(1～18)

本批基站的选点及勘察表见表 1。

表 1 选点及勘察表

编 号	站 名	备 注
1		
2		
3		
4		
5		
6		
7		
8		
9		
10		
11		
12		
13		
14		
15		
16		
17		
18		

3.3 室内分布系统设计方法和案例

3.3.1 工程设计方法要求

1. 设计总体要求

① 室内分布系统的建设应综合考虑业务需求、网络性能、改造难度、投资成本等因素，确保网络质量，且不影响现网系统的安全性和稳定性。

② 室内分布系统应具有良好的兼容性和可扩充性，应综合考虑通信业务经营者当前网络及未来发展的需求，满足通信业务经营者其他制式系统未来的接入要求，并充分考虑系统扩容和与其他制式系统合路的可能性和便利性。

③ 系统配置应满足当前业务需要，同时兼顾一定时期内业务增长的要求。

④ 系统设计应根据不同目标覆盖区域的网络指标，合理分布信号，避免与室外信号之间

频繁切换和干扰，避免对室外基站布局造成影响。

⑤ 系统设计中选用的设备、器件和线缆应符合系统技术要求，各个组成部分接口标准化，便于设备选型和统一维护。

⑥ 室内分布系统的建设应与室外基站的建设相互协调，统一发展。

⑦ 室内分布系统的建设应结合建筑物结构特点，尽量不影响目标建筑物的原有结构和装修。

⑧ 室内覆盖系统选用的无源器件应满足所有引入系统的通信频段要求和多系统共存要求。

⑨ 室内覆盖系统应满足各种通信制式设计指标要求，并保证各制式间互不干扰。

⑩ 室内覆盖系统应便于改造，利于升级。

2. 主要设计指标要求

在满足国家和行业相关技术规范和要求的基础上，室内分布系统设计应根据建设需求情况，满足各项技术指标要求。

(1) 覆盖指标要求

目前，运营商各无线通信系统的主要覆盖指标要求如表 3.3-1 所示。

表 3.3-1　各系统覆盖指标要求参考

序　号	运营商	网络制式	参考指标	覆盖电平/dBm	有效覆盖率
1	A	GSM 900	RxLev	−85	95%
2		DCS 1800	RxLev	−85	95%
3		TDD LTE(F 频段)	RSRP	−105	95%
4		TDD LTE(E 频段)	RSRP	−105	95%
5	B	GSM 900	RxLev	−85	95%
6		WCDMA 2100	RSCP	−85	95%
7		DCS 1800	RxLev	−85	95%
8		FDD LTE(1.8G)	RSRP	−105	95%
9	C	CDMA	Rxpower	−85	95%
10		FDD LTE(1.8G)	RSRP	−105	95%
11		FDD LTE(2.1G)	RSRP	−105	95%

表 3.3-1 中的指标要求作为室内分布系统覆盖设计的参考。在实际工程中，应根据建筑物内部不同的功能区、不同的用户需求等进行差异化的设计，如会议室、营业厅等区域的覆盖电平可适当加强，电梯、地下停车场等区域的覆盖电平可适当减弱。

(2) 信号外泄指标

运营商各系统室内信号外泄指标一般要求如表 3.3-2 所示。

表 3.3-2　各系统信号外泄要求

序　号	运营商	网络制式	参考指标	室外 10 m 处信号电平/dBm
1	A	GSM 900	RxLev	−90
2		DCS 1800	RxLev	−90
3		TDD LTE(F 频段)	RSRP	−110
4		TDD LTE(E 频段)	RSRP	−110

续表

序号	运营商	网络制式	参考指标	室外 10 m 处信号电平/dBm
5	B	GSM 900	RxLev	−90
6		WCDMA 2100	RSCP	−90
7		DCS 1800	RxLev	−90
8		FDD LTE(1.8G)	RSRP	−110
9	C	CDMA	Rxpower	−90
10		FDD LTE(1.8G)	RSRP	−110
11		FDD LTE(2.1G)	RSRP	−110

表 3.3-2 中的指标可作为室内分布系统覆盖设计的参考，一般在室外 10 m 处，室内小区外泄的信号电平应比室外主小区信号电平低 10 dB。

3. 设备安装和配置要求

(1)信号源安装要求

➢ 信号源安装位置应保证主机便于调测、维护和散热，设备周围的净空要求按设备的相关规范执行。

➢ 机房的空调设置应按各系统设备环境要求取最大值，应按该基站机房终期设备发热量配置空调。

(2)有源设备安装要求

➢ 有源设备的安装位置应便于调测，并满足维护和散热的要求，确保无强电、强磁和强腐蚀性设备的干扰。

➢ 壁挂式分布系统设备固定在墙壁上，设备安装的净空要求按设备安装的相关规范执行。

➢ 安装牢固平整，有源器件上应有清晰明确的标识。

(3)无源器件安装要求

➢ 安装位置、设备型号需符合工程设计要求。应尽量安装在易于维护的位置。

➢ 安装时应用相应的安装件进行固定，并且垂直、牢固，不允许悬空放置，不应放置室外(如特殊情况需室外放置，必须做好防水、防雷处理)，在线槽布放的无源器件应用扎带固定好。

➢ 无源器件应有清晰明确的标识。

➢ 接头牢固可靠，电气性能良好，两端应固定牢固。

➢ 设备严禁接触液体，并防止端口进入灰尘。

(4) 天线安装要求

➢ 室内天线在安装时，天线附近应无直接遮挡物，并尽量远离消防喷淋头；在无吊顶环境下，室内天线采用吊架固定方式，天线吊挂高度应略低于梁、通风管道、消防管道等障碍物，保证天线的辐射特性。

➢ 室内定向板状天线采用壁挂安装方式或利用定向天线支架安装方式，要求天线周围无直接遮挡物，天线主瓣方向正对目标覆盖区。

(5) 线缆布放要求

➢ 线缆路由应做到三线分离，即信号线、电源线、地线需按建筑物的三线路由设计要求进行布放。

- 线缆布放宜使用弱电井走线，杜绝使用强电井，避免使用风管或水管管井。
- 在布放电缆时，要用电缆扎带进行牢固固定；需要弯曲布放时，弯曲角要圆滑，弯曲半径应满足相应的电缆技术规范要求。
- 馈线连接头必须牢固安装，接触良好，并做防水处理。
- 对于裸露在线井、天花板等外侧的馈线宜套管布放，并对走线管进行固定。
- 泄漏电缆不能与风道等金属管路平行敷设。
- 泄漏电缆周围避免有直接遮挡物，以免影响泄漏电缆的辐射特性。

3.3.2 设计重点内容

1. 信号源的选取和设计

室内覆盖信号源一般采用 4 种方式，包括宏蜂窝、微蜂窝、射频拉远单元和直放站。选择合理的信号源可以提高整个网络的通话质量，节约资源，提高网络的投资收入比。

在对覆盖区域选取合适的信号源之前，需要首先了解建筑物的规模、功能，分析电磁环境，确定要覆盖的区域，合理估算覆盖区域用户数，根据用户数计算覆盖区域的话务量并推算出所需要的通信设备规模。通过分析并参考大量室内覆盖经验，室内覆盖信号源选取建议如下：

- 对于建筑面积在 80 000 m^2 以上，且话务量很大的大型场馆，宜选取宏蜂窝作为信号源；
- 对于建筑面积在 30 000～80 000 m^2 之间，且话务量较大的覆盖区域，可采用微蜂窝作为信号源；
- 对于话务量较大的写字楼、商场、酒店等重要建筑物，尤其是建筑群区域，宜采用 RRU 作为信号源。RRU 相对于微蜂窝容量配置灵活，远端设备体积小，安装相对方便。目前采用分布式基站 BBU＋RRU 方式和 RRU 方式作为信号源的情况较多；
- 对于较小的覆盖区域，譬如电梯和停车场以及忙时话务量很小的区域，可采用直放站作为信号源。

2. 室内分布系统的选取和设计

在满足设计要求的前提下，室内覆盖尽量选用工程造价低、施工相对容易的设计方案，尽可能选用无源分布系统。

(1) 根据覆盖面积选取合适的分布系统

- 对于覆盖面积较小，所需布放天线数量较少的场景，优先选用无源分布系统，即除信源设备为有源设备外，天馈线系统均由无源器件构成。
- 对于覆盖面积中等，所需布放天线数量中等的场景，优先选用有源分布系统，即天馈线系统中除无源器件外还含有干线放大器。
- 对于覆盖面积较大，所需布放天线数量较多的场景，可根据实际情况选用有源分布系统或光纤分布系统。

(2) 根据建筑结构选取合适的分布系统

- 对于建筑物内部结构简单、墙体屏蔽较小、楼层较低的场景，优先选用无源分布系统。
- 对于建筑物内部结构简单、墙体屏蔽较小、楼层较低但建筑物较为分散的场景，优先选用光纤分布系统。
- 对于建筑物内部结构复杂、墙体屏蔽较大、楼层较高的场景，优先选用有源分布系统。
- 对于建筑物内部结构狭长的特别区域，可选用泄漏电缆分布系统。

在设计中需要注意,室内分布系统选用哪种覆盖方式并不是固定的。根据需要同一个场所可以选用上面一种或者几种方式的组合,以对覆盖区域进行良好的覆盖。例如,对于大型地铁的覆盖,宜在车道内采用泄漏电缆的方式,而对于站台和地铁内的配套区域的覆盖,则宜采用无源覆盖方式。

在室内分布系统结构设计方面,建议尽可能采用多主干、多分支覆盖方式。一方面可以避免由单条路由使线路损耗过大,接头损耗等不确定因素增多导致的偏离甚至无法满足设计要求的问题;另一方面在载波扩容或者扇区分裂时,能减少对室内信号分布系统部分的改动。对于高层建筑的楼层覆盖,建议最少设计两条主干。如果是较高的建筑物,可采用 4 条或多条主干,将建筑物划分成多段进行覆盖。非高层建筑物也可根据楼层数量和所需天线数量,采用若干条主干进行覆盖。

如果室内分布系统采用的主干多于 4 条,可以考虑使用 POI(Point of Interface,多系统合路平台)方式,从而实现多频段、多信号的合路功能,并且有等功率多支路输出。目前相关厂家的 POI 一般有 4 个输出(衰减一般在 6~8 dB),这样可以方便地对目标进行多主干覆盖。

3. 室内信号传播损耗计算

室内分布系统的设计应经过详细的链路预算分析。链路预算分析包括信号源至室内天线、天线至手机终端两部分。通过链路预算可确定信号源功率需求、天线口输入功率以及天线覆盖距离等。

室内覆盖系统设计时,应使系统的上下行链路平衡。对于室外系统,一般情况下,下行覆盖大于上行覆盖,即上行覆盖受限,但是室内分布系统由于建筑物内的穿透损耗比较大,一般为下行覆盖受限。因此,在室内分布系统的设计中,着重考虑下行链路预算,以确保该楼宇内的覆盖效果。

在下行链路预算中,对于覆盖区的场强预测可先求得天线口的输入功率,再计算得到覆盖区内特定点的场强。计算方法如下:

天线口输入功率 = 信号源输出功率－馈线损耗－馈线接头损耗－器件损耗

终端接收场强 = 天线口输入功率 + 天线增益－自由空间传播损耗－衰落余量

室内信号传播损耗如图 3.3-1 所示。

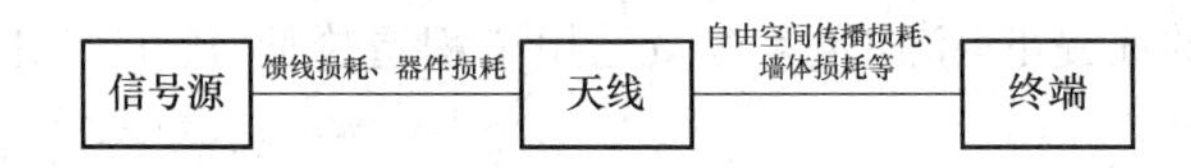

图 3.3-1 室内信号传播损耗

下面以 LTE(2.1G)为例,估算室内分布系统终端接收场强。

天线口输入功率:根据不同的信号源输出功率和馈线、器件总损耗计算得出,每个方案中每个天线都可能不同,具体标识在设计方案系统原理图中。这里取其中一个天线,假定天线口输入功率为 5 dBm。

天线增益:3 dBi(IXD-360/V03-NN 型吸顶天线)。

自由空间传播损耗:采用 HATA 模型,自由空间路径损耗 $Lr = 20\lg d + 20\lg f - 28$(dB),其中 d 是终端与天线的距离,单位是 m;f 是发射信号的频率。

衰落余量:根据经验值,衰落余量(含墙体损耗、人体损耗)这里合计取 30 dB。实际衰落余量根据传播信号的频率、建筑物的结构、墙体材质等的不同而有所不同。

因此,终端接收场强可按如下方式计算:

终端接收场强=天线口输入功率 + 天线增益-自由空间传播损耗-衰落余量

$= 5+3-(20\lg d+20\lg 2\,100-28)-30$

$= 5+3-20\lg d-66+28-30$

$= (-60-20\lg d)\text{dBm}$

距离天线10 m处:终端接收场强=-60-20×lg 10=-80 dBm。

距离天线20 m处:终端接收场强=-60-20×lg 20=-86 dBm。

由于室内无线信号的传播受楼宇建筑材料等诸多因素的影响,直接通过理论计算对无线覆盖进行预测并以此来确定天线安装位置和数量会出现一定的误差。故可以采用现场模拟测试和理论功率计算相结合的方法,对需提供服务的无线覆盖区域进行其边缘接收电平值的估算,确定需安装天线的位置和数量。

4. 室内天线布放设计

在对建筑物类型、构造、室内结构、干扰环境和路径损耗进行分析之后,接下来根据不同区域类型进行天线设置,包括天线类型、数目和安装位置等。天线布放设计需考虑的因素如下。

① 应根据勘测结果和室内建筑结构以及目标覆盖区的特点,设置天线位置和选择不同的天线类型,天线应尽量设置在室内公共区域。

② 天线位置应结合目标覆盖区的特点和建设要求,设置在相邻覆盖目标区的交叉处,保证其无线传播环境良好,同时遵循天线最少化原则。

③ 对于层高较低、内部结构复杂的室内环境,宜选用全向吸顶天线,宜采用低天线输出功率、高天线密度的天线分布方式,以使功率分布均匀,覆盖效果良好。

④ 对于较空旷且以覆盖为主的区域,由于无线传播环境较好,宜采用高天线输出功率、低天线密度的天线分布方式,满足信号覆盖和接收场强值要求即可。

⑤ 对于建筑边缘的覆盖,宜采用室内定向天线,避免室内信号过分泄露到室外而造成干扰,根据安装条件可选择定向吸顶天线或定向板状天线。

⑥ 对于电梯覆盖,一般采用3种方式:一是在各层电梯厅设置室内吸顶天线;二是在信号屏蔽较严重的电梯中,或在电梯厅没有安装条件的情况下,在电梯井道内设置方向性较强的定向天线;三是在电梯轿厢内增加发射天线,这种方式需要随梯电缆,且对随梯电缆要求较高,通信效果较好,但工程造价较高。目前实际工程采用前面两种方式较多。

5. 馈线路由设计

整体方案的馈线设计按照从小到大的思路:先预定好每层的天线口输入功率,用馈线连接好,灵活使用功分器和耦合器,尽量使每副天线的功率均匀,然后才通过上下管井整体的连接,注意连接上下层馈线的器件尽可能地放在管井房里,以方便维护;主干馈线如果超过30 m,建议采用7/8″或以上的馈线。

馈线路由设计的主要步骤和考虑因素如下。

① 先仔细阅读标有上下管井和水平线槽位置的图纸,定好上下管井的位置和水平线槽的分布。如果没有图纸,则现场与业主沟通,了解相关情况后再进行勘察、记录。

② 现场勘察,确认图纸上所标的管井上下能否走通。如果图纸与现场不符,需以现场为准,重新在附近寻找能够走通的管井,并在图纸上做好标记,并拍照。另外需要注意管井内是否有足够的空间布线。

③ 检查水平方向的线槽是否与图纸上的标记一样,若有不同之处需做好标记。

④ 垂直走线必须按现场所确认的能够上下走通的线槽路由来设计;在水平方向,在馈线数量不多的前提下要尽可能地利用建筑物原有的线槽设计馈线路由。

⑤ 器件连接和位置的摆放原则:按照运营商的需要,为了方便施工和维护,一般情况下摆放在管井或者检修孔等位置;连接后尽可能地少用馈线,并尽量使分布系统的天线口输入功率平均。

6. 多系统合路设计

(1) 多系统合路的建设方式

室内分布系统通常以单制式通信系统的方式建设。随着运营商移动通信网络制式的增加,通过一套天馈线分布系统解决多种制式的室内覆盖问题的方法逐渐增多。可采用将多个制式系统的无线信号进行合路,共用室内天馈线分布系统的方式,如图 3.3-2 所示。

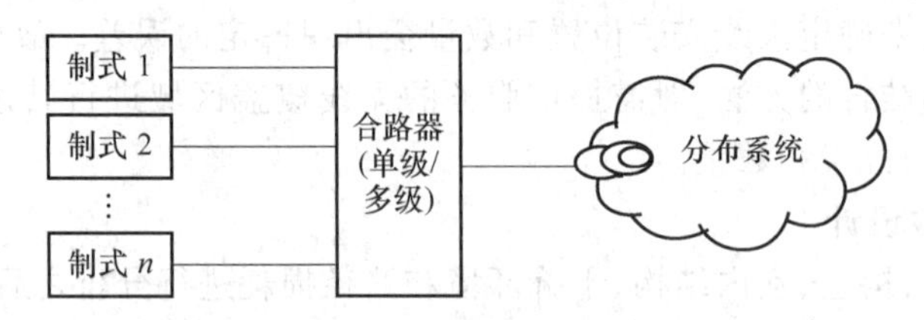

图 3.3-2 多系统合路示意图

多制式合路系统主要采用以下 3 种方式进行建设。

- 将所有系统的上下行信号进行合路并在一套天馈线系统中进行传送。通过规划各系统使用频段,避免系统间同频及邻频干扰。这种方式适用于覆盖区域较小的场所,分布系统最好为无源系统,以减少噪声的增加对各接收机灵敏度的影响。
- 在多种通信制式合路时,将其中频段间隔较大、互相干扰较小的不同制式系统进行合路,而将频段间隔较小、互相干扰较大的不同制式系统分别进行建设。
- 将各制式系统的上下行信号分为两套分布系统进行建设。两个分布系统之间最小隔离度为天线间的空间隔离损耗与分布系统的路径损耗(基站输出端口功率与天线输入功率的差)之和。满足隔离度能有效地减少甚至避免系统间产生的杂散和阻塞干扰问题。这种方式适合于覆盖区域大,但不能建设多套分布系统的场所。其缺点是分布系统中使用了较多的有源设备,易引起基站接收机噪声的增加,需根据有源设备使用的数量计算噪声增加量,并通过增加合路器的隔离度指标来满足系统的要求。合路器各端口间隔离度指标要求相对较低。

(2) 多制式合路室内覆盖系统设计内容

① 主要系统设计

在多制式合路系统方案中,选择接收机灵敏度较低、网络覆盖质量要求较高的系统作为主干系统,使用单系统覆盖方案进行系统方案设计。需注意的是,单系统天线口输出功率应较平时单系统设计时提高 3～6 dB 的输出,这是为后期合路系统设计所引入的合路损耗预留的功率余量。

主干系统在设置天线点位时应综合其他系统在覆盖区域、天线点间距等方面的不同需求,统一设置,并可适当增加天线点密度,以保证各系统网络覆盖质量满足指标要求。

多制式合路系统对系统间干扰隔离要求较高,各系统的干线放大器等有源器件应减少使用或者不用,从而降低系统噪声水平。

② 其他系统合路设计

根据主干系统天线点密度,核算其他各系统天线口输出功率的最低值。根据主干系统的结构,在保证满足本系统天线口输出功率需求的前提下,通过合路器件进行系统合路方案设计。

③ 天线输出功率核算

系统合路方案完成后,应分别对各系统天线口输出功率进行核算,以验证天线覆盖半径能否满足各系统的覆盖要求。对于输出功率过高的系统，为减少对其他系统的干扰，应修改系统合路方案，使其与其他系统输出功率相匹配。

④ 不同制式系统间的相互影响

在多系统合路室内分布系统中，多个不同制式、不同频段的高频信号混合在一起传输。各系统间的干扰问题是多系统合路的关键问题，在室内覆盖系统设计时必须充分考虑，两两系统间均要进行分析计算，以确定其隔离要求和系统建设的可行性。

多系统合路室内分布系统的干扰主要可分为 3 个方面：阻塞干扰、互调干扰和杂散干扰。为了消除这些干扰可能会对系统带来的影响，在分布系统设计和系统组成器件的选择上，需要通过增加干扰信号到被干扰信号间的隔离度来消除这些干扰信号对系统产生的不良影响。

目前主要抗干扰措施包括：

a. 室内分布系统应远离强电、强磁设备；

b. 通过频率规划协调；

c. 提高相关设备隔离度参数要求；

d. 增加滤波器；

e. 有效利用空间隔离；

f. 采用高性能、指标好、经久耐用的高品质器件等。

3.3.3　典型图纸及其说明

室内分布系统的典型图纸包括系统原理图和天馈线安装图两类，下面分别进行介绍。

1. 系统原理图

系统原理图中标出了系统各个器件所处楼层、输入与输出电平值及系统的连接分布方式。系统原理图的具体内容包括电缆、天线、设备等标签；各个节点的场强预算；馈线的长度、规格；图例；设计说明，如设计单位、设计人、审批人等。在系统原理图的每一个节点(所有有源器件和无源器件)的输入端和输出端上都严格标明设计电平值，严格估算各段馈线的长度和线路损耗以及各个元器件的插损，并标注在相应的干线上，功率分配计算必须认真严谨。

系统原理图上所有标志必须规范，在设计方案中的标志需与原器件一一对应。如果用户或者建设单位没有特殊要求，则工程的所有标志均应统一规范。另外，系统原理图中楼层和各级之间应层次分明，易于其他工作人员查阅。

2. 天馈线安装图

设计中应提供详细的天馈线安装平面示意图，该图需符合实际建筑比例和结构特征，标明楼层墙体隔断情况、房间(注明房间主要用途)及走道分布、弱电井位置、电梯及楼梯位置、天井位置等内容。在图上标识清楚各设备的具体安装位置、馈线的布放位置以及天线的安装位置等。对于楼层相似的，可以只出具标准楼层的平面安装示意图；对于较复杂的室内分布系统，可附以安装地点的立体图与剖面图。

3. 系统原理图和天馈线安装图示例

该室内站点覆盖区域是－2 层停车场以及－1 层和 1 层商场，采用无源分布系统覆盖。由于覆盖区域面积较大，所以设计方案充分利用建筑物两侧竖井，分两路主干进行覆盖，避免天线到竖井的馈线路由过长。停车场较空旷，天线密度相对较低；商场部分没有隔间，但有货架阻挡，天线密度相对较大。系统原理图如图 3.3-3 所示，－2 层、－1 层、1 层天馈线安装示意分别如图 3.3-4、图 3.3-5、图 3.3-6 所示。

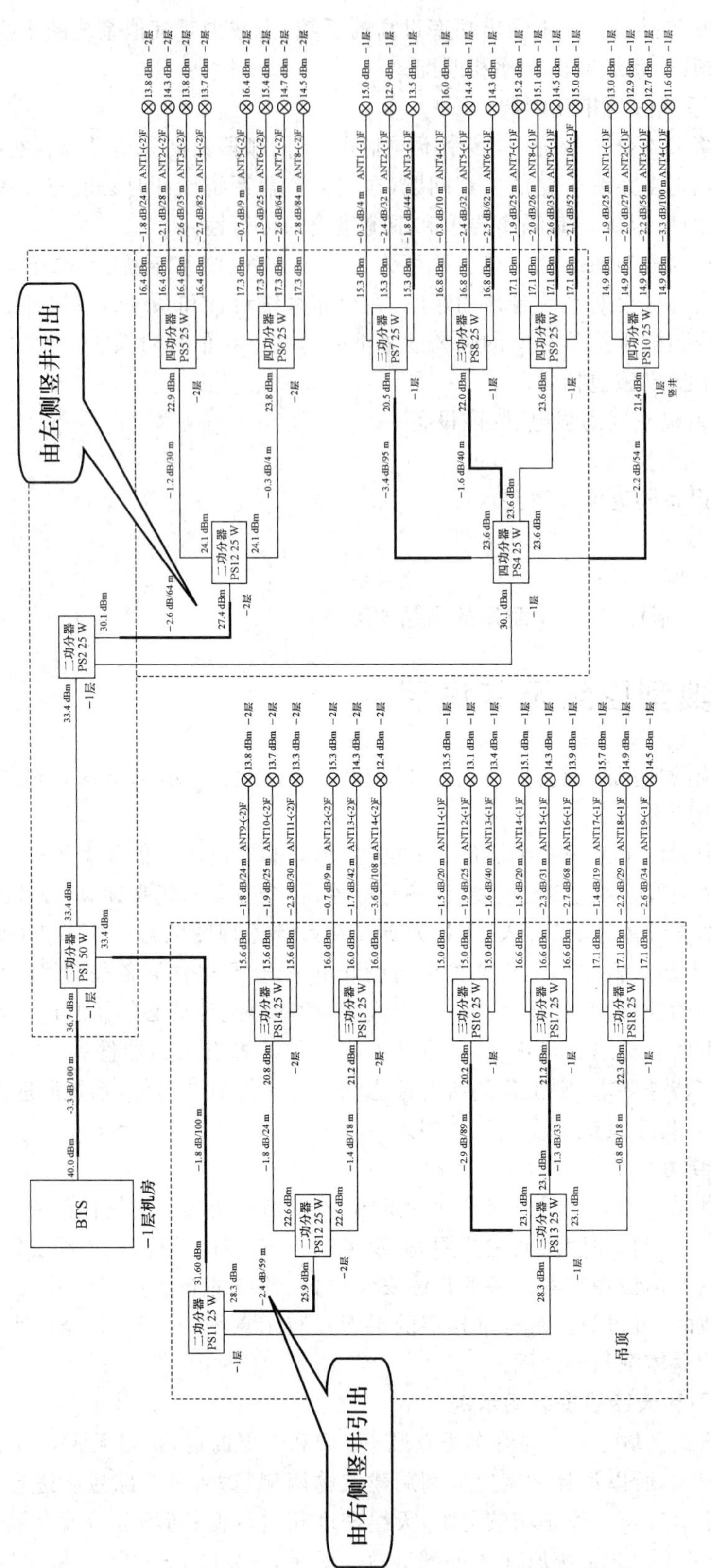

图 3.3-3　系统原理图

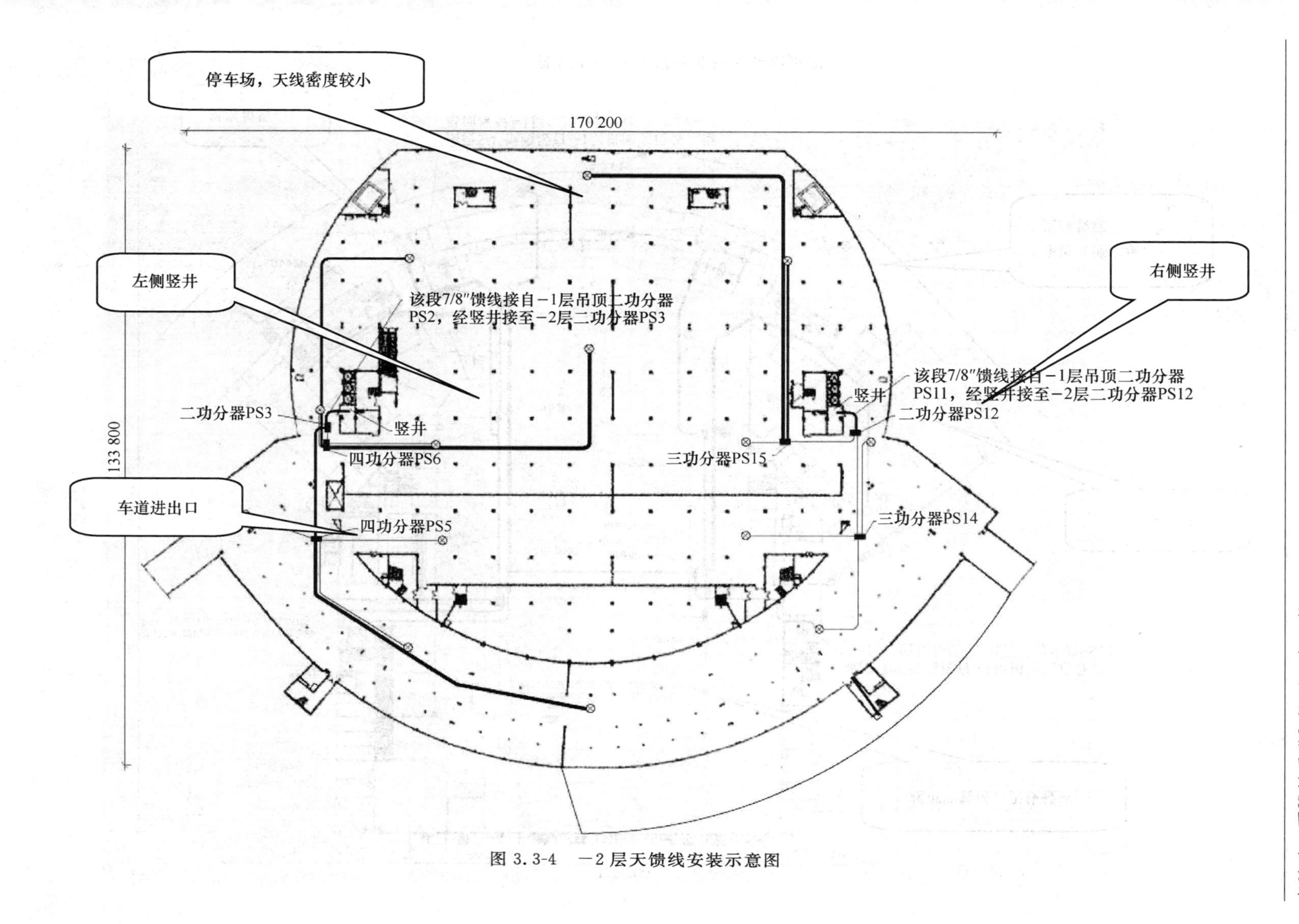

图 3.3-4　－2 层天馈线安装示意图

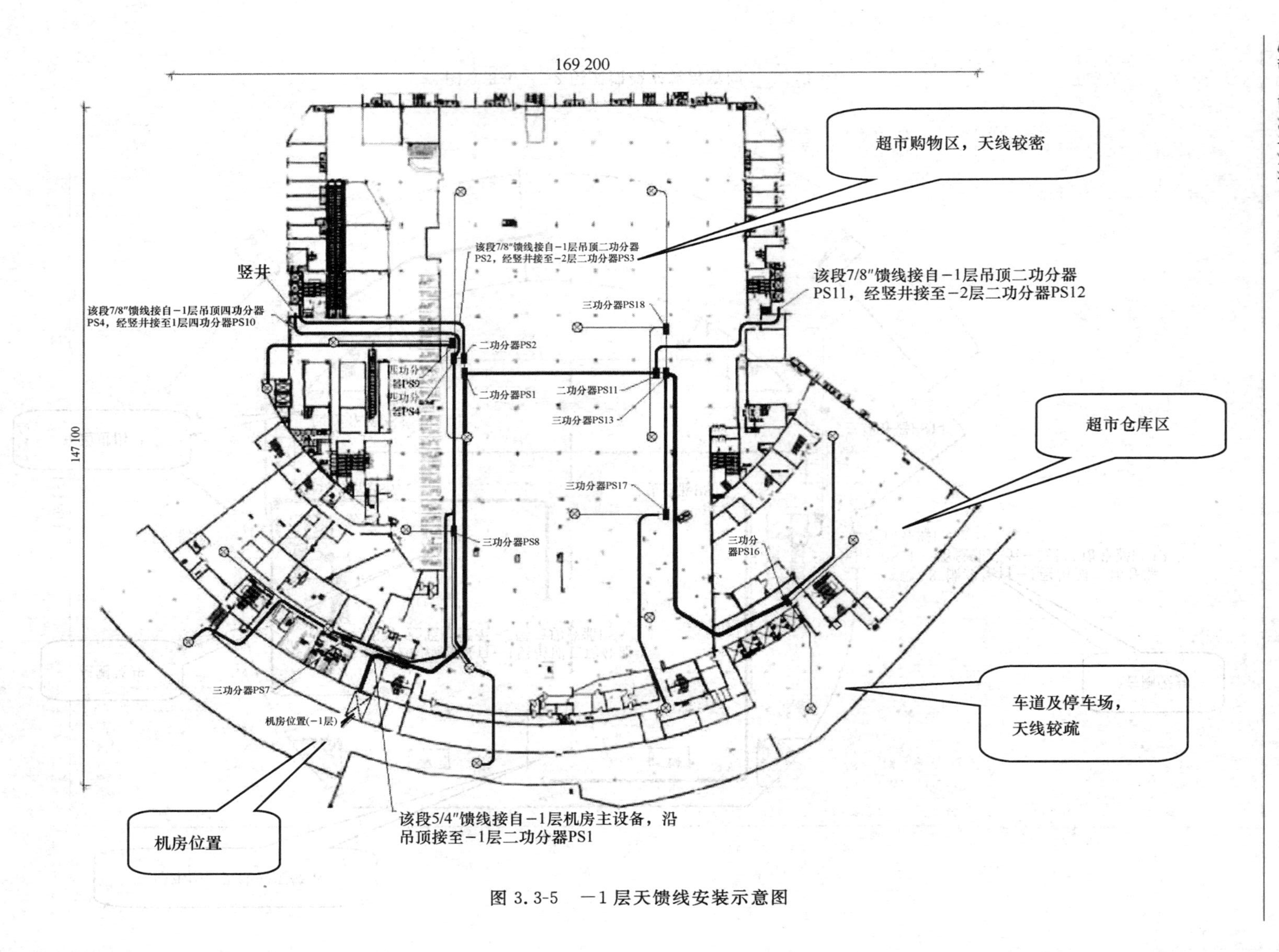

图 3.3-5　-1层天馈线安装示意图

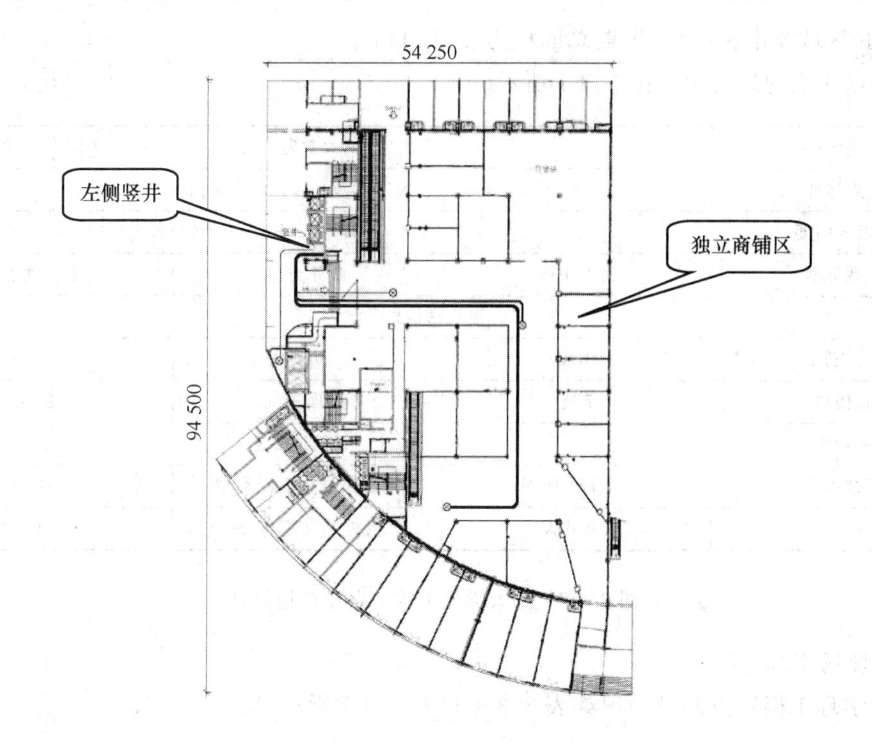

图 3.3-6　1 层天馈线安装示意图

3.3.4　设计文件主要内容

设计文件由文本、附表、图纸、预算 4 个部分组成。下面以“2016 年某分公司某大学理工楼 LTE 室内分布系统工程一阶段设计”为例进行介绍。

一、文本

1. 概述

(1) 建设规模

本工程新建两家移动通信运营商的室内分布系统，建设室内分布系统 1 套，对某大学理工楼进行覆盖，使用室内覆盖天线 95 副、POI 0 个、合路器 2 个。具体如表 3.3-3 所示。

表 3.3-3　本工程室内分布系统建设规模

站　点	楼宇性质	总面积/m^2	天线数/副	POI/个	合路器/个
某大学理工楼	教学楼	23 700	95	0	2

(2) 建设效果

本工程实施后，CDMA/FDD-LTE(2.1G)、WCDMA/FDD-LTE(1.8G)网络系统信号质量满足网络建设要求，并且可以满足某大学理工楼室内手机用户的业务需求。

2. 现场及测试环境分析

(1) 站点基础信息详细描述

该理工楼位于某大学内，楼高为 7 层，是钢筋混凝土结构的教学楼。本次覆盖某大学理工楼 1F～7F 区域及电梯区域，覆盖总面积为 23 700 m²。

该站点建筑物的情况如图 3.3-7 所示。

站点名称	某大学理工楼		
站点地址	××市××区××大学内		
站点经纬度	N：××.×××××° E：××.×××××°		
区域类型	密集市区	业务类型	重点覆盖区
建筑物信息			
类别	学校	功能	办公
总楼层	7 层	单层面积/m²	3 385
建筑物外墙	钢筋混凝土		
内部结构类型	分隔型	内部墙结构隔断类型	砖墙
人流量/人	1 000 人	最近基站距离/m	50

图 3.3-7 某大学理工楼站点建筑物信息

（2）现场测试分析

某大学理工楼定点测试情况如表 3.3-4 和表 3.3-5 所示。

表 3.3-4 某运营商 1 定点测试情况

测试点（详细位置）	CDMA				LTE2.1G				C 网覆盖情况	L 网覆盖情况
	RX	TX	PN1	EC/IO	RSRP	SINR	PCI	下载速率		
××区域 1	−96	—	—	−7	−125	—	6	—	信号弱	一般
××区域 2	−94	—	—	−11	−113	—	2	—	信号弱	一般
××区域 3	−91	—	—	−7	−116	—	7	—	信号弱	一般
××区域 4	−93	—	—	−9	−112	—	8	—	信号弱	一般

表 3.3-5 某运营商 2 定点测试情况

测试点（详细位置）	WCDMA				LTE1.8G				W 网覆盖情况	L 网覆盖情况
	RX	TX	PN1	EC/IO	RSRP	SINR	PCI	下载速率		
××区域 1	−84	—	—	−7	−113	—	3	—	信号弱	一般
××区域 2	−87	—	—	−7	−111	—	7	—	信号弱	一般
××区域 3	−86	—	—	−13	−122	—	11	—	信号弱	一般
××区域 4	−98	—	—	−9	−117	—	8	—	信号弱	一般

通过现场勘测得知，某大学理工楼建筑为钢筋混凝土结构，楼体屏蔽信号严重，信号存在弱覆盖现象，致使楼层和电梯内信号不能满足正常通话要求，需通过室内分布系统对某大学理工楼进行覆盖。对于建筑物外部公共区域，使用室外基站覆盖。

3. 建设方案

（1）覆盖区域描述

本工程室内分布系统工程覆盖范围如表 3.3-6 所示。

表 3.3-6　本工程室内分布系统工程覆盖范围

区　域	覆盖位置描述	覆盖面积/m²
某大学理工楼	1F～7F 区域、电梯区域	23 700
总面积/m²		23 700

(2) 接入系统频率

经前期沟通，这两家运营商在该站点拟接入的 4 个系统及其频率如表 3.3-7 所示。

表 3.3-7　运营商接入系统制式及频段

序　号	运营商	频　段	接入 RX 频段/MHz	接入 TX 频段/MHz
1	某运营商 1	CDMA	825～835	870～880
2		FDD～LTE(2.1G)	1 920～1 935	2 110～2 125
3	某运营商 2	FDD～LTE(1.8G)	1 735～1 770	1 830～1 865
4		WCDMA	1 940～1 975	2 130～2 165

(3) 室内分布系统建设方案说明

① 楼层覆盖方式

楼层覆盖方式建设方案如表 3.3-8 所示。

表 3.3-8　楼层覆盖方式建设方案

覆盖方式建设方案	天线布放示意图
1F～7F： 采用全向吸顶天线覆盖	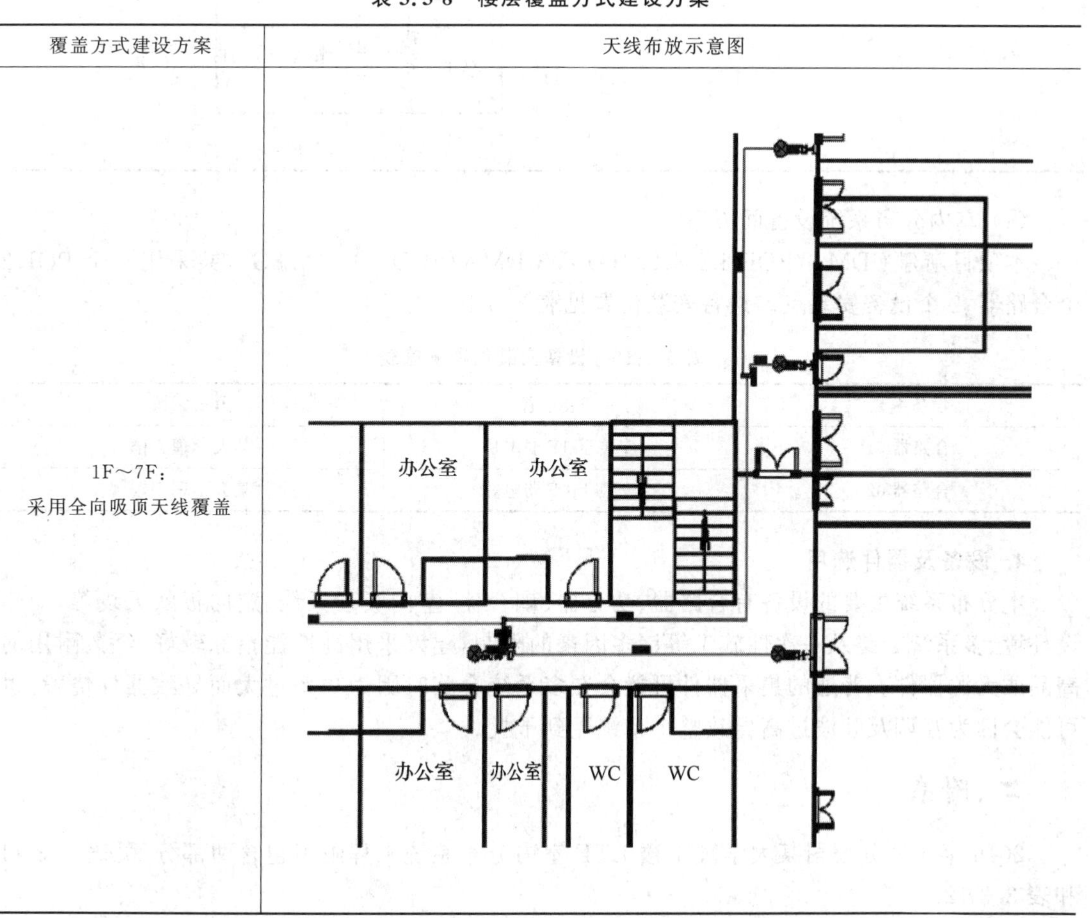

② 电梯覆盖方式

电梯覆盖方式建设方案如表 3.3-9 所示。

表 3.3-9　电梯覆盖方式建设方案

覆盖方式建设方案	天线布放示意图
电梯:采用壁挂天线覆盖	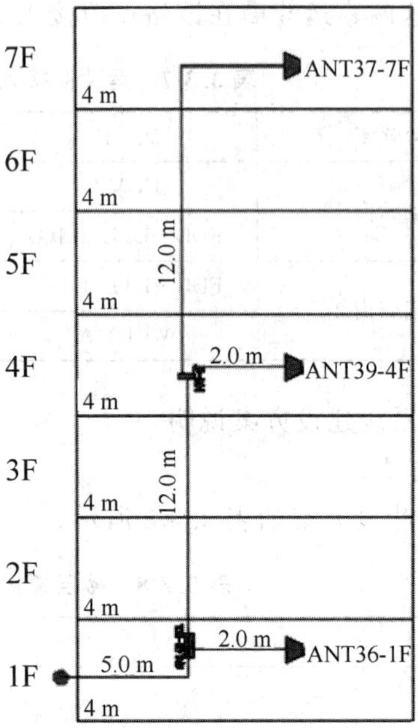 7F ANT37-7F 4 m 6F 4 m 5F 12.0 m 4 m 4F 2.0 m ANT39-4F 4 m 3F 12.0 m 4 m 2F 4 m 1F 5.0 m 2.0 m ANT36-1F 4 m

(4) 室内分布系统设备间方案

本项目新建 CDMA/FDD-LTE(2.1G)、WCDMA/FDD-LTE(1.8G),共采用 0 个 POI、2 个合路器、2 个设备安装点。设备安装位置见表 3.3-10。

表 3.3-10　设备安装位置一览表

设备编号	安装位置	覆盖区域
合路器 01	安装于 1F 弱电房	某大学理工楼
合路器 02	安装于 4F 弱电井	某大学理工楼

4. 设备及器件选用

本分布系统主要的设备有合路器、功分器、耦合器、室内吸顶天线、定向板状天线等,受建设环境、多系统合路及一次性施工等诸多因素的限制,建议采用高性能指标较好、经久耐用的高品质无源器件。普通的集采器件可能会在多系统合路时因为功率过大而导致器件烧毁,也可能会因为互调及驻波过高导致整个系统受到干扰。

二、附表

2016 年××分公司某大学理工楼 LTE 室内分布系统工程附表包含两部分,见表 3.3-11 和表 3.3-12。

表 3.3-11　本期工程站点基础信息表(附表 1)

序号	地区	名称	站点信息												覆盖需求数量	运营商	建设类型	分布系统建设缆数	新建MIMO情况	备注
			行政区	详细地址	东经	北纬	楼宇性质		建筑面积/m^2	覆盖面积/m^2	楼层数量	楼宇数量	电梯数量	覆盖区域						
							建筑物性质	建筑物功能												
1	××	×××大学理工楼	天河	广州市×××	113.640 909	23.150 077	其他	高校楼宇	23 700	23 700	7	1	4	×××大学理工楼1F～7F及电梯	2	中国电信＋中国联通	新建	单缆	非MIMO形式	

表 3.3-12　本期工程设备材料表(附表 2)

序号	地区	名称	运营商	接入系统	BBU 数量	RRU 数量	信源安装位置	POI、合路器安装位置	新型室内全向单极化吸顶天线/副	室内定向单极化壁挂天线/副	1/2″馈线/m	7/8″馈线/m	备注
1	××	×××大学理工楼	中国电信	CDMA	1	1	安装于 1F 弱电房	详见文本 3.8 室分系统设备间方案	83	12	569	1 680	分布系统材料共用
2	××	×××大学理工楼	中国电信	FDD-LTE(2.1G)	1	2	LTE RRU1 安装于 1F 弱电房 LTE RRU2 安装于 4F 弱电井	详见文本 3.8 室分系统设备间方案					分布系统材料共用

三、图纸

图纸包含抗震加固通用图和专业设计图两部分。

1. 图纸列表

① 抗震加固通用图列表如表 3.3-13 所示。

表 3.3-13　抗震加固通用图列表

序　号	图纸名称	图纸编号
1	机架顶部与铝合金走线架加固连接示意图	TY-KZ-01
2	机架顶部与走线架上梁角钢加固连接示意图	TY-KZ-02
3	机架顶部与楼板及架间加固连接示意图	TY-KZ-03
4	机架底部连接加固示意图(自带加固螺孔)	TY-KZ-04
5	机架底部连接加固示意图(无加固螺孔)	TY-KZ-05
6	机架底部连接加固示意图(机架外加防滑角钢)	TY-KZ-06
7	机架底部连接加固示意图(带加固底座)	TY-KZ-07
8	机架抗震底座结构图	TY-KZ-08
9	台式设备安装加固示意图	TY-KZ-09
10	馈线安装加固示意图	TY-KZ-10
11	天线安装加固示意图	TY-KZ-11
12	挂墙式箱体加固示意图	TY-KZ-17

② 专业设计图列表如表 3.3-14 所示。

表 3.3-14　专业设计图列表

序　号	工程名称	图　号
1	某酒店 LTE 新建室内分布系统原理图(1)	161106-01-001S-SF/CD-0101
2	某酒店 LTE 新建室内分布系统原理图(2)	161106-01-001S-SF/CD-0102
3	某酒店 LTE 新建室内分布系统原理图(3)	161106-01-001S-SF/CD-0103
4	某酒店 LTE 新建室内分布系统原理图(4)	161106-01-001S-SF/CD-0104
5	某酒店 LTE 新建室内分布系统安装图(1)	161106-01-001S-SF/CD-0105
6	某酒店 LTE 新建室内分布系统安装图(2)	161106-01-001S-SF/CD-0106
7	某酒店 LTE 新建室内分布系统安装图(3)	161106-01-001S-SF/CD-0107
8	某酒店 LTE 新建室内分布系统安装图(4)	161106-01-001S-SF/CD-0108
9	某酒店 LTE 新建室内分布系统安装图(5)	161106-01-001S-SF/CD-0109
10	某酒店 RRU1 基站无线机房设备布置平面图	161106-01-001S-SF/CD-0110

2. 设计图纸

① 抗震加固通用图列表(略)。

② 专业设计图纸(略)。

四、预算

① 预算编制说明(略)。

② 预算表(略)。

本章小结

本章给出了室内分布系统的设计方法和实际案例，主要内容包括室内覆盖工程的设计方法要求、信号源选取和设计、室内分布系统结构设计、天线布放设计等，本章也对典型图纸进行了说明。

课后习题

1. 请描述室内分布系统的组成。

2. 请分别简述无源分布系统、有缘分布系统、光纤分布系统和泄漏电缆分布系统的应用场景。

3. 请简述室内覆盖工程设计中，信号源和分布系统应如何设计。

第4章　传输系统工程设计

4.1　传输系统工程概述

4.1.1　传输系统工程分类

按照网络层级划分，可将传输系统工程划分为骨干网传输系统工程、本地网传输系统工程和接入网传输系统工程等。

按照采用的传输技术划分，可将传输系统工程划分为WDM工程、SDH工程、PTN工程等。

4.1.2　传输系统工程设计的主要内容

传输系统工程设计的内容非常丰富，视具体工程的实际情况，可有所选择地确定所需的具体内容。以下是可能涉及的各项主要内容。

① 通信业务量、电路数、通道数等的预测、计算及取定。

② 通信网络和通路组织方案及其根据，远期网络组织方案规划等。附网络组织图。

③ 各种内部系统设计方案的说明并附系统图，包括网络管理系统、同步系统、公务联络系统以及机房远程监控系统等。

④ 设备的主要技术要求、设备配置、机房列架安装方式、布线电缆的选用、通信系列的设备组成及通路（电路、光路）的调度转接方案。附传输系统配置图、远期及近期通路组织图、光缆终端站数字设备通信系统图。

⑤ 通信设备的供电设计。包括设备配置供电方式图及供电系统图；电源的布线方式；接地系统设计方案；远期及近期耗电量估算；交直流负荷分路熔丝设计及分路熔丝位置图；压降分配方案及供电线路的长度、截面及型号规格要求等。交流、直流供电系统图，负荷分路图，直流压降分配图，电源控制信号系统图及布线图，电源线路路由图，母线安装加固图，电源各种设备安装图及保护装置图，局/站/台及内部接地装置系统图、安装图及施工图。

⑥ 各种通信设备安装的抗震加固设计要求，包括列架平面图、安装加固示意图、设备安装图及加固图、抗震加固图。

⑦ 机房各层平面图及机房设备平面布置图、中继方式图，各种线路系统图、走线路由图、安装图、布线图、用线计划图、走道布线剖面图，设备的端子板接线图。

⑧ 各种通信系统的割接方案原则、工程割接开通计划及施工要求。

⑨ 提出设备对机房环境的温度、湿度、空调、通风、采暖等的要求，提出对楼面荷载的要求。

⑩ 提出对设备及走线架（槽道）安装的净高、机房内走道净宽、人工照明方式及照度、顶棚、墙壁、噪音、防尘、抗震、防火、防雷、接地、面积较大的孔洞、室内地下槽道、房屋门窗以及电梯等的要求。

4.1.3　分工界面

传输系统工程设计一般包含传输线路、传输设备和其他相关配套设备的安装工程。有关局站机房的土建及局站通信电源设备的扩容改造或更新、机房的空调设备扩容或更新一般情况下不属于传输设计范围。

在一个通信大楼里，需要通盘考虑各业务网的用电。通常，通信电源已单独建设，传输系统设计中一般只考虑其冗余容量是否满足本项目需求。在此只对信号传输线上的专业分工、设计界面作界定，图 4.1-1 中虚线框内所包含的内容是传输系统工程设计必须考虑的基本内容，包括传输线路单项工程和传输设备单项工程，它们的具体分工如下。

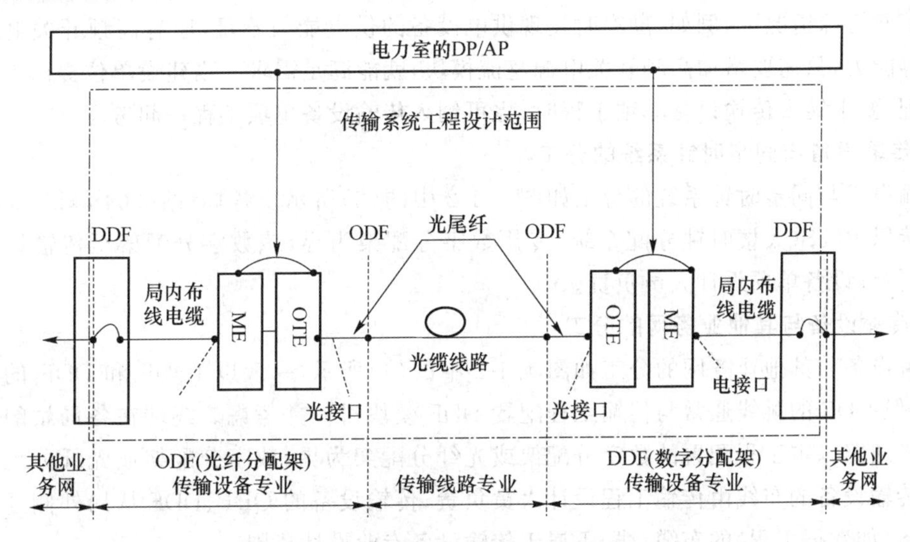

图 4.1-1　传输系统工程设计的界面划分图

1. 传输线路单项工程与传输设备单项工程的分工

传输线路单项工程与传输设备单项工程的分工如图 4.1-1 所示。在一个传输设备机房里通常有两种 ODF，一种用作光缆线路终端，称为线路终端光纤配线架（LODF），另一种用作中间配线，称为中间光纤配线架（IODF）。一般以线路终端光纤配线架的局外（外线）侧分界，局内侧以及从外线侧到局内侧的跳线由传输设备单项工程负责设计。两个局/站的线路终端光分配架的局外（外线）侧之间的所有配置，由传输线路单项工程负责设计。

2. 传输设备与通信电源单项工程的分工

传输设备与通信电源单项工程的分工如图 4.1-2 中的(2)所示。传输设备一般需要－48 V 直流电源系统。通常以直流供电系统的直流配电屏为分界，从电力室的直流配电屏的备用端子将电源引接至列头柜，再由列头柜引接至相关机架，由传输设备单项工程设计人员负责。如果在现有机房加装系统，从直流配电屏到传输机房的电源线已在过去的建设项目中布放，需要计算核实冗余容量是否满足要求，若不满足，应从直流配电屏开始进行考虑。

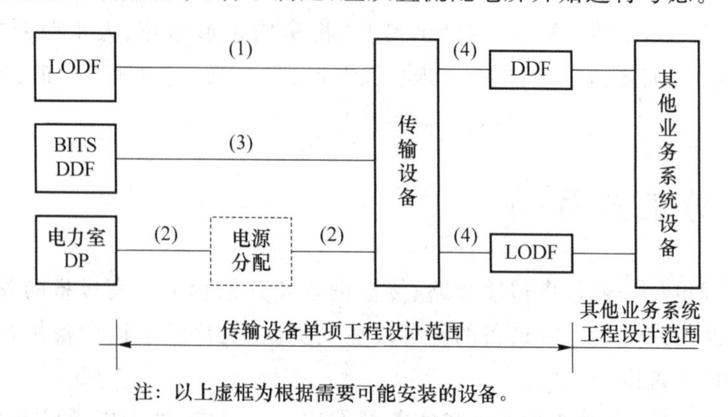

图 4.1-2 传输系统工程设计界面

传输设备的保护地线从电力室直流配电屏保护地线排引接至列头柜，再从列头柜引至相关机架，由传输设备单项设计人员负责。

在某些特殊情况下，例如，勘察时发现供电设备的供电能力不足，原有高频开关电源架又具有扩容能力，只需要增加高频开关电源整流模块，就能满足需求。当建设单位提出不作单项工程处理、要求纳入传输设备单项工程时，也可纳入传输设备单项工程一起考虑。

3. 传输设备与同步时钟系统的分工

传输设备与同步时钟系统的分工如图 4.1-2 中的(3)所示。各局/站 2 048 kbit/s 时钟信号的引接以 BITS(大楼时钟分配系统)专用数字分配架为界，该数字分配架至传输设备的布缆/线由传输设备单项设计人员负责。

4. 传输设备与其他业务网的分工

传输设备与其他业务网的分工如图 4.1-2 中的(4)所示，一般以 IODF 和 DDF 的局内侧为分界，但 DDF 的跳线通常与传输工程配置 DDF 模块时一并考虑。终端在各局站的速率口电路或光通路以本工程配置的数字分配架或光纤分配架为界，数字分配架或光纤分配架从局内侧至传输设备的布线由传输工程设计人员负责；传输设备的 ODF、DDF 从局外侧至其他业务网设备(如数据工程)的布缆/线，不属于传输设备专业设计范围。

5. 特殊情况的考虑

上述只是一般的分工界面的原则，在具体实施时还应充分考虑某些特殊的情况。例如，其他项目已建设完毕，而传输项目是后续项目，就应全盘考虑，保证传输网与业务网连接沟通，把其他项目中未考虑或者遗漏的一并补充完善。

6. 设备安装材料供货界面

在设计中经常会遇到由厂家提供设备安装配套线缆的情况，设计人员应将主设备与 LODF、IODF、大楼时钟分配系统的 DDF 架、工程业务联络电话(EOW)、网管设备以及头柜/电源柜的关系图画出。如图 4.1-3 所示，用粗线、细线分别表示设备供应商和建设方提供的安装材料，以方便建设单位采购材料。

确定设备安装材料供货界面时应详细阅读建设单位与设备供应商签订的合同文本，按合同要求制作。

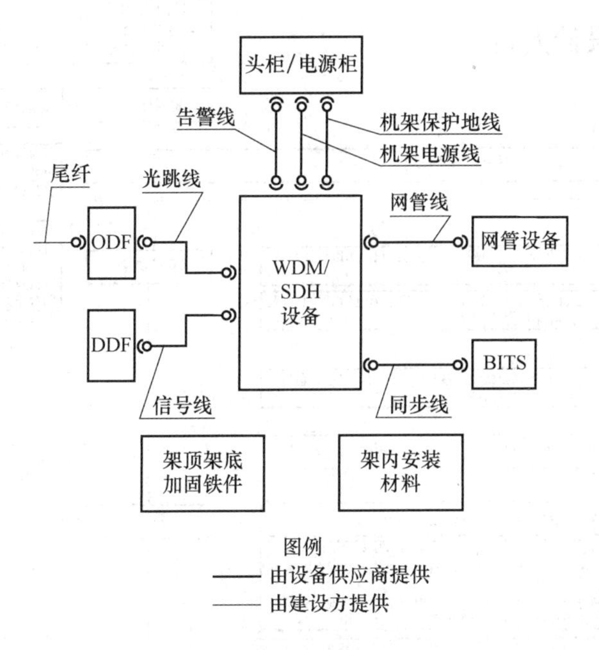

图 4.1-3　投标方(设备供应商)供货范围图

7. 工程施工范围及职责分工

许多新技术工程项目由设备供应商提供施工督导,或者部分内容由设备供应商负责现场安装,如网管设备的安装工作。设计文本中应将这部分内容作详细的界定。

4.2　传输系统工程勘察方法

4.2.1　勘察流程

现场采集资料/数据通常也叫做现场勘察,现场勘察是设计工作的一个十分重要的环节,现场勘察所获取的数据是否全面、详细和准确,对规划/设计的方案比选、设计的深度、设计的质量起到了至关重要的作用。因此,我们通常对勘察工作做出详细的策划,传输系统工程项目的勘察工作通常分为 4 个阶段,分别为**勘察前的准备工作**、**勘察过程**、**勘察结果汇报**和**勘察资料整理**。

在图 4.2-1 所示的勘察设计流程中,可以看出勘察在设计过程中所处的位置及其重要性。

1. 勘察前的准备工作

勘察前的准备工作包括了解工程规模、制订勘察计划、准备必要的勘察工具和证件。

了解工程规模包括熟悉工程总体情况,掌握必要的基础资料,例如可选光缆路由方案、通路组织、选用设备、局站设置等。

制订勘察计划需主动联系项目建设相关的局/站所在地的建设单位工程主管人员落实行程,同时发送传真件及确认传真件的接收。传真件中应该将本项目概要性的内容告知建设单

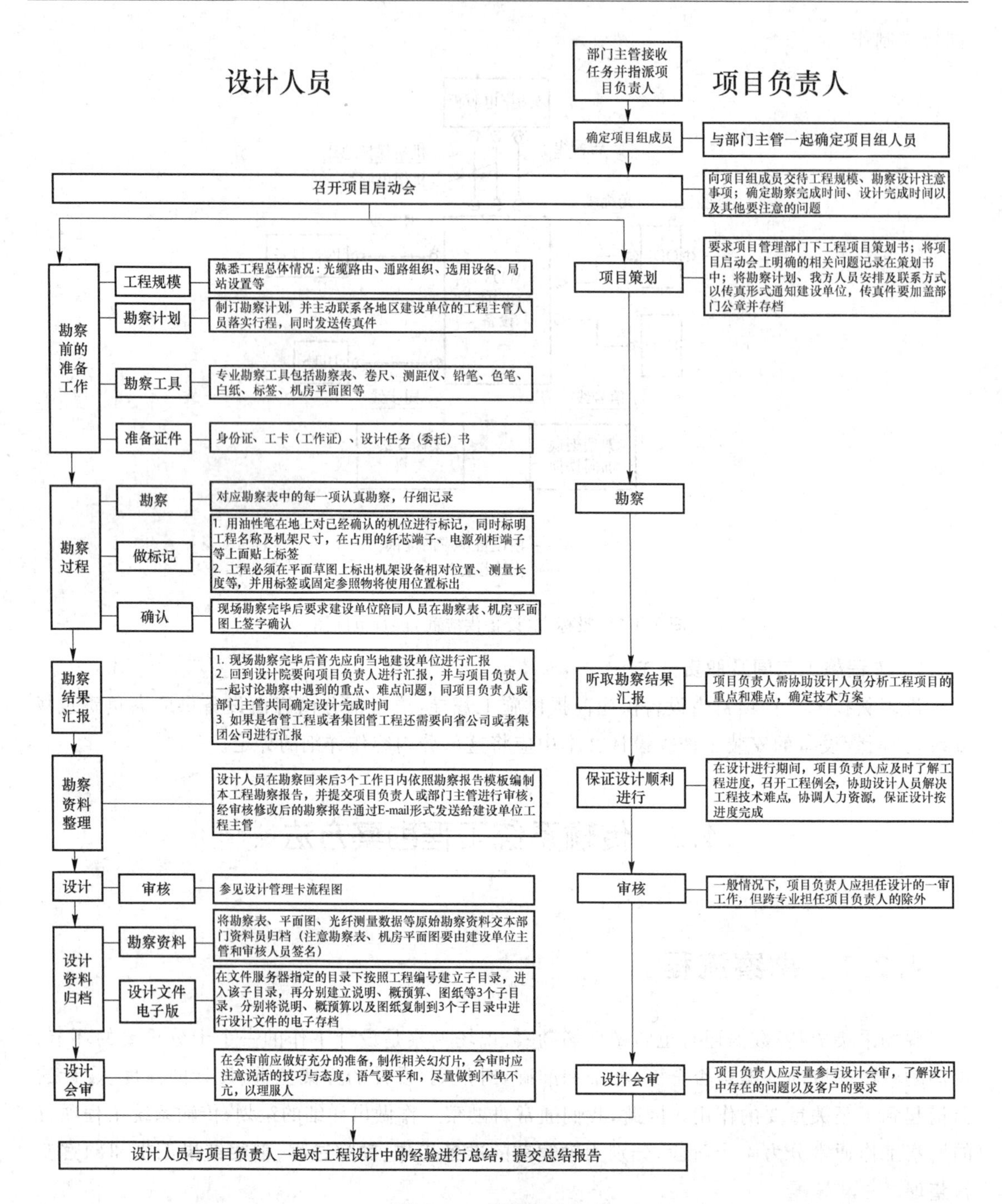

图 4.2-1 勘察设计流程

位，同时传真件中要明确提出本次项目需要建设单位提前准备的资料和配合事项。传真格式可参见“4.2.3 勘察文档 1.勘察传真模板”。

为确保现场采集的数据资料的准确性，勘察时须携带必要的勘察测量工具。例如，传输设备专业勘察一般应配备表 4.2-1 所列的工具。各种工具的用途详见表 4.2-1，设计人员可根据具体勘察的内容选择携带必要的勘察工具。应特别注意：出发之前一定要进行自校或测试，检验所携带的工具是否能够正常工作，测试用的测试绳/跳纤、电源插线板等配件是否齐全良好。

此外还应准备必要的勘察材料和证件。传输设备单项工程的勘察材料包括勘察表、机房平面图、白纸、铅笔、橡皮擦、油性色笔、标签等。证件包括身份证、工卡(工作证)、名片和设计任务书/委托书等,最好带上个人 1 寸相片(25 mm×35 mm)以便办理机房出入证。

表 4.2-1　勘察工具的种类及其用途

勘察工具	用　途	备　注
光时域反射测试仪(OTDR)	测线路的长度及衰减	注意工作波长和折射率的设置
偏振模色散(PMD)测试仪	测光纤线路的 PMD	当系统是 10 Gbit/s 及以上速率时需测试
色散(CD)测试仪	测光纤线路的色度色散	当系统需要做色散均衡策划时需测线路的色散
稳定光源、光功率计	测线路的衰减	当线路非常长、超过 OTDR 测量范围时可用直读法测量
地阻测试仪	测工作地线的接地电阻	
直流钳流表	在线测量直流工作电流	测量在线荷载电流
交流钳流表	在线测量交流工作电流	测量在线荷载电流
激光测距仪	测量机房及设备尺寸	
钢卷尺	测量机房及设备尺寸、布放线缆长度等	
数码照相机	拍录设备安装场地及相关实物	

部分测试工具的图片如图 4.2-2 所示。

2. 勘察过程

勘察过程包括 4 个主要工作,即资源的收集和调研、具体勘察、现场做标记和向建设单位汇报确认。

其中资源的收集和调研需要设计人员提出必要的需求表,提交资源管理部门审核确认是否还有可用资源,按资源管理部门所分配的资源来确定本项目具体使用资源情况并进行下一步勘察工作。

勘察时应对应 4.2.3 小节现场勘察记录表中的每一项,认真调查,仔细记录。由于设计内容时有变化,对于勘察表中未涵盖或未具体细化但设计中需要的内容也要深入勘察并记录。

在勘察时,经常会遇到在同一机房内有不同的工程项目先后在做设计或施工的情况。为防止造成资源误用,需对经过现场勘察确认了的设备安装位置和预占资源,采用可视性标识进行标记。对于设备安装的预占位置,通常采用油性笔直接在地板上对已经确认的机位进行标记。如果建设单位不同意这种标记方式,也可采用标签标明安装设备的机架尺寸、工程名称,悬挂在列槽道下和相邻的机架旁。对预占用的纤芯、DDF 的端口和电源列柜端子等,应在预占用的纤芯/端口/端子上面贴上标签,标明是哪个工程项目、什么设备占用。

勘察结果应向建设单位汇报确认。一者可让建设单位相关管理人员更深入地了解项目具体情况,二者是一并对机房的机位、光纤占用、各种所需的配线端子、配电端子等资源预占情况给予确认,避免由于多个项目的建设的冲突。建设单位的确认是勘察工作中不可或缺的一项重要内容。现场勘察完毕后,设计人员应要求建设单位陪同人员在勘察表、机房平面图上签字确认。同时应将确认后的机房平面图复印件反馈给建设单位备案。

现场勘察记录表详见“4.2.3　勘察文档　2. 勘察记录表模板”。

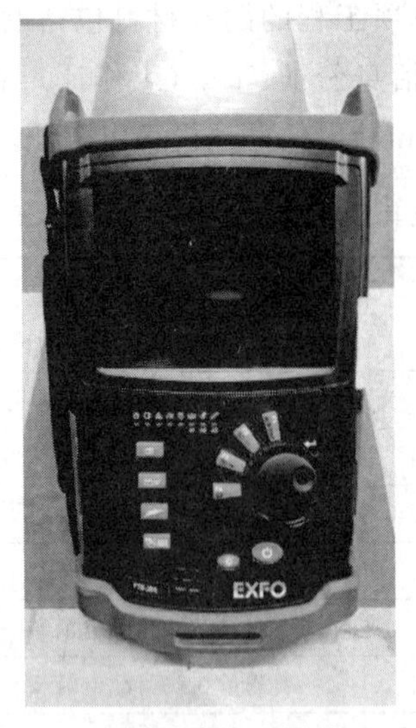

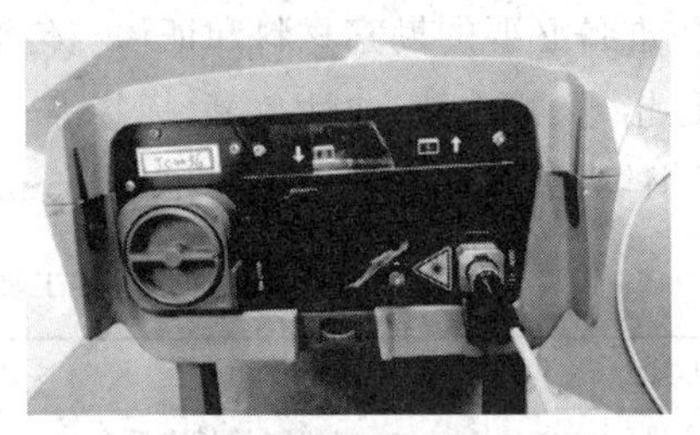

(b) 光时域反射测试仪模块

(a) 光纤参数测试仪表

(c) 偏振模色散测试仪和色散测试仪二合一模块

(d) 地阻测试仪

(e) 直流/交流两用钳流表

(f) 激光测距仪

图 4.4-2　部分测试工具

3. 勘察结果汇报

勘察结果汇报是指向建设单位工程管理部门汇报。为了让建设单位具体负责人员更深入地了解项目具体情况,设计人员应主动进行勘察结果汇报工作。

首先,现场勘察完后应向当地建设单位汇报。勘察完毕回到设计院要向项目负责人进行汇报,并与项目负责人一起讨论勘察中遇到的重点、难点问题,与项目负责人或部门主管共同确定设计完成时间等具体问题。

然后向工程建设单位具体项目负责人和相关部门(特别注意应邀请运营维护部门)的领导进行汇报。汇报的内容重点为勘察阶段发现的问题、与前期方案的不同之处、迫切需要建设单位确定或解决的问题,例如电源、空调、机房等问题。

4. 勘察资料整理

除了口头的汇报外,勘察回来后还需整理勘察资料。设计人员在勘察回来后 3 个工作日内编制本工程勘察报告,并提交项目负责人或部门主管进行审核。将经审核修改后的勘察报告通过 E-mail 或传真形式发送给建设单位工程主管。勘察报告的主要内容参见“4.2.3　勘察文档　3.勘察报告”。

勘察阶段结束后,为了确定资源可被本项目使用,应提前向资源管理部门提交预占的各种资源(预占的各种资源在现场勘察时已经建设单位确认)的申请单,比如光纤资源申请单、电源端子资源申请单、BITS 端子资源申请单等。

4.2.2　勘察方法及注意事项

一、勘察光缆光纤资源

传输线路是构成传输系统的主体之一。无论是编制传输系统工程的规划、可行性研究报告,还是设计文件,都需对传输线路的情况做详细的调查。

传输线路的勘察通常包括调查光缆资源总体情况、测试光缆线路传输性能以及勘察线路终端设施。

(一) 调查光缆资源总体情况

光缆资源总体情况的调查主要围绕着构成传输系统的相关站点间有可能通达的各种/类光缆线路的所有情况开展。调查内容包括光缆线路的等级/类别、建成投产时间、光缆线路的结构情况、光缆中光纤种类以及生产厂家、运行情况(含历史故障情况以及可靠性)、各相关站点之间光缆线路的长短。

1. 传输系统工程和光缆线路的类别划分和使用原则

为了便于工程建设管理和维护管理,通信运营商通常将传输系统工程进一步细分为一级干线传输系统工程、二级干线传输系统工程、长长中继传输系统工程、本地骨干网传输系统工程和接入网传输系统工程,相应地将传输线路分为一级主干光缆线路(简称“一干”)、二级主干光缆线路(简称“二干”)、长长中继光缆线路、本地骨干网光缆线路和本地接入网光缆线路。

光缆类别和一般使用原则详见表 4.2-2。应根据工程类型,确定使用光缆的类别。

表 4.2-2　光缆类别和一般使用原则

序　号	工程类别	光缆选用一般原则	备　注
1	一级干线传输系统工程	一级主干光缆	经协商可使用二级主干光缆
2	二级干线传输系统工程	二级主干光缆	经申请可借用一级主干光缆,经协商可使用本地骨干网光缆
3	长长中继传输系统工程	长长中继光缆或二级主干光缆或本地骨干网光缆	

续表

序号	工程类别	光缆选用一般原则	备注
4	本地骨干网传输系统工程	本地骨干网光缆或本地接入网光缆	尽量采用本地骨干网光缆，经申请可借用二级主干光缆
5	接入网传输系统工程	本地骨干网光缆或本地接入网光缆	

注意：长长中继传输是指同城两个枢纽楼之间的传输。

2. 调查光缆线路资源情况

向建设单位了解光缆的相关信息，具体如表 4.2-3 所示。

表 4.2-3　光缆的相关信息

序号	段落	路由*	光缆名称	光缆类别	光缆长度/km	敷设方式	纤芯类型/纤芯厂家	纤芯使用情况	光纤衰减系数/($dB \cdot km^{-1}$)
1	A-B	第一路由							
		第二路由							
2	B-C	第一路由							
		第二路由							

注：* 光缆路由的选择，对于采用环型保护或线性 1+1 保护的传输系统，光缆路由选择原则如下。

a. 不同光复用段/中继段光缆路由不能相同。

b. 同路由应作重点了解和汇报，了解同路由属于不同敷设方式/不同沟/不同管/不同子管/同缆的哪一种情况。

（二）测试光缆线路传输性能

光缆中的光纤测试通常根据传输系统工程的设计实际进行，需要测试的内容包括光缆长度、光纤的衰减、偏振模色散(PMD)〔差分群时延(DGD)〕和色度色散(CD)。

1. 仪表准备

不同类型的工程需要准备不同的仪表，如表 4.2-4 所示。

表 4.2-4　不同类型工程需要准备的仪表

序号	工程类型	仪表类型	备注
1	扩容工程		
2	2.5G SDH	OTDR	
3	10G SDH	OTDR+(PMD)	如果有 8 年以上光缆，建议测 PMD
4	10G/40G/100G WDM	OTDR+(PMD)+(CD)	大于 500 km 的长途传输系统要求测试 PMD 和 CD。注意色散斜率分析
5	以上各类光传输系统	光源、光功率计	超长线路

如果采用的 PMD 和 CD 测试仪表需要双端配合进行测试，还应注意提前做好行程的策划，同时准备好两辆汽车和相应的通信联络工具。

2. 资料准备

光缆测试前应准备收集相关资料的表格，表格应至少包含“表 4.2-5 光缆光纤勘察测试记录表”中所列的内容。

表 4.2-5　光缆光纤勘察测试记录表

站类别		OTM	OA	OA	OA	OTM
站　名*		A	B	C	D	E/A
线路类别						
光缆名称**						
建设投产时间						
光纤类型						
站间距离/km						
光缆长度/km						
光缆中光纤芯数						
已使用芯数						
拟占用纤芯号						
OTDR 测试光纤长度/km						
站间光纤衰减/dB	A 到 B					
	B 到 A					
站间 DGD 值/ps						
光纤色散系数/$(\mathrm{ps \cdot nm^{-1} \cdot km^{-1}})$						
测试仪表的型号		OTDR：＿＿＿＿＿＿，所置折射率：＿＿＿＿ DGD 测试仪：＿＿＿＿＿＿　GD 测试仪：＿＿＿＿				
测试人：＿＿＿＿　记录人：＿＿＿＿　测试时间：＿＿年＿月＿日						

注：* 根据系统的结构是链型还是环型，确定表格中最末尾的站名是 E(链型)还是 A(环型)。

** 光缆名称记录应与运营商资源管理的命名一致。

3. 光缆中光纤的测试

测试结果记录在表 4.2-5 中。使用 OTDR 进行光缆测试时，要求进行光缆双向测试，记录 A 到 B 和 B 到 A 的衰减系数和光缆长度测试值。测试结果的准确度将直接影响设计的质量，因此，测试时应注意以下几点。

① 由于测试的光纤长度与光纤的折射率有极大的关系，因此，应尽可能在采用的光纤线路竣工时，测试所采用的折射率值。同时应将测试时所置的光纤折射率值记录在记录表中，以备审核和校验。

② 偏振模色散(PMD)是与应用环境有很大关系的一个参数，根据经验证明，测试时如果测试尾纤摆不好，会造成严重的扭转、弯曲，这将影响测试结果，因此，当发现测试结果偏离正常值时，首先应检查测试方法和操作是否正确。

③ 测试中发现两端 ODF 面板端口的序号不一致或者出现鸳鸯线对问题时，首先应检查两端的光缆终端尾纤的标识序号是否有错(由于维护过程中，会有拨/插尾纤操作，有可能复原时造成错误)，如果两端的光缆终端尾纤的标识序号是一致的，我们可将它调整为与两端 ODF 面板端口的排列序号一致。如果发现两端光缆终端尾纤的标识序号不一致，应向建设单位汇报，由建设单位处理好之后，再进行复测。

④ 测试仪表的测试波长选择：应根据合同或可行性研究报告确定的系统工作波长进行测试设置。对于临界长度，也可应用两种波长进行测试比较。

⑤ 当光缆段长度很长，超出 OTDR 测试范围或者接近临界，测试结果不够准确时，应采用稳定光源和光功率计直读法测试。

⑥ 选择合适的测试尾纤（适配器、端面和尾纤类型）：尾纤类型不一致问题不大，但适配器和端面必须一致，因此出发前应检查并准备好相关尾纤。

⑦ 对于 G.655 光纤线路，如果不知道它的有效截面是多少，最好能用稳定光源和光功率计进行直读法测试，直读法测试的线路衰减通常会大于 OTDR 的测试结果，那么，在设计中采用直读法测试结果，就不需要进行修正。

（三）勘察线路终端设施

线路终端设施的勘察内容包括尾纤类型、尾纤颜色、尾纤长度、光纤活动连接器类型等的选择和 ODF 架面板和端子排列的确定等。尾纤和适配器介绍请扫二维码。

1. 尾纤类型和尾纤护套颜色

尾纤类型和尾纤护套颜色应根据传输设备的光端口的类型、ODF 适配器类型和传输线路的光纤种类以及传输距离的长短来选择。

尾纤和适配器介绍

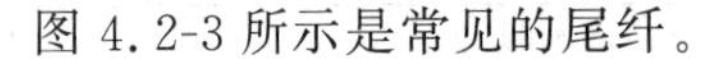

图 4.2-3 所示是常见的尾纤。

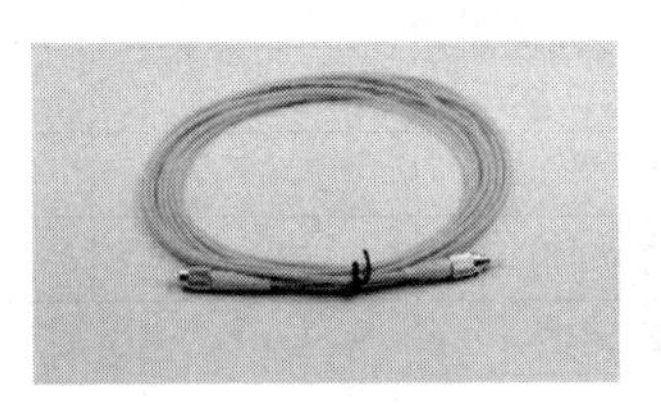

(a) 尾纤两端FC/UPC接头

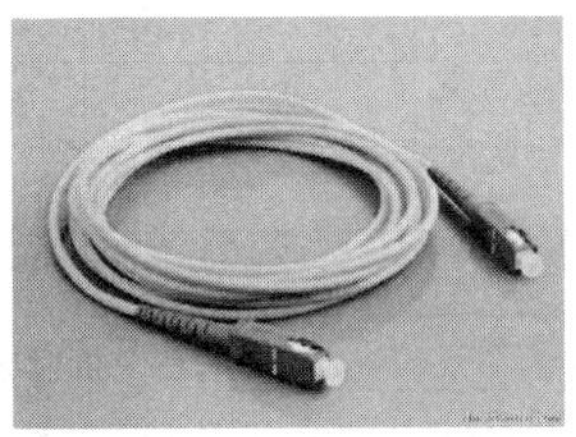

(b) 尾纤两端SC/PC接头

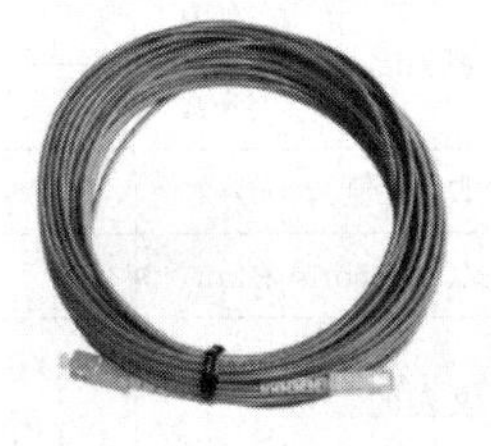

(c) 铠装尾纤

图 4.2-3　尾纤

在一个传输机房会有不同类型的设备，且有 G.651 多模、G.652 单模和 G.655 单模等不同类型的尾纤。为防止出错，并便于维护人员的识别，采用不同颜色来区分不同类型的尾纤。

根据相关规定，护套颜色可以是黑、白、灰、桔、黄、蓝或绿。当用作尾缆或跳线时，单模光缆宜用黄色或者橘色，多模光缆宜用蓝色、绿色或灰色。同时，在 YD/T-717、YD/T-826、YD/T-895、YD/T-896、YD/T-987 等 5 个关于 FC、FC/PC、FC/APC、SC/PC 和 ST/PC 等不同等级的光纤连接器的标准中，对单模光纤的尾缆和跳线的颜色作了规定，建议用黄色或者橙色，但是并未说是哪一类单模光纤，从标准中可知光纤的光学性能要求光纤的截止波长小于 1.24 μm，可以看出是指 G.652 单模光纤，对 G.655 单模光纤并未作出规定。根据以上标准的规定和目前应用的状况，对不同类型尾纤的护套颜色作出建议，如表 4.2-6 所示。

表 4.2-6　尾纤的色标与纤芯类型对照表

光纤类型	建议护套颜色	备　注
G.652	黄(桔)或橙	
G.655*	红	实际应用中已有蓝、绿、黄等各种颜色
G.651 多模	蓝	用于纤芯直径为 50 μm 的情况
	绿	用于纤芯直径为 62.5 μm 的情况
	灰	用于纤芯直径为 100 μm 的情况

注：* 凡是用于制作尾缆或跳线的 G.655 单模光纤，建议采用大有效截面的光纤。

需要注意的是,由于最初没有对尾纤护套颜色作统一规定,部分传输局/站已出现不同类型尾纤护套颜色混乱的状况。如发现这种情况,应及时向建设单位相关的人员汇报,由建设单位决定,是按原维护习惯配置还是按建议护套颜色配置。如果决定按建议护套颜色配置,那么应考虑是否对原来的尾纤进行整治等问题。

2. 光纤活动连接器

为便于设计人员勘察时对光纤活动连接器类型进行确认对照,图 4.2-4 和图 4.2-5 列出了常见尾纤插头和适配器类型 FC、SC、ST、LC、MU 的实物图片。

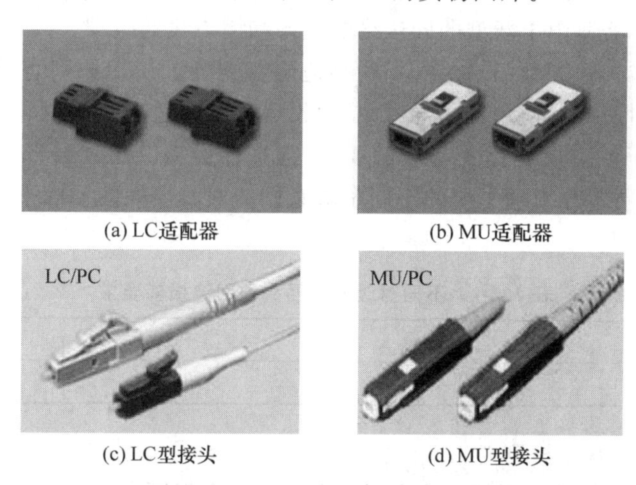

图 4.2-4　LC、MU 适配器和插头实物图片

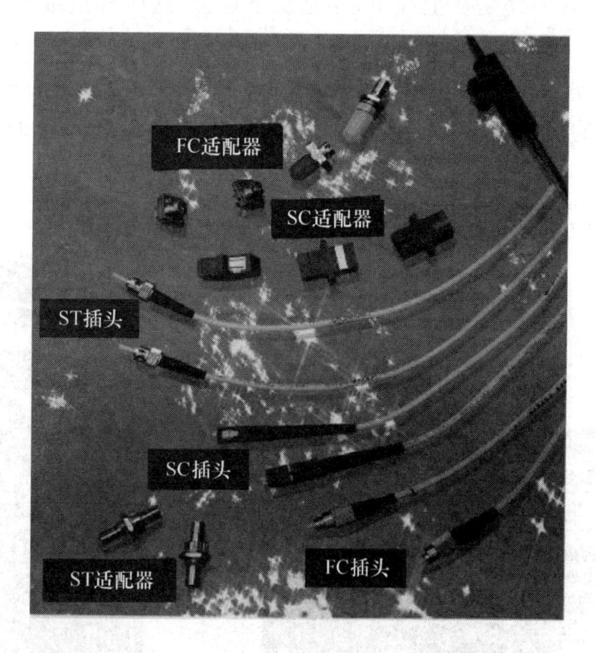

图 4.2-5　FC、SC、ST 适配器和插头实物图片

FC 型光纤连接器采用金属螺纹连接结构,大量用于光缆干线系统。

SC 型光纤连接器由日本 NTT 公司设计开发,采用插拔式结构,外壳采用矩形结构,采用工程塑料制作。它的主要特点是不需要螺纹连接,直接插拔,操作空间小,便于密集安装。SC 型光纤连接器主要应用于光纤接入网、数字通信系统、高密度安装配线架等。

ST 型光纤连接器由 AT&T 公司设计开发，采用带键的卡口式锁紧结构，特点是使用方便，适用于通信网和本地网。

LC 型光纤连接器由朗讯公司开发，采用插拔式锁紧结构，外壳为矩形结构，用工程塑料制作，带有按压键。通常情况下，LC 光纤连接器以双芯连接器的形式使用。

MU 型光纤连接器由日本 NTT 公司设计开发，采用如 SC 型光纤连接器那样的插入锁紧结构，外壳与 SC 型光纤连接器相似，截面尺寸仅为 9 mm×6 mm，而 SC 型光纤连接器截面尺寸为 13 mm×10 mm，因此与 SC 型光纤连接器相比，MU 型光纤连接器可大大地提高安装密度。MU 型光纤连接器适用于新型的同步终端设备和用户线路终端。

不同运营商的维护管理部门对尾纤插头和适配器的配置使用原则有所不同，设计时应注意充分了解运营商对适配器使用的指导原则，根据运营商对适配器使用的指导原则进行设计。

勘察时应注意了解对尾纤插头等级的要求，连接器类型的斜划线下面的 PC、UPC、APC 表示插头的等级，不同的等级最主要的不同是对它们的回波损耗的要求不同，不同等级的回波损耗要求详见表 4.2-7。

表 4.2-7　不同等级光纤插头的回波损耗要求

等　级	PC	UPC	APC
回波损耗要求大于/dB	40	50	60

3. ODF 的面板和端子排列

对于 ODF 面板和端子排列的要求主要参考以下几个问题。

① ODF 的端子排列顺序是从上往下，还是从下往上，这应尊重维护人员的维护习惯。

② 征求维护人员和工程项目管理人员的意见，确认是否有新的要求或建议。

③ 应了解维护人员对一个模块内，同一个系统的收发端口排列顺序的维护习惯。

支路侧光接口板的所有端口，不管本期通路组织中是否全部开通使用，一般都要求在 IODF 上终结。

图 4.2-6 所示是常见的 ODF 面板。

(a) 未连接尾纤

(b) 部分端子已连接尾纤

图 4.2-6　ODF 面板

由于工程规模不同，有些工程项目需要新增 ODF，对于新增 ODF 的勘察应注意以下几点。

① 应参考机房现在使用的 ODF 类型，并咨询建设单位是否有哪些改进的意见和建议。

② 应了解维护方式，是单面维护还是双面维护，若需要背面维护型 ODF，则应提醒建设单位，将来 ODF 机架背面不能安装其他设备。

③ 对于新增 LODF，应了解是否需要配置熔纤单元，配置熔纤单元的容量需要多少。

④ 注意了解尾纤的余长盘纤方式的要求，是否需要两侧盘纤，特别是用作中间配线的大容量的 IODF，最好能两侧盘纤。

二、勘察供电系统

（一）电源勘察准备

大部分综合机楼的电源机房与传输机房分开设置。电源机房由电力专业人员维护，不少电源机房无人值守，平时上锁。因此，勘察前应与建设单位工程负责人进行沟通，说明将要对各机房的电源系统进行勘察，提醒建设单位安排好相关事宜，知会电力维护人员提前准备电源机房钥匙。如果没有提前知会，找不到相关维护人员，很可能无法进机房查看，或者能进去，但无法迅速、清楚地勘察电源现状，一些新建电源系统的问题难以现场确认，从而影响勘察进度。而对于基站机房，电源系统和传输设备通常设置在同一机房，因此问题一般不大。

1. 工具材料

电源勘察需要携带的工具有钢卷尺、莱卡激光测距仪、地阻测试仪、钳流表、笔、纸、标签以及数码相机等，参见表 4.2-1。

对于基站传输工程，由于电源需求小，机房传输系统容量和负载基本上可以从设备显示面板上读取，所以不一定需要携带钳流表。

2. 各站设备的电源需求整理

勘察出发之前需整理收集本工程项目、系统沿途各局/站所安装的设备对电源的需求。需求包括设备的额定工作电压、设备满配置的最大功耗、本期工程安装设备的功耗以及引接电源需要占用的列柜电源端子数量等，并记录在电源需求记录（见表 4.2-8）中，以备勘察过程使用。

表 4.2-8　电源需求记录

局站名	本工程各类设备满配置的最大功率需求（每机架）/W	本工程设备本期的功率需求/W	设备额定工作电压/V	列柜空气开关规格及数量需求
局站 A				32 A×2+16 A×4
局站 B				

注："32 A×2+16 A×4"表示 2 个 32 A 和 8 个 16 A 空气开关。

以上数据可从下列资料中获得（按优先级顺序排列）。

一是设备合同附件资料。至少应有每种设备满配置的最大功耗以及本期配置设备功耗，根据每个站的具体设备配置情况（包括设备类型和数量），可核算出表 4.2-8 所需数据。

二是以往获得的厂家资料。厂家资料的有效性不如合同附件资料，但一般偏差不会太大，可作参照。

（二）电源勘察与设计界面图

传输系统工程的电源系统勘察、容量核算及设计界面如图 4.2-7 所示。

某些大型综合机楼的电力室通常会有几套直流电源系统，为不同楼层甚至同一楼层的不同业务系统供电。勘察时应注意区别，选择正确的勘察对象，否则徒劳无功。如果建设单位陪同人员不能确定本期使用的电源系统，则需进行多点电流测量比对，确定本期使用的电源系统。

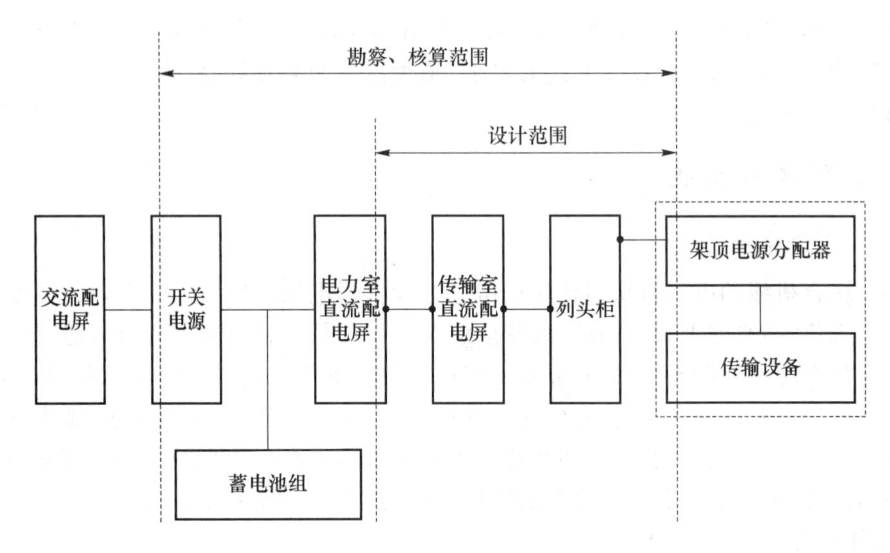

图 4.2-7 电源系统勘察、容量核算及设计界面（传输系统工程）

（三）勘察电源系统

1. 开关电源

对于开关电源的勘察，目的是进行容量核算。要掌握在用开关电源设备的配置情况，核算其是否有冗余，其冗余量是否满足本工程增加设备的用电，需采集的数据见表 4.2-9。

表 4.2-9 开关电源勘察记录表

局站名	生产厂家	设备型号	模块型号	电源模块数量	单个电源模块容量	系统工作电压	系统负载电流	备 注
局站 A								
局站 B								

目前经常使用的电源设备的生产厂家有广东珠江电源、武汉洲际电源、爱立信电源、爱默生电源等。

图 4.2-8 是开关电源设备的实物图。

图 4.2-8 开关电源设备实物图

2. 蓄电池

对于蓄电池的勘察，目的也是容量核算。要掌握在用蓄电池的配置情况及使用情况，核算其是否有冗余，其冗余量是否满足本工程增加设备的用电，需采集的数据见表 4.2-10。

表 4.2-10　蓄电池勘察记录表

局站名	生产厂家	设备型号	投产时间	标称容量/Ah	实际容量/Ah
局站 A					
局站 B					

在用蓄电池的容量与应用环境、使用的时间长短和维护保养的质量有很大关系。一般通信使用的蓄电池的标称使用寿命为 10 年，个别品种（如胶体电池）的标称使用寿命为 20 年，UPS 使用的蓄电池的寿命则是 5～6 年，一般情况很少能达到标称使用年限。如果勘察时发现通信使用的蓄电池已用了 5 年以上，那么应特别注意了解是否进行过检修，是否测试过容量，实际的容量是多少。

3. 直流配电屏

不仅电力室有直流配电屏（PDB），传输机房也有直流配电屏。对直流配电屏的勘察重点是了解源头的容量到底是多少；可分配的端子冗余情况，即还有多少端子（熔丝）可以使用；这些熔丝的型号与规格是什么；额定工作电流是多少；以及允许的压降分配情况，等等。

在工程建设中，电源部分会碰到各种各样的情况，有的只需从列柜引接电源，有的需要增加列柜，有的需要在传输机房增加 PDB 等，下面分成以下 4 种情况进行介绍。

第一种情况：在现有机列中增装新的传输设备，只需要从列柜引接电源。

对于通信机楼内的传输机房，工程建设一般较规范，设计需经过严格的审核批准。勘察时只需了解列柜使用情况：共有支路熔丝多少，已用多少，还有多少可使用；熔丝的型号与规格以及容量是多少。然后对照新装设备的用电量，确定支路熔丝是否满足要求。如果不满足要求，那么需要弄清楚是需更换熔丝，还是需要更换熔丝座等。最好将端子位置图画下来，同时将勘察情况详细记录在表 4.2-11 中。

表 4.2-11　列柜勘察记录表

局站名	生产厂家	设备型号	容量/A	支路总数	已用支路	本工程占用端子号	熔丝型号、规格	备　注
局站 A								
局站 B								

对于小机房或者是接入机房应特别注意，由于可能是应急项目，所以设计、施工以及验收都可能不够规范。分析过去曾经发生过的事故情况，比如，某机房的列柜输入电源总熔丝是 200 A，电缆线径也满足规范要求，表面上看好像没问题，但是它的源头仅接在 PDB 的 30 A 的熔丝下。这是非常危险的做法。因此，不仅要了解上述情况，更重要的是还要了解源头情况，即要弄明白列柜的输入电源是从哪里引接的，接在多大的熔丝下，要一直追踪到电力室直流配电屏。

在同一机列扩容增装同类设备时，可以利用钳流表测量设备的实际负载电流，并与新装设备的用电电流作比较，以防有误。

第二种情况:需要新装列柜,且列柜电源只从传输机房直流配电屏引接。

首先要了解新增列柜的型号、规格以及需要接入的最大电流,应尽可能和机房内正在使用的列柜的型号、规格相一致。其次是了解原设计安装传输机房 PDB 的压降分配数据,以便计算电源线的截面。然后了解传输机房直流配电屏使用情况:共有支路熔丝多少,已用多少,还有多少可使用,熔丝的型号、规格以及容量是多少。最后对照新装列柜的用电量,确定支路熔丝是否满足要求。如果不满足要求,需要将是只需要更换熔丝,还是需要更换熔丝座等问题弄清楚,最好能将端子位置图画下来,同时将勘察情况详细记录在表 4.2-12 中。

表 4.2-12 传输机房的 PDB 勘察记录表

局站名	生产厂家	设备型号	容量/A	支路总数	已用支路	本工程占用端子号	熔丝型号、规格	蓄电池至电力室 PDB 压降/V	电力室 PDB 至传输室 PDB 压降/V
局站 A									
局站 B									

同样应注意了解传输机房直流配电屏引入电源的源头情况,是否满足增装新列柜的需求。

第三种情况:需要新装列柜,且列柜电源直接从电力室 PDB 引接。

首先要了解新装的列柜的型号、规格以及需要接入的最大电流,应尽可能和机房内现在使用的列柜的型号、规格相一致。

其次要了解原电力设计中蓄电池至电力室 PDB 的压降分配数据,以便计算电源线的截面积。

最后要了解电力室的直流配电屏使用情况:共有支路熔丝多少,已用多少,还有多少可使用,熔丝的型号、规格以及容量是多少。然后对照新装列柜的用电量,确定选用什么样的支路熔丝。如果发现支路熔丝不满足要求,应确定是只需要更换熔丝,还是需要更换熔丝座,最好能将端子位置图画下来,同时将勘察情况详细记录在表 4.2-13 中。

表 4.2-13 电力室的 PDB 勘察记录表

局站名	生产厂家	设备型号	容量/A	支路总数	已用支路	本工程占用端子号	熔丝型号、规格	蓄电池至 PDB 的压降/V
局站 A								
局站 B								

第四种情况:需要在传输室新装 PDB,且传输室 PDB 输入电源从电力室 PDB 引接。

首先要了解新装的 PDB 的型号、规格以及需要接入的最大电流。然后要了解原电力设计中蓄电池至电力室 PDB 的压降分配数据,以便计算电源线的截面。新增 PDB 的位置一般考虑放在有源设备列的中间列的列头或列尾。

用图纸记录设备安装位置 PDB 端子位置图,同时将勘察情况详细记录在表 4.2-14 中。

表 4.2-14 PDB 规格型号(新增 PDB 时参考)

局站名	生产厂家	型号	尺寸($H\times W\times D$)/mm	最大输入电流/A	熔丝配置	蓄电池至 PDB 的压降/V
局站 A						
局站 B						

传输机房增加直流分配屏时应注意其今后的使用情况，只是供列柜的电源引接，还是既供列柜的电源引接又要供通信设备直接引接，后者应充分考虑有可能的出线数量，当出线较多时，应考虑配置较大尺寸的 PDB，比如 800 mm 宽的 PDB。同时应注意分熔丝的配置数量和规格，以下几点值得注意。

① 一般主要考虑两类应用：列柜引接、设备引接。

② 根据机房的布置和机列长度以及可装设备的多少，估算整列设备的用电数量，考虑列柜引接分熔丝的规格，一般为 160～200 A。

③ 预留少量设备引接用的分熔丝，一般为 63～100 A。

④ 所有熔丝应按 1+1 负荷分担供电考虑数量。

⑤ 如果机列很长，可装设备数量较多，用电量较大，也可以考虑列头、列尾各装一个列柜的配置方式。

4. 列柜

在传输设备安装工程设计的设备供电勘察中，大多数的情况是从列柜中引接电源。这时需要了解列柜的总容量、分熔丝的使用情况，即柜内分熔丝的种类、型号、规格，已使用数量，还有多少空端口，这些空端口的熔丝的型号、规格，新装设备的耗电电流是多少，是否满足要求，如果不满足要求如何处理，更换什么样型号、规格的熔丝，熔丝座是否需要更换，能否更换其他型号、规格的熔丝座。勘察结果记录在表 4.2-15 中。同时应画出总熔丝、分空气开关端子图，标明熔丝、分空气开关编号、规格（额定工作电流等）以及使用情况。

表 4.2-15　列柜勘察记录表

局站名	生产厂家	设备型号	总容量/A	端口数量	已用端口数	冗余端口数	本工程拟占用端口	
							编号	熔丝型号、规格
局站 A								
局站 B								

在勘察时还要注意以下几个问题。

① 有些列只有冗余端口，但没有熔丝，需要注意的是所安装的设备需要多大的熔丝，确定需要配置哪种型号、规格的熔丝，核实冗余的熔丝座是否合适。直流熔断器的熔丝座和相适应熔丝系列产品见表 4.2-16。

表 4.2-16　熔丝座型号与熔丝系列产品对照表

熔丝座型号	NT00	NT2	NT3
适用熔丝范围/A	6～160	200～400	250～630
熔丝系列产品/A	6、10、16、25、32、63、80、100、160	200、250、325、400	250、325、400、500、630

② 对于要求两路供电的设备，勘察时应注意列柜是否引接了两路独立的电源，如果是两路独立的电源，那么应分别从两路独立电源下的分熔丝引接电源给通信设备。如果列柜只有一路电源引入，那么可根据维护人员的维护习惯安排两个分熔丝引接电源给通信设备。

③ 有些项目需要增加配置列柜，型号、规格的选择应注意尽可能与在用设备保持一致，同时了解在用设备的质量情况，应征求维护人员对新增设备的配置意见。常用列柜的型号、规格

见表 4.2-17。

表 4.2-17 常用列柜型号、规格

序 号	型 号	尺寸($H \times W \times D$)/mm	熔丝配置	备 注
1	MET02C	2 600×600×200		
2	MET02A	2 600×300×200		
3	MET02E	2 200×600×200		

5. 保护地线排

对于设备外壳接地的保护地线,引接位置一般在列槽、柱、梁及柱旁边的墙角上,或者在PDB 里。勘察时应注意向维护人员了解情况。

对于光缆的屏蔽层和金属加强芯的防雷接地的引接,不能随便在上述地线排中引接,必须在机楼的综合接地体源端的地线排上引接。勘察时注意寻找源端地线排的位置,通常在电力室机房的地槽附近,有的可能在柴油发电机房里,有的可能在动力(交流)配电房里,大多数情况下综合接地体源端设在一楼。

勘察时还应注意地线接线排是否有引接地线的孔位,如果没有剩余的孔位可利用,那么应看看是否有增加孔位或者驳接铜排的可能,一般当剩余孔位只有一两个时,我们应建议采用驳接铜排,以增加更多的孔位,确保持续发展的需要。

三、勘察走线架/槽及走线路由

(一) 走线架/槽的功能

走线架/槽主要是提供不同设备的机架之间、机线之间以及不同专业机房之间配线的布放安装。注意跟踪建设单位的新要求。

对于较小的机房,走线槽包含列走线槽、主走线槽(二层设计)。

对于较大的标准综合机房,走线槽通常包含列走线槽、主走线槽、过桥走线槽(三层设计),并且还考虑专用走线槽(光纤保护槽、光缆槽、电源槽等)。

图 4.2-9 至图 4.2-11 是在标准机房拍摄的照片,直观地展示出了各种走线槽。

图 4.2-9 标准机房中的各种走线槽(一)

各种槽道的功能如下。

① 列走线槽(第一层)。在机架上方 50～100 mm 处,完成列内设备架顶加固、同列设备架间连接缆线的走线功能,不同列设备架间连接缆线利用主线槽布放,尽量少占用列走线槽,

图 4.2-10　标准机房中的各种走线槽(二)

图 4.2-11　标准机房中的各种走线槽(三)

防止出现列槽下有安装机架空间但无法出线的情况。

② 主走线槽(第二层)。与列走线槽垂直,在列走线槽上方 50～100 mm 处,完成不同列的设备架间连接缆线的走线功能。

③ 过桥走线槽(第三层)。与主走线槽垂直,在主走线槽上方 50～100 mm 处,与列走线槽平行并在列走线槽正上方,当传输设备与数字配线架不在同侧时,为避免过多占用列走线槽道而造成列走线槽下有安装机架空间但无法出线的情况,需要利用第三层的过桥走线槽。

④ 列内光纤走线槽。为防止光纤尾纤/跳线受其他缆线的压挤,而引起性能的变化,通常在列槽两侧或中间设光纤走线槽,提供列内光纤尾纤/跳线的保护功能。

⑤ 跨列光纤走线槽。通常在列槽上方并与列槽垂直(高度与主槽相同),完成不同列上光电设备与光纤配线架的连接光纤跳线的保护功能。

⑥ 电源走线槽。通常在列槽上方并与列槽垂直(高度与主槽相同),完成机房直流配电屏至列柜电源线走线功能。安装在列头或列尾与主槽平行并同高度。

⑦ 光缆走线槽。有一些较大规模的通信机户,由于进局缆线较多,需要专设光缆走线槽。通常在列槽上方并与列槽垂直(高度与主槽相同),完成机房外线光缆至光纤配线架走线功能。

机房走线槽有一定的层次结构,如图 4.2-12 所示。

二层线槽设计的机房会出现列走线槽下有位置安装机架,但安装机架后不能出线的情形,

图 4.2-12　多层线槽

三层线槽设计的机房能避免出现以上情形。两种设计方案分别见图 4.2-13 和图 4.2-14。

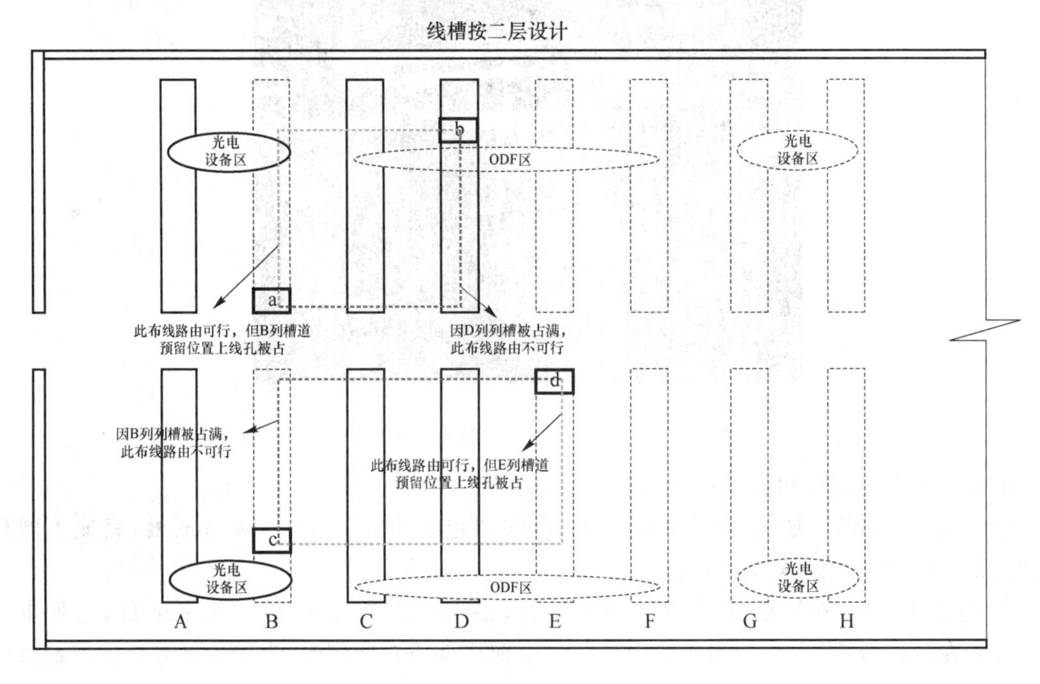

图 4.2-13　线槽按二层设计

图 4.2-15 是含有各种走线槽的标准传输机房的平面图。

（二）机房走线架 /槽的高度

目前线槽通常选用铝型材，侧面固定高度为 2 000 mm，宽度为 200～1 200 mm，可根据需要选择适合的宽度。通常第一层列槽底部高出机架顶 50 mm，第二层槽道底部与第一层列槽顶部相隔 50～100 mm，第三层底部与第二层顶部相隔 50～100 mm。

例 1　安装机架高度为 2.6 m 的机房。

① 第一层（列走线槽）底部高度为 2.65 m。

② 第二层（主走线槽内装有电源保护槽和光缆槽）底部高度为 2.95 m，与列槽垂直。

③ 第三层（过桥线槽）底部高度为 3.25 m，与列走线槽平行并在列走线槽正上方。

④ 机房净高要求：空调主风管底部高度要求不低于 3.5 m。

线槽按三层设计

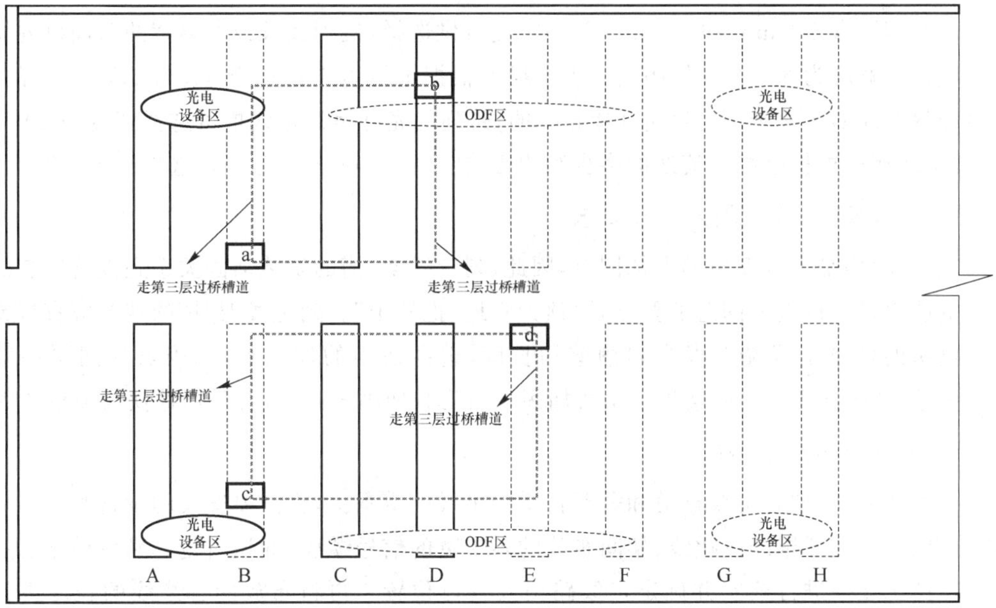

光电
设备区
ODF区
光电
设备区
a
b
走第三层过桥槽道
走第三层过桥槽道
c
d
走第三层过桥槽道
走第三层过桥槽道
光电
设备区
ODF区
光电
设备区
A
B
C
D
E
F
G
H

图 4.2-14　线槽按三层设计

洗
手
间
空调房
空
调
机
房
图例
列走线架
主走线架
电源走线架
过桥走线架
光缆走线架

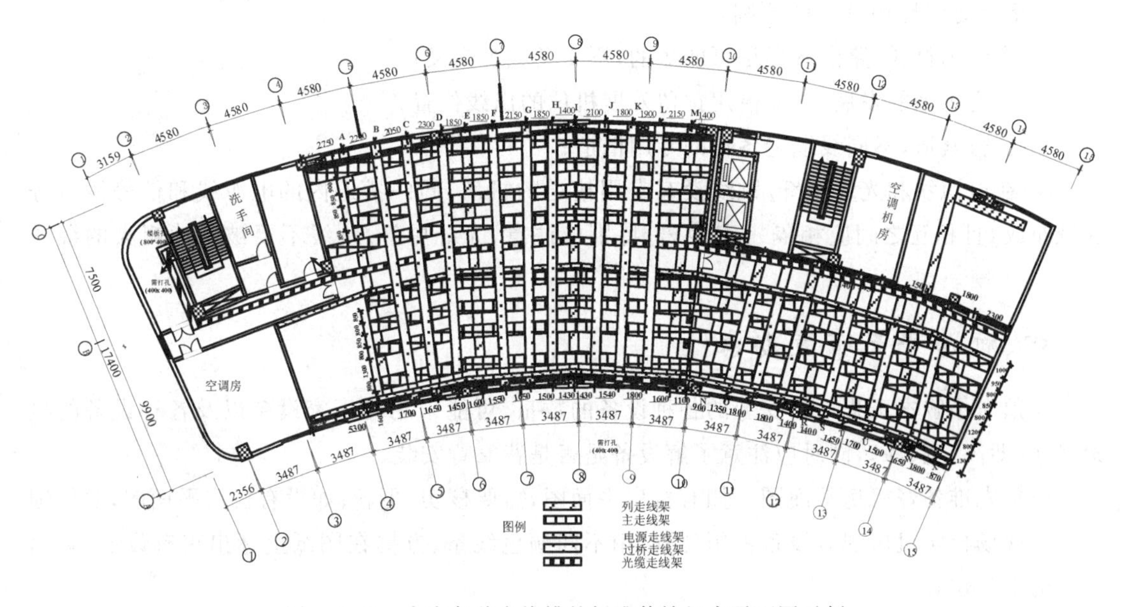

图 4.2-15　含有各种走线槽的标准传输机房平面图示例

例 2　安装机架高度为 2.2 m 的机房。

① 第一层(列走线槽)底部高度为 2.25 m。

② 第二层(主走线槽内装有电源保护槽和光缆槽)底部高度为 2.55 m,与列走线槽垂直。

③ 第三层(过桥线槽)底部高度为 2.85 m,与列走线槽平行并在列走线槽正上方。

④ 机房净高要求:空调主风底部管高度要求不低于 3.1 m。

通常无线机房按上述要求设计(注:照明光管应与列走线槽平行并在两列槽中间,比列走线槽高 100 mm)。

（三）槽道宽度的选择

列走线槽道有 300 mm 和 600 mm 两种宽度可供选择，机列较长或背靠背的双面机列排列的机列应选用宽度为 600 mm 的槽道。主走线槽根据走线多少可选择 600～1 000 mm 的，列光纤尾纤保护线槽一般选用宽度为 100 mm 的，跨列的光纤尾纤走线槽可选择宽度为 200 mm 的，电源走线槽可根据电源汇流线的多少和粗细，在 200～400 mm 范围内选择适当的宽度。

（四）走线架/槽的加固方式和要求

列走线架/槽是设备安装的上加固点，因此，列走线架/槽的安装加固关系到设备安装的稳固性和抗震效果。抗震加固总的要领是"顶天立地、抱柱子"。列走线架/槽的端头应直接或间接地在机房的柱子上成端。根据列槽道的长度，选择适当的加固点，加固点的间隔一般为 1.5 m。采用吊挂方式与上面楼板作永久加固。在临时加固方式下，可采用撑铁与地板加固。

（五）勘察机房走线路由

在平面图上，将现有走线槽道和需要新增的走线槽道画出，将需要安装的设备和需布放的缆线（含电源线、光纤尾纤或跳线、架间布放的各带宽的信号缆线）标识清楚。然后根据机房走线槽实际情况逐一进行核实并确定走线路由及具体位置。再将布放的各缆线的长度进行测量。最后将确定的结果记录在图纸和相关的勘察表上。

以下是走线路由确定的原则：

① 为节约材料，路由选择尽可能短的，不交叉或少交叉；

② 考虑未来的发展，不要占用预留发展机位的出线位置；

③ 各行其道，不同线缆走各自的专用槽道；

④ 在电源线和光纤尾纤/跳线没有专用槽道的机房，同一槽道内的电源线和信号线应分区域布放，且相互之间应相隔一定距离，特别应注意，光纤尾纤/跳线不要被其他粗大的缆线挤压。

四、机房平面布置勘察

应预先了解本工程项目安装的各种设备的数量、可能采用的厂家设备以及各种设备的机架尺寸（即高、宽、深），同时应注意了解设备是否是背靠背安装。

应预先准备好机房平面图。如有机房平面图，需要核实、更新；如没有机房平面图，要仔细测量。现场核实机房现有设备占用位置，用不同颜色线条、方框在图纸上标出现有设备、新增设备的安装位置。

设备布置应注意单列设备正面朝向入口处。DDF 列应标识清楚 A 面和 B 面。

应预先准备好机房槽道平面图，将各种线缆的路由走向用不同颜色线条标识。

要求按照机房现有设备编号方法进行记录。

应注意记录 ODF 和 DDF 面板图，对于利旧设备的面板图，应标明哪些已用，哪些本工程可以占用。

要调查并记录现有机房光纤配线架适配器类型（如 FC/PC、SC/PC 或其他类型等）、DDF 端口阻抗（是 75 Ω 不平衡还是 120 Ω 平衡）及端子的类型。DDF、ODF 端子排列方式尽量与原有规则一致，同时特别提醒注意征求维护人员意见并向建设单位陪同人员确认。

4.2.3　勘察文档

1. 勘察传真模板

×××设计院传真电报

发电单位：×××设计院　　　　领导签发：

拟稿人：×××	核稿人：×××
发文编号：×××	总页数：×(含附表1、2)
发送单位：××公司××、××、××分公司	
事由：配合完成××××××工程光纤测试和设计勘察工作	

描述工程概况：由我院负责一阶段设计的编制工作。

按照进度要求，我院计划在××××年××月××日开始光纤测试和设计勘察工作，需要进出沿线局站的机房。

相关机房勘察工作的具体内容如下：

① 核实相关机房电源容量；

② 核实机房平面、设备安装位置、IODF安装位置；

③ 确认系统使用到的光缆、使用的纤芯号以及LODF位置、面板；

④ 完成各项资源预占用手续；

⑤ 确认走线路由；

⑥ 收集维护部门对配线架端子使用顺序的意见；

⑦ 设计网络管理系统的建设方案。

勘察人员：×××。工作证号：×××。

时间计划如附表1所示。由于线路很长，时间计划实际可能会提前或延后。

各段光缆计划测试的纤芯号如附表2所示。

以下事宜请予以配合，并在××××年××月××日之前反馈相关情况。

① 请帮忙提前联系进入机房事宜，联系结果请反馈给我院。

② 请通知沿线局站维护人员予以配合，并提供各个局站配合光纤测试和设计勘察的人员的联系方式。

③ 由于要进出机房，请协助办理进出相关机房的手续。

④ 请核对计划测试的光缆纤芯是否存在被占用或其他可能影响光纤测试的情况。

⑤ 请提前告知长长中继光缆和本地网光缆中特殊指定给本工程使用的纤芯，如无特殊指定，我院将根据现场测试情况选择质量较好的纤芯。

感谢一直以来对我院的支持！

发出时间：××××年××月××日　　　　×××设计院

2. 勘察记录表模板

<table>
<tr><td colspan="3" rowspan="5">×××传输系统工程
(传输设备单项工程)</td><td rowspan="2">局方部门负责人</td><td>姓名</td><td></td></tr>
<tr><td>电话</td><td></td></tr>
<tr><td>勘察人</td><td colspan="2"></td></tr>
<tr><td>审核人</td><td colspan="2"></td></tr>
<tr><td>勘察时间</td><td colspan="2"></td></tr>
<tr><td>项目名称</td><td colspan="5"></td></tr>
<tr><td>工程名称</td><td colspan="5"></td></tr>
<tr><td>局(站)名称</td><td></td><td>设计阶段</td><td></td><td>勘察依据</td><td></td></tr>
<tr><td colspan="6">勘察内容</td></tr>
<tr><td>项　目</td><td colspan="3">勘察分项内容</td><td colspan="2">勘察结果</td></tr>
<tr><td>1. 业务需求调查</td><td colspan="3">了解各个局(站)所需的带宽的种类和数量</td><td colspan="2">最好用矩阵表描述</td></tr>
<tr><td rowspan="20">2. 电源及地线情况</td><td colspan="3">直流电源种类(−48 V/+24 V)</td><td colspan="2"></td></tr>
<tr><td colspan="3">整流器总容量/已用容量</td><td colspan="2"></td></tr>
<tr><td colspan="3">直流配电柜电流总容量(A);熔丝工作方式(1+1)/(1+0)</td><td colspan="2"></td></tr>
<tr><td colspan="3">现有用电量(A)</td><td colspan="2"></td></tr>
<tr><td colspan="3">是否需增加换流器?如需增加,确定型号、规格、安装位置</td><td colspan="2">附图标出</td></tr>
<tr><td colspan="3">本期工程占用分熔丝容量、位置</td><td colspan="2">附图标出</td></tr>
<tr><td colspan="3">是否需更换熔丝、容量</td><td colspan="2">是/否</td></tr>
<tr><td colspan="3">机房保护地线排位置,有无空余孔位,地线布放路由、走线方式、长度等</td><td colspan="2">附图标出</td></tr>
<tr><td colspan="3">本期工程列柜型号/尺寸</td><td colspan="2"></td></tr>
<tr><td colspan="3">列柜总熔丝容量及工作方式(1+1)/(1+0)</td><td colspan="2"></td></tr>
<tr><td colspan="3">本工程使用列柜的熔丝端子号</td><td colspan="2">附图标出</td></tr>
<tr><td colspan="3">占用列柜的熔丝型号、规格</td><td colspan="2"></td></tr>
<tr><td colspan="3">列柜是否有保护地排</td><td colspan="2"></td></tr>
<tr><td colspan="3">列柜是否有告警接线端子</td><td colspan="2"></td></tr>
<tr><td colspan="3">本工程是否需要220 V交流电源</td><td colspan="2">是/否</td></tr>
<tr><td colspan="3">电源线布放路由及安装方式</td><td colspan="2">附图标出</td></tr>
<tr><td colspan="3">蓄电池总容量、现总容量,哪一年投产使用</td><td colspan="2"></td></tr>
<tr><td colspan="3">是否需增加蓄电池容量?型号/规格/安装位置</td><td colspan="2">附图标出</td></tr>
</table>

续表

×××传输系统工程 （传输设备单项工程）	局方部门负责人	姓名	
		电话	
	勘察人		
	审核人		
	勘察时间		

项目名称					
工程名称					
局（站）名称		设计阶段		勘察依据	

勘察内容		
项　目	勘察分项内容	勘察结果
3. 光配线架	线路终端光纤配线架（LODF）位置	附图标出
	光缆总纤芯数、已使用纤芯数	XX/YY
	本工程占用纤芯号	
	光纤配线架至光端机尾纤的长度及走线路由与安装方式	附图标出
	尾纤是否需要保护？保护技术措施？	必要时附图
	尾纤活接头的类型及端面类型	FC/SC/ST，PC/UPC/APC
	是否需增加 ODF？数量/型号/规格/尺寸/安装位置	附图标出
	是否需增加 ODF 的连接器模块？数量/型号/规格/尺寸/安装位置	附图标出
4. 数字配线架	是否需增加 DDF？数量/型号/规格/尺寸/安装位置	附图标出
	是否需增加 DDF 的连接器模块？数量/型号/规格/尺寸/安装位置	附图标出
	DDF 与连接的设备布线走线路由、安装方式、布线长度以及采用何种缆线	附图标出
	馈线两端的终接端子的类型/规格/阻抗（75 Ω/120 Ω）	
	是否需配置 DDF 的架内跳线？数量/型号/规格	
5. 机房设备平面布置	机房设备平面布置图（机房尺寸，楼层净高，门、窗等相对位置，机房所在楼层及四周相关的使用环境等）	附图标出： 原有设备用细线，新装设备用粗线，预留扩容位置用虚线，并标明原有设备名称
	设备安装位置确定（充分征求建设单位的意见），标明设备名称、尺寸	
	工艺要求：如缆线孔洞的位置/尺寸/高度/防火封堵要求/封堵材料	附图标出并详细记录
	列走线架、主走线架位置图及高度、宽度	附图标出
	是否需增加列走道，列架的宽度以及型号、规格	附图标出
	机房是否需要改造	附图标出并注明改造要求

续表

×××传输系统工程 （传输设备单项工程）	局方部门负责人	姓名	
		电话	
	勘察人		
	审核人		
	勘察时间		

项目名称					
工程名称					
局（站）名称		设计阶段		勘察依据	

勘察内容

项　目	勘察分项内容	勘察结果
6. 同步时钟	是否需要本局 BITS 定时	需要/不需要
	大楼时钟分配系统（BITS）DDF 位置，与设备时钟接入点的距离	
	本工程使用 BITS 时钟端口数量/端子号，若没有空余端口，应提出解决方案	附图标出
	输出时钟的类型	2 048 kbit/s 或 2 048 kHz
	走线路由及走线方式	附图标出
7. 网管系统	现有网管设备规格、型号	网元定义
	现有网管设备的能力	可收容网元数
	现有网管设备的冗余能力	
	需增加安装网管设备的位置（终端和路由器等）	附图标出
	需要配置的 UPS 等设备的容量	
	布缆路由（电源和信号线）	附图标出
8. 传输设备	设备名称、规格与设备结构及尺寸	附图标出
	供设备安装的架底及架顶孔洞位置图、孔洞大小，采用的安装加固方式，是否需配套安装加固材料	附图标出
	设备工作电压及变化范围与耗电量	
	电源线、工作地、保护地的接线端子图，是否需配置接线耳，何种规格	附图标出
	各种信号线的接线端子图，是否需要其他配置？若需要，何种型号、规格	附图标出
9. 传输线路	所用光缆投产时间及使用情况（如故障情况、衰减的变化）	
	光缆中光纤的型号和生产厂商	
	如果是 G. 655 光纤，应了解它的有效截面的大小	
	测试光纤线路衰耗与长度	
	测试光纤线路的 PMD	建设 10 Gbit/s 系统需测
10. 其他应注意调查事项	机房（必要时含动力机房）荷载情况	
	所在地的地震设防烈度等级，是否需要采取抗震措施	
	消防情况，是否需补充消防器材	
	空调系统情况	
	维护仪表是否需要增加	参照测试仪表配置原则

3. 勘察报告

勘察报告的主要内容包括：

一、勘察概况

1. 勘察依据
2. 工程概况
3. 勘察日期及随同人员

二、勘察内容

1. 机房平面布置
2. 机房动力情况

三、存在问题及需要建设方配合的后续工作

略。

4.3 传输系统工程设计方法及案例

4.3.1 传输系统工程设计方法

一、传输网业务预测方法及通路组织的编排

作为各种业务网络及出租带宽的物理承载网络，通信传输网络直接影响着业务网络的业务开展和其发展完善。相对地，各类业务网络的发展和组网的变化直接影响了传输网络的组网结构和发展趋势。因此，传输网络作为底层承载网络必须充分考虑与各类业务网络的融合，结合相应网络的宏观发展趋势，做到相辅相成、互相促进与共同发展。

（一）传输网的电路需求组成

传输网的电路需求主要由以下内容组成。

① 互联网电路需求。

② 政企客户租用电路需求。

③ 移动网业务电路需求。

④ 支撑网电路需求。

⑤ 其他电路需求。

（二）传输网电路需求预测

传输业务预测一般是根据交换、基础数据、IP、出租等各相关专业提供的基础数据，对以上各种业务电路需求进行归并，得到传输网需求电路数。

1. 对各专业提供基础业务预测数据的要求

① 各专业提供的业务预测数据应为预测期的业务总量与现有业务量的差。

② 各专业不仅要提供相关业务的流量，还要提供相应的业务流向，即电路需求矩阵表。必要时，传输专业可提供统一的矩阵表，样式如图 4.3-1 所示。

③ 各专业提供的业务应标明速率，交换专业和基础数据专业常用的速率一般为 155 Mbit/s（光或电）、2 Mbit/s；IP 专业一般为 2.5 Gbit/s、10 Gbit/s、100 Gbit/s 等。

④ 各专业提供业务矩阵的同时，还应提供相关的网络拓扑图、与传输专业的接口速率及光口、电口、是否需要级联、要求保护的程度等相关信息。

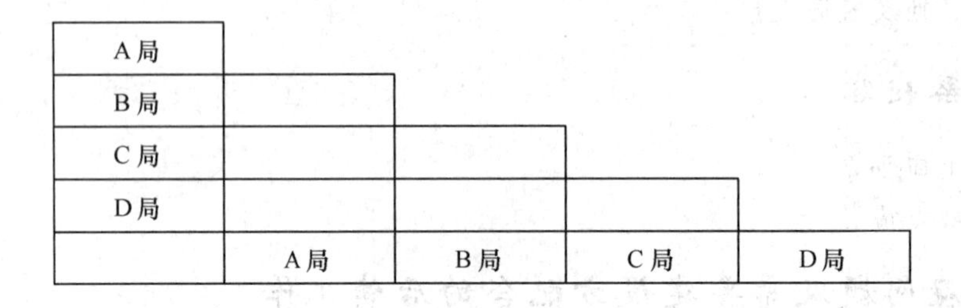

图 4.3-1 传输网电路需求矩阵表

2. 业务需求预测的归并

传输网电路层网的业务量就是各个节点之间的电路或电路群数量。因此，网的总业务量原则上就是对以上各种业务网的需求进行叠加，求出其总的和矩阵，也就是传输网总的业务量需求矩阵。

同时还必须考虑一些因素，如传输网的建设相对于其他专业应适度超前，发达地区未来对宽带用户的业务量需求存在不确定因素等，需要对总的业务量需求矩阵留出足够的余量。

另外，并不是每一种业务网的对传需求都能方便地预测或计算出来，比如网络元素出租出售业务。在这种情况下，对那些一时预测不出来的业务，可以采用相对预测的方法，首先可根据某个流量方向上现有业务量的值取一个适当的比例来表示出此方向的业务需求量。其次对于不好预测的业务专业还可以根据某个确定业务量的专业取一定比例得出需求。

(三) 通路组织原则和安排

1. 通路组织原则

传输网业务量分配规划和设计计算的整个基础仍是传输网业务量总需求矩阵。就是根据所得出的总传输业务量矩阵各点对点的业务量，加上相应的开销，再按照给出的物理传输网拓扑结构和路由，将各点对点的业务量分配到各个传输段上去。

一般的业务安排原则如下。

① 最短路由。

② 负荷分担。

③ 穿越节点的次数不应超过允许值。

④ 在确定传输设备传输段的速率和选择设备的时候，因传输设备具有最高的容量费用比，故可适当超前配置。

2. 波道及通路安排原则

① 传输系统应在满足业务需求的前提下进行波道安排。

② 波分系统波道排列应按照统一、规范的要求，业务波道的配置应尽可能从序号 1 开始

向上连续排列(如 80 波 DWDM 系统从波道 1→2→3→…80 的顺序配置)，维护波道的配置可从系统的最后的波道开始向下连续排列(如 80 波 DWDM 系统从波道 80→79→78→…顺序配置)。

③ TMUX 波道可以规划使用其中靠近维护波道的区域，维护波道一般应按一定的比例配置。

④ 同一系统内的各站转接波道尽量要求安排在同一波道上，不做不同波道的转接，保证波道清晰明了，同时便于维护。

⑤ 波道与频率/波长对照表应与国标符合，保证波道与频率/波长对照排列规范有序。

⑥ 同一系统内的不同段的波道配置应尽量采用同样的波道(需配置 TMUX 的系统应尽量在各段使用同样的波道)，当 TMUX 盘可在两个波长使用时，TMUX 波道应安排在这两个波长上，以利机盘调用，保证备件的投资最小。

二、传输系统方案的制订

(一) 传输路由的选择

传输路由的选择应注意如下原则。

① 根据长途传输网按省际网和省内网分层规划、分层建设的原则。省际网的传输路由选择除了考虑各省会城市和直辖市之外，还应注意考虑省内业务量较大的地级市和必要的网络转接点，这有利于疏通各省间的省际长途业务。省内网的传输路由选择除了考虑省会城市与各地级市的业务沟通之外，还应注意考虑省间的业务疏导的重要业务节点，这有利于疏通各省间的省内长途业务。

② 传输网路由选择应注重网的安全性。应做好传输网安全的总体规划，采用经济合理的保护手段，提高网络的整体安全可靠性。不同方向的进城光缆应采用不同的进城路由。

③ 传输网路由选择应结合铺设方式原则一起考虑，铺设方式应主要采用直埋的方式，有条件的地区应尽可能地采用管道方式。对于自然环境恶劣、地形地质不好的地区，可因地制宜地采用架空方式。光缆路由的选择对于后期光缆的维护至关重要，为降低维护成本，避免不必要的浪费，光缆路由的选择必须进行充分的实地勘察和论证。经济发展较快和光缆路由稳定的部分地区，也可采用直埋光缆管道化的敷设方式(即敷设的硅芯管)。

④ 传输网路由选择应充分注意城市总体规划，尽量避开规划的开发区和不稳定的地域。

⑤ 传输网路由选择应注意资源共享原则。地下管道资源属于稀缺资源，注意充分挖掘利用现有的管道资源，采用管孔复用技术。

(二) 传输局站设置

本小节主要介绍 WDM 光通信数字设备站的类型及设置原则。

1. 类型

根据通信网络规划的业务需要和传输技术要求，WDM 光通信数字设备站可分别设置为终端站、再生站、分路站、光放站 4 种类型。

2. 设置原则

WDM 光通信传输系统站段设置应遵循以下原则：

① 满足本期工程的业务量需求；

② 充分考虑同路由上已建 WDM 光通信传输系统的局站设置情况，根据中远期业务需求以及 WDM 技术条件，兼顾到中远期 WDM 目标网络结构，选择合适的站型配置；

③ 解决好省内 IP 骨干网第二出口点的问题，提高传输网的业务适应性；

④ 解决好同城市多传输枢纽终端位置的问题。

(三) 波分复用传输设备的选定

自 1998 年以来，以 2.5 Gbit/s 为基础速率的 16/32 波 WDM 设备在国内传输网上得到了广泛应用。从 2000 年开始，随着业务量的增加、传送颗粒的加大，以 10 Gbit/s 为基础速率的 32/40 波 WDM 设备开始商用；受 IP 带宽飞速增长需求的促动，以 10Gbit/s 为基础速率的 80 波 WDM 设备逐渐成为当时传输平台的主流。从 2008 年开始，由于 IP 电路需求的推动，以 40 Gbit/s 为基础速率的 80 波 WDM 设备开始规模部署。自 2013 年至今则是以 100 Gbit/s 为基础速率的 80 波 WDM 设备高速发展的时期，并且 80 波 WDM 设备已经成为当前传输平台的主流。实践证明高速率、大容量 WDM 技术是目前世界上提高传输容量最经济、有效的手段；同时，采用 WDM 系统不仅可以解决高速 IP 电路的带宽需求，还可以节省宝贵的光纤资源。

1. 基础速率的选定

目前主流商用波分复用系统的基础速率主要有 100 Gbit/s、40 Gbit/s、10 Gbit/s 等 3 种。

现有传输网主要采用 G.652 和 G.655 两种光纤光缆。对于在 G.652 和 G.655 光纤上传输以 10 Gbit/s 为基础速率的 WDM 系统，一般需要采用色散管理技术对色散进行补偿。目前最商用化的色散补偿方法是采用具有负色散(或正色散)特性的光纤(即 DCF)，在 WDM 系统上加入 DCF 并不会导致系统传输距离缩短，但会使 WDM 系统增加成本。另外，以 10 Gbit/s 为基础速率的 WDM 系统对光纤的偏振模色散(PMD)指标有要求，当偏振模色散(PMD)指标超出系统允许的范围时，将不能开放 10 Gbit/s WDM 系统。

对于基于 100 Gbit/s 的 WDM 系统，采用相干检测的编码技术，可使得其色度色散容限和偏振模色散容限有相当高的提升，且该技术基本不会成为长途传输的限制条件。100 Gbit/s 系统虽然有很大的 CD 和 PMD 容限，但入纤光功率比 40 Gbit/s 系统普遍降低了 1 dB，因此 100 Gbit/s 系统将是一个受 OSNR 限制更加显著的系统。100 Gbit/s WDM 系统的 OSNR 要求较 40 Gbit/s WDM 系统有一定的提高，其传输能力与 40 Gbit/s(DQPSK)系统相当，而在存在大衰耗跨段的情况下其传输能力有可能低于 40 Gbit/s 的传输能力。

2. 波长数目的选定

目前数据业务和波道出租业务需求增长快，无论将来业务层网络结构如何演进，组网方式如何变化，WDM 系统的平台作用是无可替代的。而且随着未来网络由环形网向格状网的演进，WDM 系统作为承载迂回路由的可能性最大，因此 WDM 系统支持的波道数不宜太小。

另外，光缆建设周期长，投资多，实施难度大，因此，传输网应尽量采用大容量的 WDM 传输系统，以节约宝贵的光纤资源。

(四) 光传输距离计算

本节主要介绍 WDM 光传输距离的计算方法。

WDM 传输系统的参考结构应符合图 4.3-2 的要求。

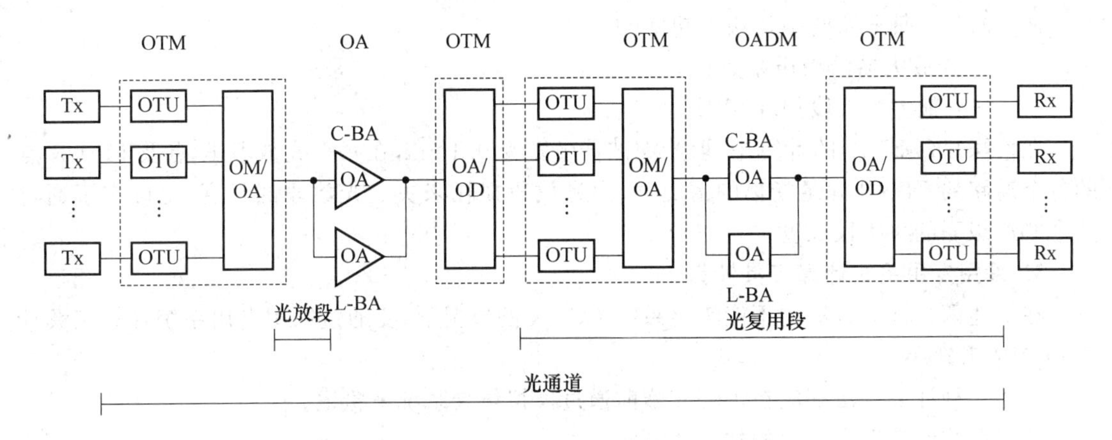

图4.3-2　WDM传输系统参考结构

WDM传输系统规则设计法工程的再生段/光放段计算应符合下列规定。

1. 规则设计法

规则设计法又可称为固定衰耗法，即利用色散受限式(4.3-1)及保证系统信噪比的衰耗受限式(4.3-2)，对这两式分别进行计算后，取其较小值。此方法适用于段落比较均匀的情况。

$$L=\frac{D_{sys}}{|D|} \tag{4.3-1}$$

式中：

L——色散受限的再生段长度(km)；

D_{sys}——MPI-S、MPI-R点之间光通道允许的最大色散值(ps/nm)；

$|D|$——光纤色散系数〔ps/(nm·km)〕。

$$L=\sum_{i=1}^{n}\left[\left(A_{span}-\sum A_{c}\right)/(A_{f}+A_{mc})\right] \tag{4.3-2}$$

式中：

L——保证信噪比的衰减受限的再生段长度(km)；

n——WDM系统采用的应用代码所限制的光放段数量；

A_{span}——最大光放段衰耗，其值应小于等于WDM系统采用的应用代码所限制的段落衰耗(dB)；

$\sum A_c$——MPI-S点、R′点或S′点、R′点或S′点、MPI-R点间所有连接器衰减之和(dB)；

A_f——光纤衰减常数(dB/km，含光纤熔接衰减)；

A_{mc}——光线路维护余量(dB/km)。

2. 简易的信噪比计算法

当规则设计法不能满足实际应用的要求时，可采用色散受限式(4.3-1)及简易的信噪比计算式(4.3-3)进行系统设计，即利用保证色散受限和系统的信噪比来确定再生段/光放段的长度。此方法适用于光放段衰耗差别不太大的情况。

$$\mathrm{OSNR}_N=58+P_{tot}/M-N_f-A_{span}-10\lg N \tag{4.3-3}$$

式中：

OSNR_N——N个光放段后的每通路光信噪比(dB)；

M——通路数量；

P_{tot}/M——每通路的平均输出功率(dBm);

N_f——光放大器的噪声系数;

A_{span}——最大光放段损耗(dB)。

在信噪比(OSNR)的计算中,取光滤波器带宽为0.1 nm,在每个光放段R′点及MPI-R点的各个通路的OSNR满足指标的情况下,由光放段损耗来决定光放段的长度,也确定了通过几个OA级联的再生段长度。

3. 采用专用系统计算工具计算

在上述两种计算方法均不能满足系统OSNR的情况下,要通过采用专用系统计算工具计算OSNR来确定。

上述3种计算方法都应在工程实施前通过模拟仿真系统来验证。

工程系统设计还应考虑的技术措施如下。

① 拉曼放大器可以用于个别站段间距超长或衰耗过大、加站困难的特殊段落。

② 常规FEC或超强FEC的使用。

③ 工程初期的光放大器配置和局站设置,应按系统终期传输容量考虑,为系统升级扩容提供方便条件。

④ WDM传输系统应能够适应一定程度的线路衰减变化,当线路衰减变化时自动调整光放大器的输出功率,使得系统工作在最佳状态。

WDM传输系统的波道分配和应用应根据设备技术特点和电信业务经营者的情况,遵循一定的规律原则制订。

在光终端复用设备和光放大器上,主光通道应具有用于不中断业务检测的接口(仪表可以接入),允许在不中断业务的情况下,对主光通道进行实时检测。

在光终端复用设备和光放大器上,宜能获得每个光通路的光功率和光信噪比数据,并可将相应数据送到网管系统中,在网管系统中可以查看相应的物理量。

(五) 辅助系统

1. 网络管理系统

传输网网络管理系统的设计应符合相关的通信工程网管系统设计规范以及我国网络管理技术体制中的相关规定,以便于组建统一的网络级管理系统,实现对不同厂商的传输设备的统一管理。

传输网网络管理系统由网元级管理系统(EMS)和网络级管理系统(NMS)/子网级管理系统(SMS)以及本地维护终端(LCT)组成。SMS是NMS的子层,具备一定的网络管理功能。一般的传输网宜同时建设EMS和SMS,规模较小的传输网可只建设EMS。

传输网内同一厂家的设备应尽量由一套集中的EMS进行管理,传输网规模较大或网元数量较多时,也可根据情况配置多套网元管理系统,分设备或分区域进行管理,同时应配置SMS,实现对所有设备的统一管理和全网的电路调度。

同厂家的SMS原则上全网只设一套。规模较大的传输网可采用主备用配置;网络管理数据备份可采用磁盘镜像或磁带备份等方式。

传输网内不同厂家的设备宜分别配置各自的EMS及SMS。

全网应由统一的NMS进行管理,不同的SMS应对NMS提供统一的Q接口或CORBA接口。

对于网终管理设备与网关设备的连接方式,根据具体情况可以通过LAN网或X.25网相连;网元之间通过 DCC 通道传送网络管理信息,必要时也可通过 LAN 网或 X.25 网传送网络管理信息。

2. 公务通信系统

工程的站间公务联络系统设置应符合下列规定。

可设置两条公务联络系统,一条用于终端站、再生站、分路站间;另一条用于沿线各传输站间。对于设置有网元管理级系统及子网管理级系统的局站,第一条公务联络信道应延伸至网管室。

公务联络系统应具备选址呼叫方式和群址呼叫方式。

(六) 方案的比选

在传输系统设计时,可以提出多种解决方案,根据其各自的特点,进行多个方面的综合方案比选后才能确定。对于传输网的不同方案,我们一般需要从不同方案各自满足需求的程度(如故障恢复时间是否满足需要等)、实施的难易程度、资源是否能够有效利用(如通道利用率是高还是低等)、风险大小(包括建成的系统是否可靠、技术成熟度是否高等)、可扩展性(是否易于扩容)、投资大小、维护难易程度(如通道调度是否方便、灵活性如何)等几个方面进行综合分析比较,从而优化出充分利用传输系统电路、投资效益最大、适于传输网建设的最佳方案。

光传输网络的组网既要考虑诸多技术因素,还要面对情况错综复杂的实际问题,因此,对于组网问题,实际上是没有统一模式或标准答案的。在涉及具体的网络设计时,还要视具体情况做具体分析,根据需求考虑各个因素,尽量做到“量体裁衣”。

技术方案比选通常从以下几个方面进行。

1. 对于业务驱动和需求的比选

光传输网作为运营商的各个业务网的基础网,其组网和设计规划方案必须充分考虑各个业务网的发展需求,并结合传输网本身的特点,以满足市场需求为原则,特别应充分考虑当前 IP 业务的迅猛发展,并且依据业务需求进行科学的预测。光传输网既要承载各个业务网,还要直接承载业务。所以业务需求是直接影响光传输网络组网方案的首要因素。

对于业务的分析和研究,直接包括以下几个方面。

(1) 业务量

对于网络的容量设计,既要能满足当前的业务需求,又要能支撑业务的增长,并且还可支持网络投资者所希望的网络运营周期。对于组网设计者来讲,尽可能准确的需求至关重要。

确定网络的终极容量,这会直接影响到选择适当的技术和网络容量,如究竟选择 SDH 技术组网,还是选择 WDM 技术组网,如果确定 WDM 技术,还要考虑诸如设计多少波数和单波速率的问题。

(2) 业务类型、端口和颗粒

光传输网络需要承载多种业务,相应地要具备多种业务端口,如 2 Mbit/s、34 Mbit/s、45 Mbit/s、10/100M、STM-1/STM-4/STM-16/STM-64/STM-256、GbE、10GbE、100GbE、Fiber Channel 等。

2. 对于网络基础条件和设施限制的比选

网络基础条件和设施是指建设新的光传输网络前,网络未来所有者(即运营商)所具备的资源和条件,如站点的地理位置和机房场地的大小、电源供电、光纤资源,甚至包括一些已建的网络设施等。这些情况直接影响到网络设计和组网方案的可行性。因此事先对网络基础条件和设施进行勘察,这会使组网设计比较具有针对性,减少盲目性,从而使组网设计尽量做到合理化。

3. 对于网络节点及路由设置的比选

网络节点的选择包含我们常说的站点地理位置选择的问题，但是在实际的网络组网和设计中，网络节点的选择常常受各种客观条件的限制，如选址和经济因素等。由于运营商的网络节点地理位置往往已经确定或者很难改变，所以这里对节点进行的讨论是指对网络节点类型的选择。

网络中节点类型的选择往往要根据物理位置、现有的业务需求和未来的业务发展潜力进行综合考虑。网络路由的设置是指根据业务流向、业务汇聚和重组特点而设置路由。

网络节点的选择和路由设置在网络组网和设计时期就必须考虑周全，并在设备配置和选择上适当考虑一些余量，以应对预测和实际业务发展之间的误差。

4. 对于网络拓扑的比选

目前有两种常用的组网拓扑：环状网和网格状网。

对于环状网和网格状网这两种组网技术，我们不能简单地讨论孰优孰劣或谁将取代谁，两种技术均有其可取之处，有其相应的组网定位，要根据运营商的不同需求及网络现状做出选择。在实际应用中，究竟采用环状网还是网格状网，最需要考虑的因素是业务。业务量、网络规模及业务模式对拓扑选择的影响是最关键的。因此，对环状网和网格状网技术的选择并不是一个排他的单一选择，而是代表了一个过程，是一个网络不断演进完善的过程。通常在组网初期，当业务量和网络节点没有达到一定量的时候，环状网仍然是一种最佳的选择，但随着网络和业务的发展，当业务量和网络节点超过某个运营商可接受的门限时，环状网可以逐渐向网格状网演变。这也为网络设备供应商提出了一个新的要求，即组网的网元设备必须能够同时支持环状网组网和网格状网组网，并且能够在不影响业务的前提下实现从环状网到网格状网的平滑过渡。

从现有的技术发展和业务现状来看，先建设环状网再逐渐向网格状网演变是比较稳妥和现实的办法。从环状网向网格状网转变的时机与网络的业务状况和网络运营商的策略及业务模式相关，主要的影响因素有组网成本、网络复杂性、标准化状况、业务需求、业务类型及对网络恢复的要求等。

5. 对于网络管理系统的比选

如何降低网络运维成本，提高网络运行的高可靠性和高生存性？如何为最终用户提供优质多样的服务，从而使其获得更大利润？这些问题越来越受到各大运营商的重视。运营商对于光传输网网络管理系统的要求，也从过去单纯地要求满足设备配置、告警等基本维护需求，提高到能提供灵活的业务调度、强大的大规模网络管理和跨子网管理、虚拟专用网（VPN）等诸多涵盖网元层、网络层和服务层的功能。

对于国内运营商来讲，其业务模式也在向符合市场和业务需求的方向转变，统一的网络管理系统和符合商业模式的网络管理系统是未来在选择网络管理系统和设备时需考虑的。

6. 对于网络保护和恢复的比选

保护和恢复决定着网络的生存性。由于网络是分层的，所以要综合考虑不同层保护和恢复的优缺点，合理地利用保护功能，减少恢复时间。

如果在一个网络中，既使用保护又使用恢复，特别在不同层重叠这样做时，保护和恢复机制的协调工作也是非常重要的问题。在实际网络中，常常采用保护机制作为第一层防线，对付光纤断裂等光层和段层失效故障，而使用恢复机制作为第二层防线对付网络通道层的故障和失效。

保护和恢复技术的采用要根据业务的需求，特别要根据服务等级协议(SLA)、安全性要求及技术的成熟性来综合考虑和选用。

7. 对于网络可扩展性的比选

网络的可扩展性具体体现在网络结构的弹性和灵活性上，网络的可扩展性还体现在选用的设备上。组网方案在扩展性方面应该有较多和全面的考虑，如设备随业务增长的平滑扩容、新技术的向下兼容、支持从环状网向网格状网全面演进以及网络管理系统可开放的接口等。

对网络的可扩展性要素要植根于各个具体组网因素去考虑，如网络的扩展性在很大程度上和以下要谈到的“技术和设备的选择”关联很大，因为有时技术和设备本身的扩展性将直接影响整个网络的扩展性。

8. 对于技术和设备的比选

在选择技术和设备的时候，要考虑这些技术和设备是否符合标准和技术发展趋势。符合主流的技术标准对运营商来说至关重要。要考查其是否符合技术规范和标准，是否是主流的发展潮流和趋势。特别是当前中国的电信业务经者们既竞争又合作，彼此之间的互联互通也要求都采用符合标准和发展趋势的主流技术。

总之，在实际的网络中，上述这些因素是互相作用和彼此影响的：如网络基础条件中站点的限制会直接影响到网络的拓扑选择，又如拓扑的选择会直接影响到对设备的选择。因此在设计组网的时候，需要考虑诸多因素的互动。

4.3.2　传输设备工程安装设计

一、局站通信系统的组成

(一) WDM 终端站局站通信系统的组成

WDM 终端站局站通信系统主要由波分复用设备、光纤分配架、数字分配架等设备组成。

考虑光波道人工调度的方便，WDM 终端站局站通信系统各波道终端一般均应在两方向光调度用 ODF 上，各波道的人工调度与转接及其所承载的业务信号在光层上的接入均在该调度用 ODF 上进行，主、备波道间的倒换也在该 ODF 上进行。

为了便于光路或电路群的调度管理，支路光信号终端均在光调度用 ODF 上，光路或电路群的人工调度与转接、与其他专业业务信号的互连均应在该 ODF 上进行。155 Mbit/s、2 Mbit/s等速率的电信号终端在数字分配架上，电路群的调度在数字分配架上进行。

WDM 终端站局站通信系统的典型配置详见图 4.3-3。

(二) WDM 再生站局站通信系统的组成

WDM 再生站局站通信系统由波分复用设备、光纤分配架等主要设备组成。WDM 再生站局站通信系统各波道终端均在光调度用 ODF 上，各波道的人工调度与转接均在该调度用 ODF 上进行，各波道的转接在光调度用 ODF 上进行仅做一次跳接。主、备波道间的倒换也在该 ODF 上进行。

WDM 再生站局站通信系统的典型配置详见图 4.3-4。

(三) WDM 光放站局站通信系统的组成

WDM 光放站局站通信系统由光线路放大器、光纤分配架等主要设备组成。

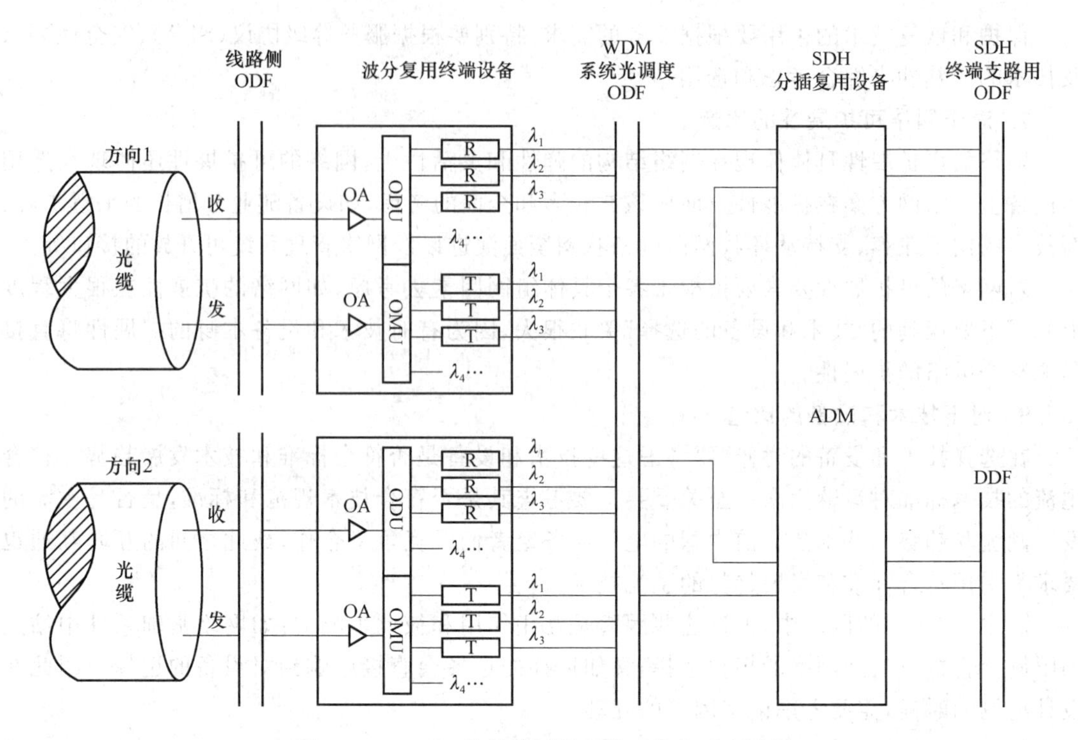

图 4.3-3　WDM 终端站局站通信系统典型配置图

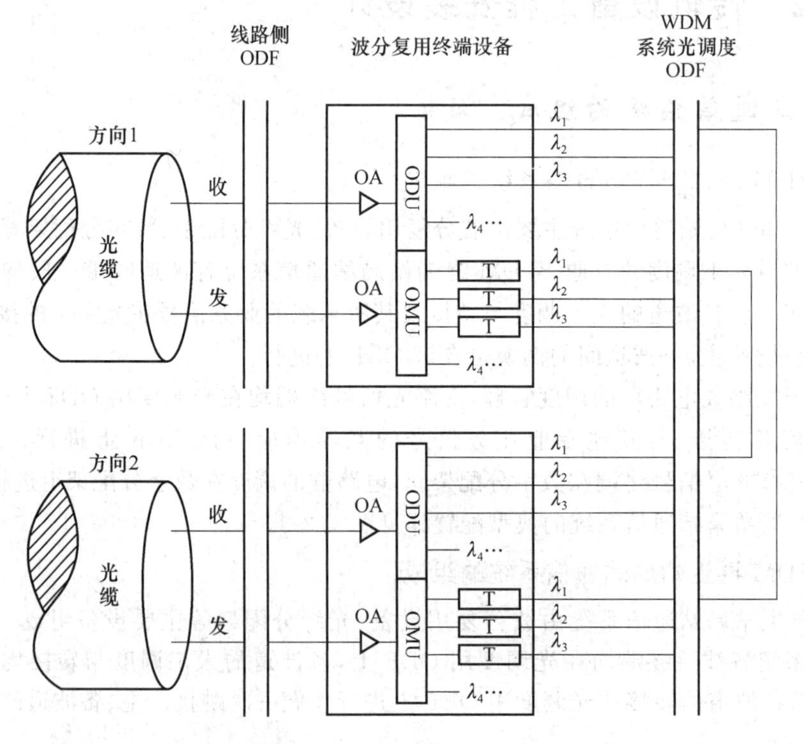

图 4.3-4　WDM 再生站局站通信系统典型配置图

WDM 光放站局站通信系统的典型配置详见图 4.3-5。

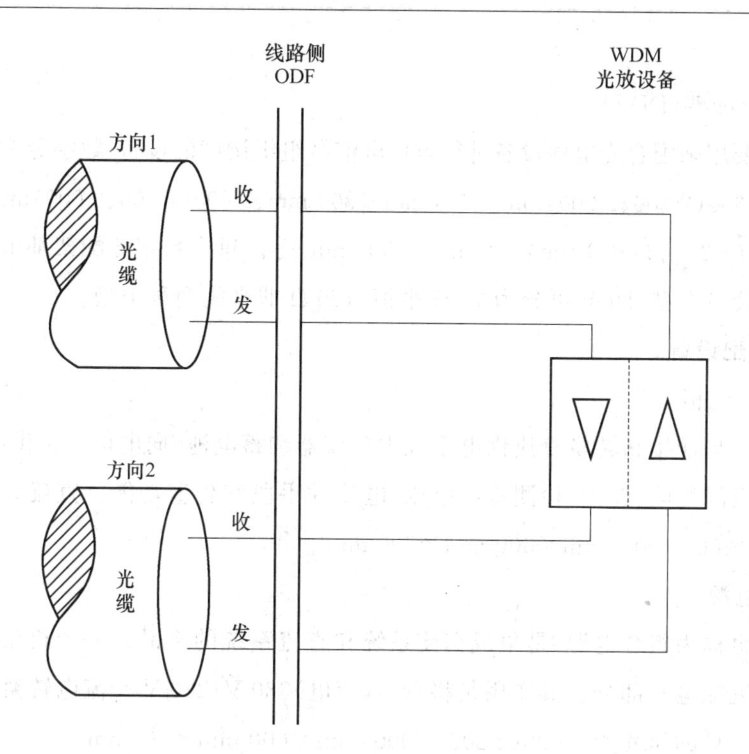

图 4.3-5　WDM 光放站局站通信系统典型配置图

二、机房内的设备配置

(一) 传输机房主要设备简介

传输用机房主要分为传输机房和传输网管机房，传输机房主要安装主机设备和配套设备。所谓主机设备是指波分复用设备、SDH 数字同步设备、ASON 设备等信号调制设备；所谓配套设备是指配合主机使用及生产维护中所必需的一些设备。传输网管机房主要安装传输用网管设备主机、终端及路由器等配套设备。

1. 主机设备

根据现有技术的发展水平，目前使用的传输设备有 160/80/40/32×100G/40G/10G 波分复用设备、40/32×2.5G 波分复用设备、10G/2.5G/155M SDH 设备、DXC 设备、ASON 设备等。目前标准传输设备的尺寸一般分为 2 600 mm×600 mm×300 mm、2 200 mm×600 mm×300 mm 和 2 000 mm×600 mm×300 mm 3 种，一般采用直流－48 V 电源供电。

2. 配套设备(配线设备)

(1) 光纤分配架(ODF)

ODF 是用来引入光缆，以及配合光电设备进行光信号的组织调度的设备，光纤分配架的尺寸有多种，常见的有 2 600(2 200、2 000)mm×600 mm×300 mm、2 600(2 200、2 000)mm×840 mm×300 mm、2 600(2 200、2 000)mm×240 mm×300 mm 等。每个光纤分配架都由若干个光纤分配子架和盘纤子架组成。按照端子类型，ODF 可分为 FC/PC 型、SC/PC 型、LC/PC

型等多种类型。

(2) 数字分配架(DDF)

DDF是主要用来配合光电序设备进行电口电信号组织调度的设备,数字分配架的尺寸有多种,常见的有2 600(2 200、2 000)mm×600 mm×300 mm、2 600(2 200、2 000)mm×450 mm×300 mm、2 600(2 200、2 000)mm×240 mm×300 mm等。每个数字分配架都由若干个分配子架组成。按照接口类型,DDF可分为75 Ω平衡、120 Ω非平衡两种类型。

3. 电源分配设备

(1) 直流分配柜

直流配电屏是连接和转换直流供电系统中整流器和蓄电池,向电信负载供电的电源设备,主要完成对负载的配电、保护,检测输出电压、电流的手段和告警功能。直流分配柜的尺寸常见的为2 600(2 200、2 000)mm×600 mm×300 mm。

(2) 开关电源

开关电源也称为组合电源,是集成交流系统和直流系统的产品。一个机架中集合了交流配电、整流、直流配电三部分。其作用是将低压(市电)380 V/220 V交流电转换为−48 V直流电。开关电源常见的尺寸为2 600(2 200、2 000)mm×600 mm×300 mm。

(3) 列柜

列柜是与传输机房槽道及设备标准机架配合使用的,装于机列列端,用于本列光电设备的电源分配、告警指示等。列柜的尺寸一般为2 600(2 200、2 000)mm×600 mm×300 mm、2 600(2 200、2 000)mm×300 mm×200 mm等。

(二) 机房的设备配置简介

传输机房的设备配置应在满足各种通信业务对传输电路的要求的基础上,遵照节约高效的原则,对各种通用设备考虑共用互调,以提高设备利用率,尽量节省设备投资。尤其在迁装、扩装工程中要尽量考虑对原有设备的利用,避免重复配置,主机设备的配置应满足设计委托书的要求,配套设备要满足近期需要,并应考虑维护、使用和扩容的方便。

在工程设计中应根据各种通信系统及工程的具体要求,确定近、远期所必须配置的各种设备及其数量。在工程设计中,近期一般指投产后3～5年,远期则为投产后15～20年。工程的设备配置必须根据现有设备的实际情况具体落实,以满足实际需要。远期的设备数量则只是用来估算机房面积和耗电量。

必须掌握设备情况,了解各种设备的性能、容量、耗电量和机架尺寸等数据,这样才能做到合理配置设备。工程中采用的设备应该是鉴定合格的定型产品。在设计中如果需要采用特殊设备,应经过试验,符合要求时方可采用。

1. 传输机房主机设备的配置

(1) 本期主机设备的配置

① 光通信主机设备包括WDM传输设备、SDH传输设备等。由于光通信设备体积小,

可靠性高，每架设备容纳的系统数多，故主机设备的配置应根据本期工程的实际需要按单元或系统进行。所配主机设备的制式、技术性能及接口参数等应一致。当配置的同一类主机单元或系统在标准机架上装不满或有较大余量时，可将这些主机单元或系统组成混合机架。

② 在同一机房的设备应尽量选用同一高度的机架。

③ 长途通信干线新建或扩容传输工程应按通路组织及通信系统满足近期业务量需要进行配置。如果同一方向有多种传输方式的传输系统，则一个工程所承担的业务量只是该方向总业务量的一部分。

④ 对新建长途通信枢纽（或综合楼）工程，在传输设备搬迁时确定是否扩容，其设备原则上应根据工程委托书的要求进行配置。在不要求扩容时，按考虑割接时必需的倒接设备进行增配。如委托书要求扩容，但容量不明确，则可结合割接需要，在设计中适当增加设备，以满足工程的实际需要。

(2) 远期主机设备的估算

远期的设备数量只是用来估算机房面积和耗电量的，在本期工程中不需要进行实际配置。但尽量精确地估算远期设备仍然是非常重要的，它关系整个工程的经济合理性。

在正常情况下，应该由规划部门根据各种业务的发展和预测做出比较确切的规划，据此就可确定远期各级电路的规模容量，从而估算出各种设备的数量。

2. 传输机房配套设备的配置

(1) 光纤分配架的配置

线路用光纤分配架一般按终端的光纤数量进行配置，需要分纤盒。

调度用光纤分配架用于进行标准速率（100 Gbit/s、40 Gbit/s、10 Gbit/s、2.5 Gbit/s、GE、155 Mbit/s、…）光信号的转接、调度、测试，配置数量根据工程的规模大小而定。一般不同的速率可接入同一个光纤分配架上的不同连接板上。调度用光纤分配架不需配置分纤盒。

光纤分配架应按工程实际需要配置并适当预留一定的容量。

(2) 数字分配架的配置

数字分配架用于进行标准速率（2 Mbit/s、155 Mbit/s、…）的转接、调度、测试，配置数量根据工程的规模大小而定。一般规模较小的机房，不同的速率可接入同一个数字分配架上的不同连接板上；对于规模较大的机房，应按不同的速率分别接入独立的数字分配架，连接板的配置数量可根据接入机架不同速率的信道数按盘取整配置。数字分配架应按工程实际需要配置并适当预留一定的容量。

(3) 列柜的配置

传输机房的列柜主要集中了传输机列的列熔丝、机架熔丝、列告警等。一般在采用槽道安装方式的机房每机列的首端上配置一个列柜（俗称头柜），机列较长时也可再配置一个尾柜。

列柜的配置应满足以下要求。

➢ 列柜的容量以及负荷应按整列进行配置。

➢ 应根据传输设备满配置耗电量的 1.2～1.5 倍来核算列柜每个二级熔丝的容量。

➢ 带电更换列柜二级熔丝时应不影响列柜中其他电源系统的工作。

➢ 不允许将两只小负荷熔丝并联并代替大负荷熔丝使用。

(4) 直流分配柜的配置

直流分配柜一般根据机房内所需分配电源列的估算耗电量来确定，并适当留有余量。

4.3.3 典型图纸及说明

传输系统工程的主要图纸包括光缆路由图、系统配置图、通路组织图、波道配置图、网管系统配置图、公务系统配置图、设备平面布置图、机房走线图、电源告警及布缆图、机架面板图、WDM/OTN 设备与 IODF 光纤连接表、通信系统图及布纤计划表、网管设备连接图、设备内部连纤图、通用图纸(设备抗震加固安装示意图)等。

下面介绍部分典型图纸及相关说明。

光缆路由图如图 4.3-6 所示。作用：描述传输系统周边的光缆路由情况，以及光缆资源情况。

绘制要点：相关光缆均要体现，光缆路由清晰，光缆资源数据准确。

传输系统配置图分别如图 4.3-7 和图 4.3-8 所示。作用：体现传输系统局站设置情况、光放段相关数据、复用段相关数据，以及光缆使用情况。

绘制要点：业务上下局站(图中大写字母表示)、光放站(图中小写字母表示)设置合理，相关数据准确。

通路组织图分别如图 4.3-9 和图 4.3-10 所示。作用：描述波分复用系统各波道配置、业务承载及转接的详细情况。

绘制要点：图例清晰，表达准确；业务描述规则统一；波道转接与对端衔接一致。

波道配置图如图 4.3-11 所示。作用：体现传输系统各上下业务局站设备平台和波长转换器(OTU)的配置情况。

绘制要点：波长转换器的配置情况应与前面的波道组织图对应，注意不同厂家及不同设备平台的差异。

网管系统配置图如图 4.3-12 所示。作用：描述网络管理的层次、DCN 的组织方式。

绘制要点：网管 DCN 组织能在单点或者单链路失效的情况下，保证其相关信息的传递。

公务系统配置图如图 4.3-13 所示。作用：体现传输系统各局站公务系统的配置情况。

绘制要点：公务编号的确定。

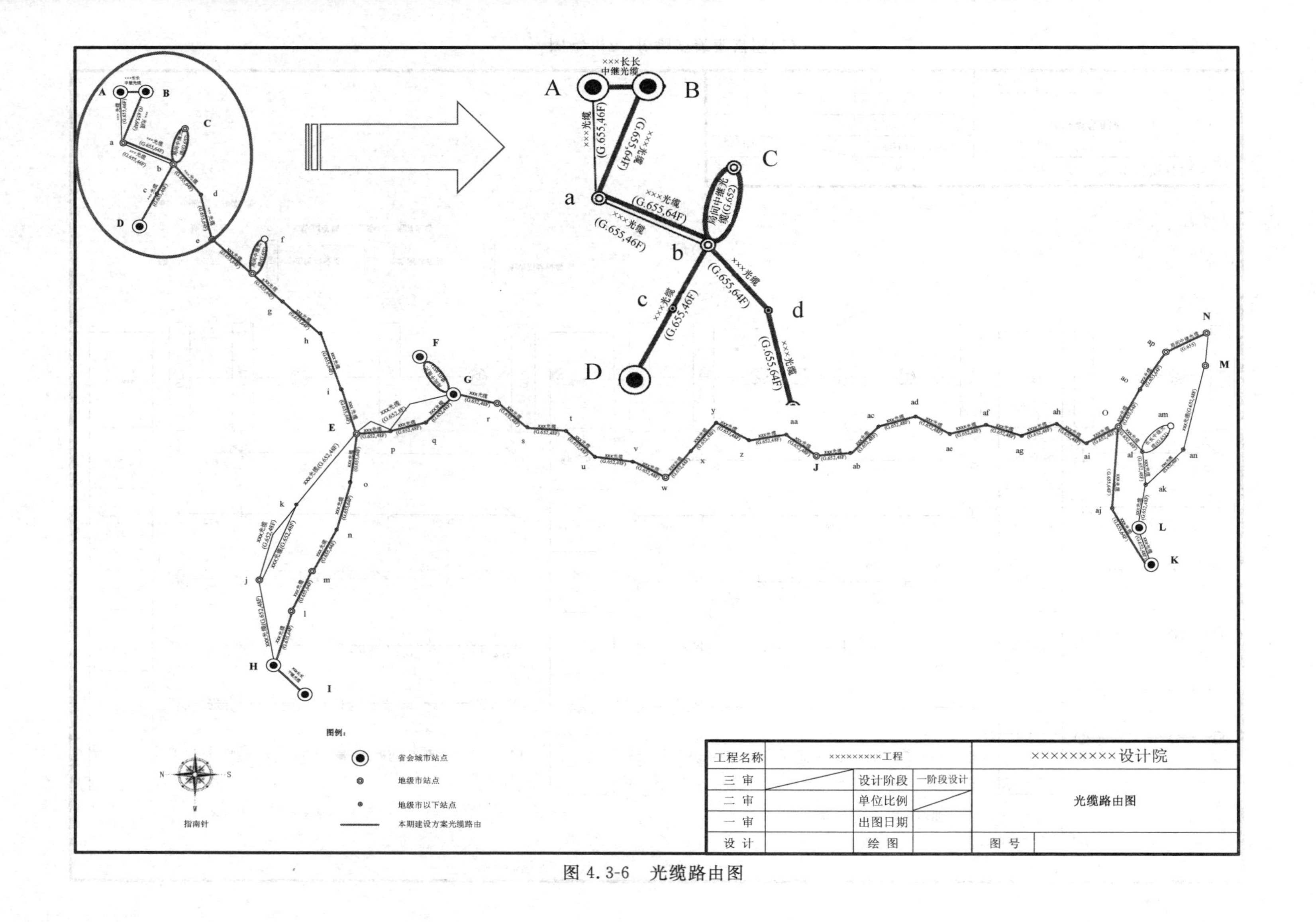
×××长长
中继光缆
A
B
C
D
a
b
c
d
×××光缆
(G.655,46F)
(G.655,64F)
局间中继光缆(G.652)
图例：
省会城市站点
地级市站点
地级市以下站点
本期建设方案光缆路由
指南针
工程名称
×××××××××工程
××××××××××设计院
三 审
二 审
一 审
设 计
设计阶段
一阶段设计
单位比例
出图日期
绘 图
光缆路由图
图 号

图 4.3-6　光缆路由图

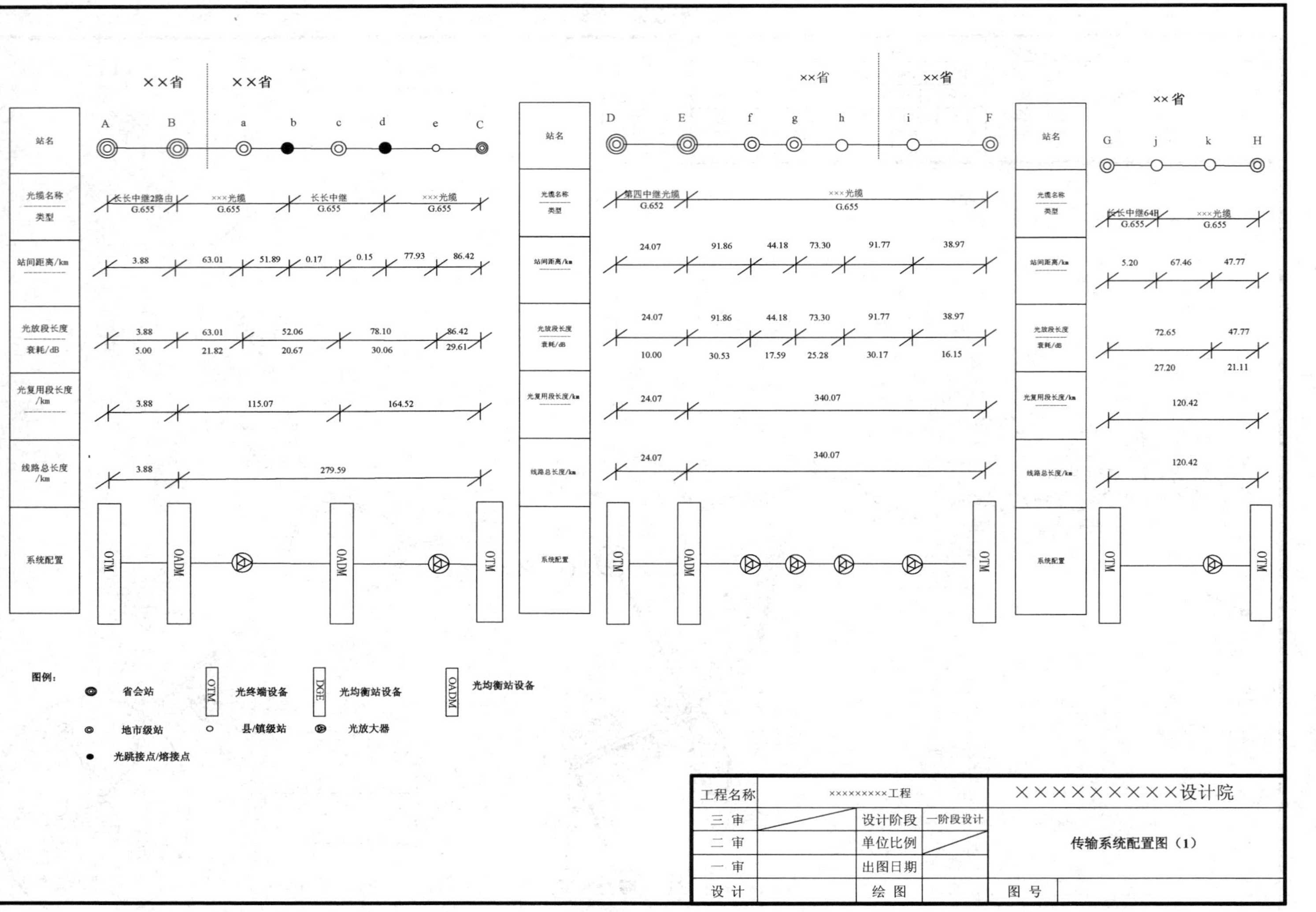

图 4.3-7 传输系统配置图(1)

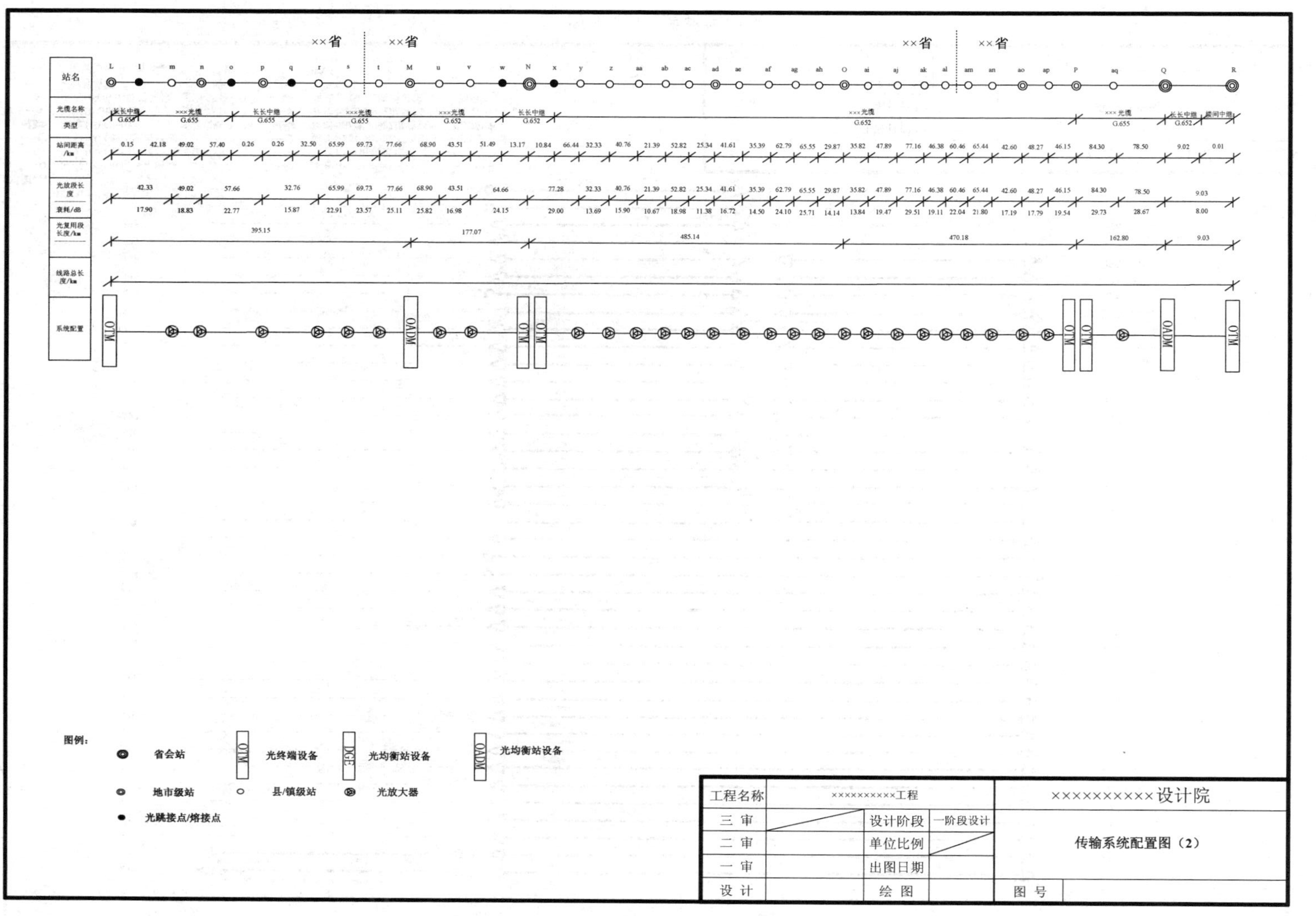

图 4.3-8　传输系统配置图(2)

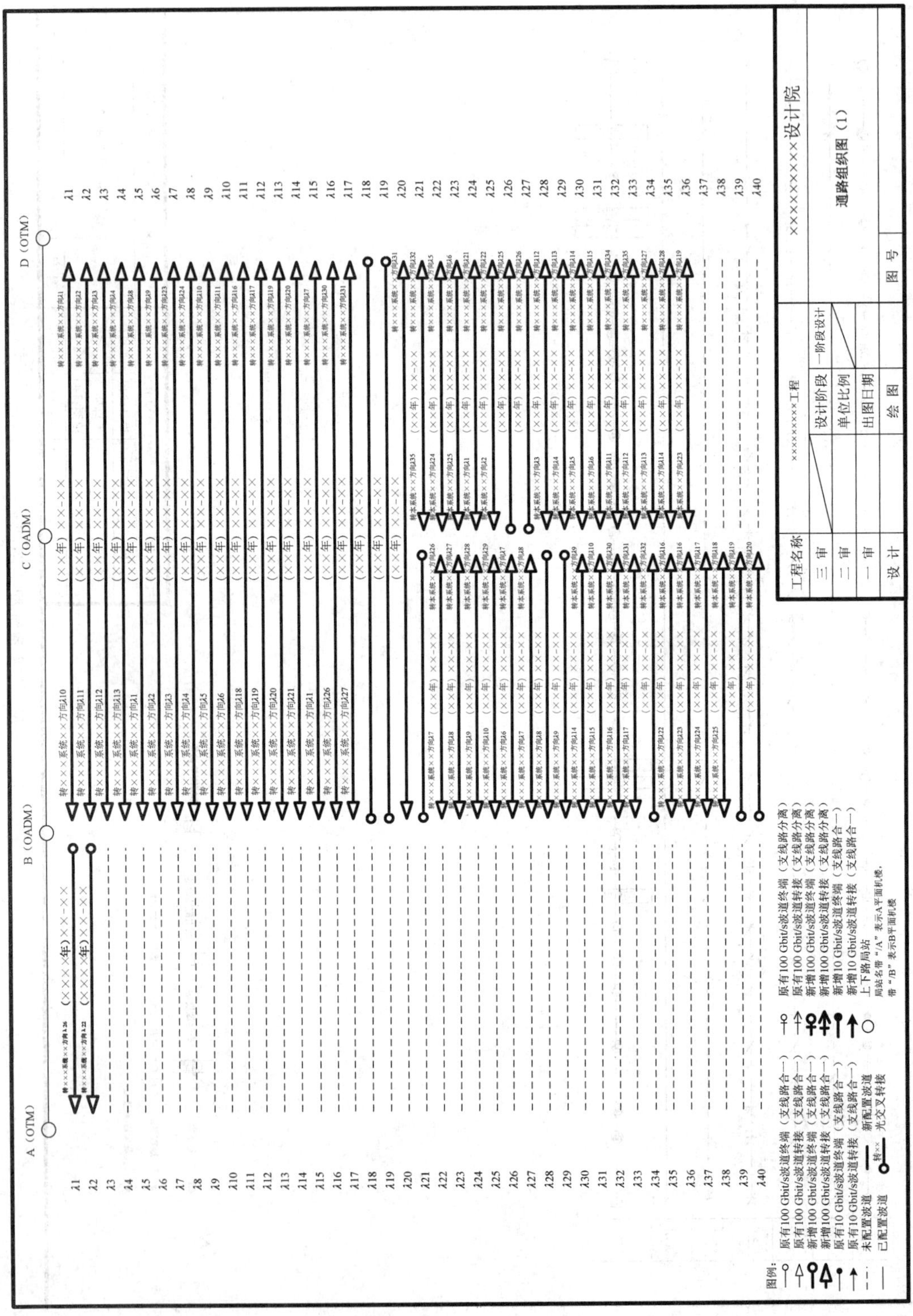

A（OTM） B（OADM） C（OADM） D（OTM）

图例：

- 原有100 Gbit/s波道终端（支线路合一）
- 原有100 Gbit/s波道转接（支线路合一）
- 新增100 Gbit/s波道终端（支线路合一）
- 新增100 Gbit/s波道转接（支线路合一）
- 原有10 Gbit/s波道终端（支线路合一）
- 原有10 Gbit/s波道转接（支线路合一）
- 未配置波道
- 已配置波道
- 新配置波道
- 光交叉转接
- 原有100 Gbit/s波道终端（支线路分离）
- 原有100 Gbit/s波道转接（支线路分离）
- 新增100 Gbit/s波道终端（支线路分离）
- 新增100 Gbit/s波道转接（支线路分离）
- 新增10 Gbit/s波道终端（支线路合一）
- 新增10 Gbit/s波道转接（支线路合一）
- 上下路局站

局站名带“/A”表示A平面机楼，带“/B”表示B平面机楼

工程名称	×××××××××工程			×××××××××设计院
三 审		设计阶段	一阶段设计	通路组织图（1）
二 审		单位比例		
一 审		出图日期		
设 计		绘 图		图 号

图 4.3-9 通路组织图(1)

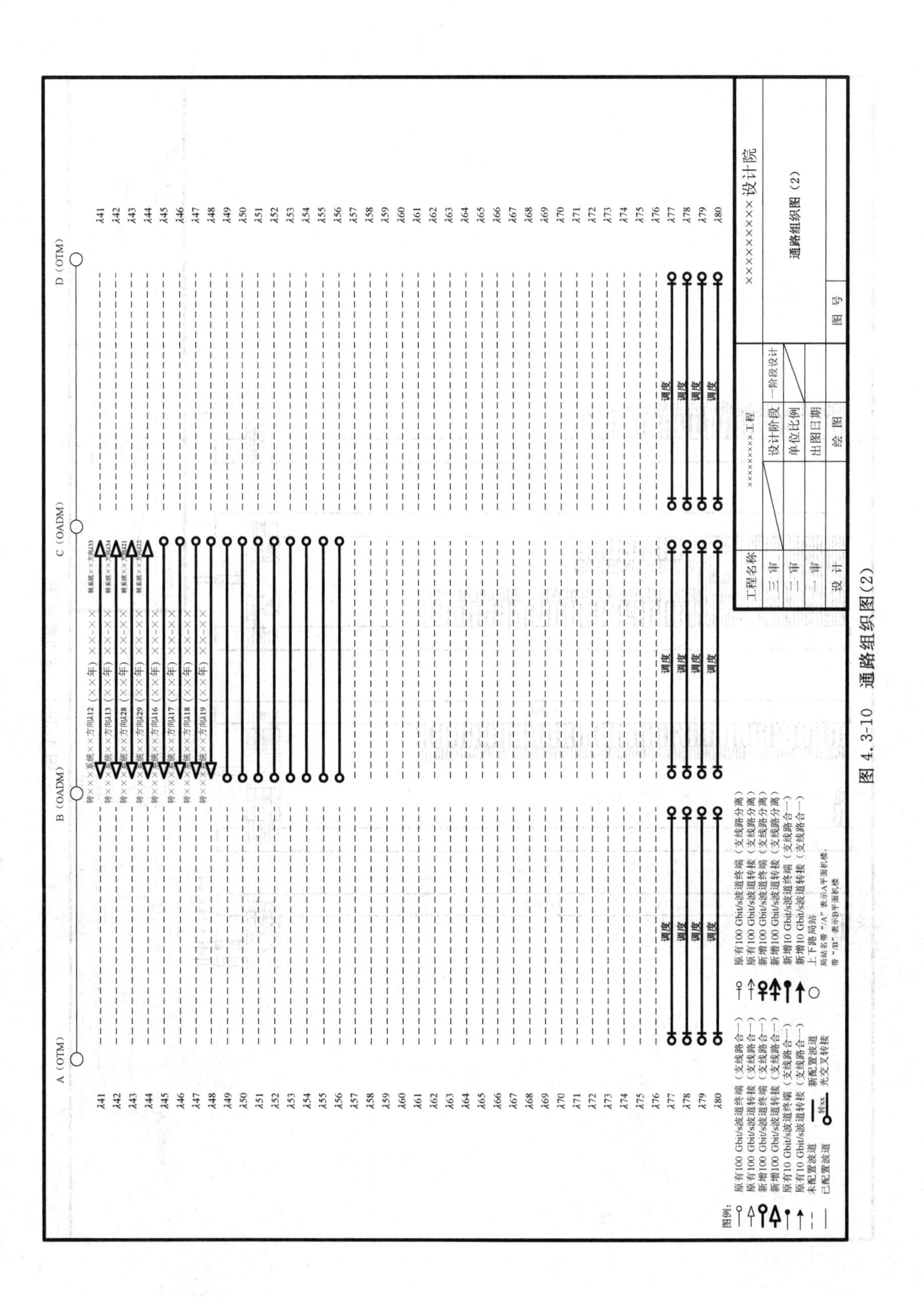

图 4.3-10　通路组织图(2)

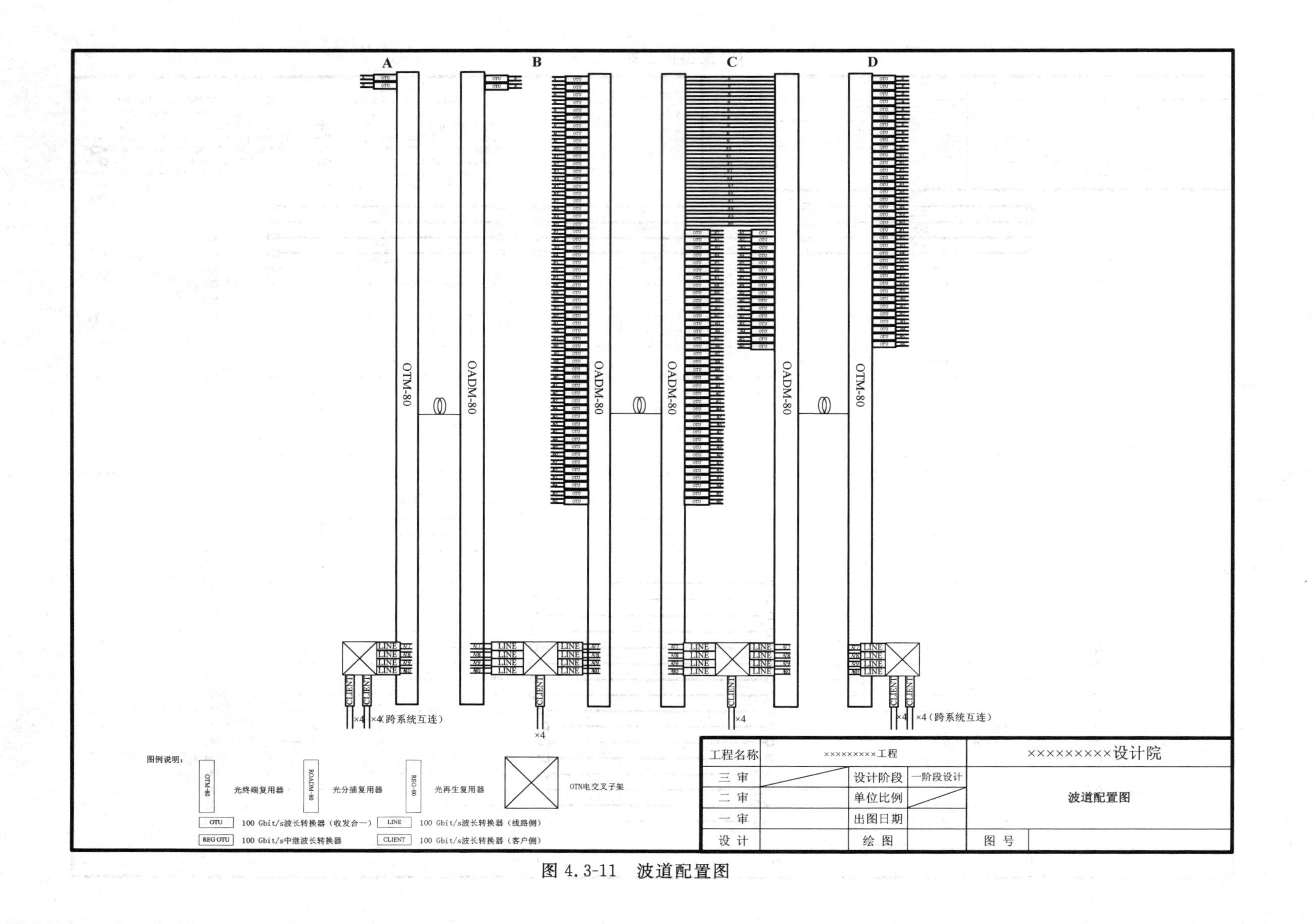
A
B
C
D
OTM-80
OADM-80
OADM-80
OADM-80
OADM-80
OTM-80
×4(跨系统互连)
×4
×4
×4(跨系统互连)
图例说明:
OTM-80
光终端复用器
ROADM-80
光分插复用器
REG-80
光再生复用器
OTN电交叉子架
OTU
100 Gbit/s波长转换器(收发合一)
REG OTU
100 Gbit/s中继波长转换器
LINE
100 Gbit/s波长转换器(线路侧)
CLIENT
100 Gbit/s波长转换器(客户侧)
工程名称
××××××××工程
三 审
二 审
一 审
设 计
设计阶段
一阶段设计
单位比例
出图日期
绘 图
××××××××××设计院
波道配置图
图 号

图 4.3-11 波道配置图

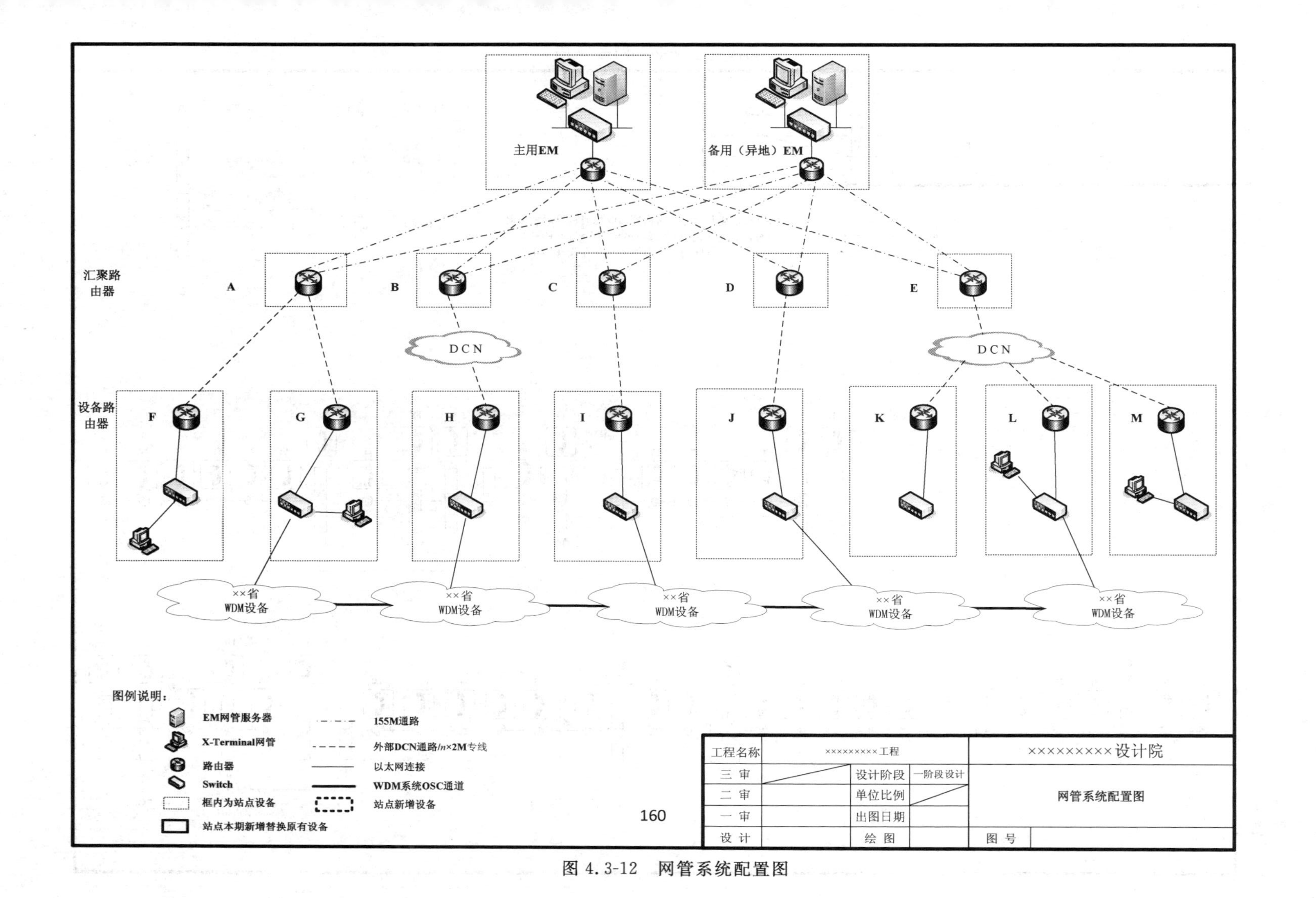

图 4.3-12　网管系统配置图

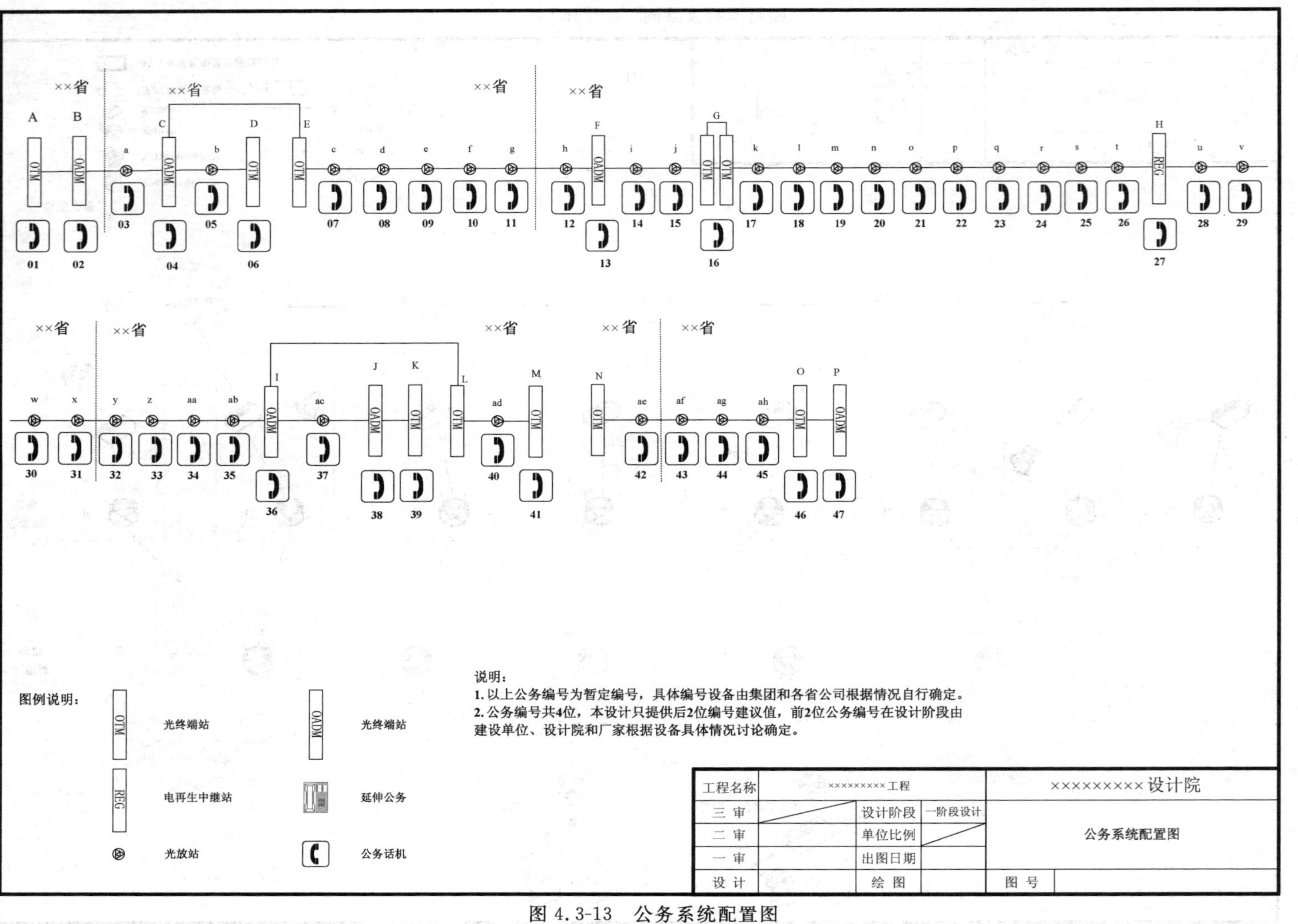

图 4.3-13 公务系统配置图

4.3.4　设计文件的主要内容

设计文件的主要内容一般分为 3 个部分。

1. 设计说明和概/预算编制说明

在不同的设计阶段，设计说明应全面、准确地反映该工程的总体概况，如工程规模、设计依据、主要工程量及投资情况，对各种可供选用方案的比较及结论，单项工程与全程全网的关系，系统配置和主要设备的选型情况等，通过简练、准确的文字说明，反映出该工程的全貌。

详见下面的传输系统工程设计说明和概/预算说明实例。

==================**设计说明和概/预算编制说明实例**==================

一、设计说明

1. 概述

1.1　工程建设背景

略。

1.2　工程概况

本工程为××××工程，在 A 站—B 站—C 站，利用×××光缆、×××光缆、×××光缆和×××光缆，以及相关长长中继光缆的空余纤芯，建设一套 80×100 Gbit/s DWDM 系统，新建 DWDM 系统在×××、×××、×××、×××、×××设置 OTM 站，在×××、×××、×××、×××、×××设置 OADM 站。

各段落的波道配置规模为×××××。

本工程 WDM 系统配置图详见×××，通路组织图详见×××，波道配置图详见×××。

本工程使用华为公司 OptiX OSN 8800 波分复用传输设备，该设备采用内贸方式采购；光纤分配架、头柜、电源分支柜等国内配套设备由建设单位在国内采购或利旧原有设备。

根据本工程可行性研究报告的批复，本工程按一阶段设计。

1.3　设计依据

① 可行性研究报告。

② 可行性研究报告的批复。

③ 传输网调测验收指标。

④ 传输系统工程设计规范。

⑤ 传输系统工程验收规范。

⑥ 设备采购合同。

⑦ 厂家提供的有关技术资料。

⑧ 设计人员赴现场勘察收集、了解到的资料。

⑨ 其他相关依据。

1.4　设计文件编册

略。

1.5　设计范围、分工及工程界面

略。

1.6　可行性研究报告的变更之处

略。

1.7　主要工程量表

主要工程量表如表1所示。

表1　主要工程量表

序号	省/区/市	局站	安装80×100 Gbit/s光终端复用设备/架	安装调测100 Gbit/s OTU(合一板)/块	安装调测100 Gbit/s OTU(线路板)/块	安装调测100 Gbit/s OTU(支路板)/块	安装80×100 Gbit/s光纤放大器/架	安装光纤分配架/架	安装电源列柜、直流分支柜
1									
2									
3									
4									
5									

1.8　工程投资及主要技术经济指标

本工程总投资为×××元,运营费为×××元。其中××省总投资为×××元,运营费为×××元;×××省总投资为×××元,无运营费;×××省总投资为×××元,运营费为×××元。本工程共新增×××条100 Gbit/s光波道,平均每条100 Gbit/s光波道造价为×××元。

2. 传输设计

2.1　光放段和光复用段设置

(1) 色散

色散指光源线宽、光源啁啾、信号谱宽等因素通过光纤色散导致光脉冲的畸变。

本工程OSN8800设备采用PDM-QPSK码型和软判决FEC(SD-FEC)、PDM-QPSK码型和硬判决FEC(HD-FEC)两种码型。其中PDM-QPSK码型和软判决FEC(SD-FEC)系统的OSNR要求达到17.5 dB(超过12跨段为18 dB),×××-×××采用此码型;PDM-QPSK码型和硬判决FEC(HD-FEC)系统的OSNR要求达到19 dB(超过12跨段为19.5 dB),×××-×××、×××-×××采用此码型。本工程提供的OTU背靠背色散容限为−60 000～60 000 ps/nm。

本工程各复用段每通道色散残余值如表2所示。

表2　本工程各复用段每通道色散残余值

复用段名称	×××-×××(正向)			×××-×××(反向)		
波长/nm	实测色散量/(ps·nm^{-1})	色散补偿量/(ps·nm^{-1})	色散残值/(ps·nm^{-1})	实测色散量/(ps·nm^{-1})	色散补偿量/(ps·nm^{-1})	色散残值/(ps·nm^{-1})
1 530	56.488	0	56.488	56.488	0	56.488
1 531	56.708	0	56.708 8	56.708 8	0	56.708 8
…	…	…	…	…	…	…

(2) 偏振模色散(PMD)

华为公司OSN8800设备在每个光复用段所允许的平均DGD值为30 ps。根据光缆纤芯PMD测试结果,计算本工程各再生段的DGD值,如表3所示。

表3　本工程各再生段的DGD值

序　号	复用段站点名称	复用段总长度/km	复用段DGD值(正向)/ps	复用段DGD值(反向)/ps
1	×××-×××	283.27	2.30	2.30
2	×××-×××	364.14	2.15	2.15
…	…	…	…	…

表3中各复用段DGD平均值满足小于30 ps的要求，故无须划分再生段。

(3) 光信噪比计算

对于80×100 Gbit/s WDM系统，如线路码型采用软判决方式，系统OSNR要求不低于17.5 dB，光复用段超过12跨段时，系统OSNR要求不低于18 dB，×××-×××采用此码型；对于80×100 Gbit/s WDM系统，如线路码型采用硬判决方式，系统OSNR要求不低于19 dB，光复用段超过12跨段时，系统OSNR要求不低于19.5 dB，×××-×××、×××-×××、×××-×××采用此码型。本工程各段落OSNR均满足系统要求，也满足OSN8800设备稳定可靠运行的要求。

2.2　局站设置

略。

2.3　光缆及光纤使用计划表

光缆及光纤使用计划表如表4所示。

表4　光缆及光纤使用计划表

序　号	光缆名称	光缆段落起点	光缆段落终点	主用纤芯序号	工程备纤序号

2.4　通路组织

略。

2.5　波道调度方案和波道配置规模

2.5.1　波道调度方案

略。

2.5.2　波道配置规模

略。

2.6　设备制式与主要设备技术指标

略。

2.7　传输通信系统

略。

2.8　网管系统

略。

2.9　同步系统

略。

2.10 公务通信系统

略。

2.11 传输系统现场验收指标

略。

2.12 局内配线线缆的选用

2.12.1 光跳线的选用

本工程使用的尾纤包括 WDM 设备内部尾纤(ODU/OMU 至 OTU)、WDM 设备的 OTU 至调度 IODF 用的尾纤,以及本工程的调度 IODF 和其他波分系统的调度 IODF 用的尾纤(波道转接部分)。

本工程 WDM 设备内部尾纤及设备 OTU 至调度 IODF 用的尾纤由华为公司提供。本工程的调度 IODF 至其他波分工程的调度 IODF 用的光跳纤,由建设单位配套购买。

2.12.2 辅助电缆的选用

网管电缆、列柜到设备的电力电缆和辅助连接电缆等都由华为提供。设备至网管系统之间的连线采用五类线(UTP)。网管网络设备之间的连线也采用 UTP 线。

3. 网络的保护策略

略。

4. 互连互通

略。

5. 设备配置原则

略。

6. 设备平面布置与抗震加固安装方式

6.1 机房设备布置

略。

6.2 机房设备、铁架安装设计及要求

略。

6.3 机房环境及楼层负荷要求

略。

6.4 抗震加固要求

略。

6.5 安全要求

略。

7. 电源设计

7.1 电源种类及耗电量

略。

7.2 直流供电系统

略。

7.3 交流供电系统

略。

7.4　保护地线

略。

8. 环境保护

略。

9. 设备维护人员与仪表、工器具配置

略。

10. 工程建设进度安排建议

略。

11. 需要说明的其他问题

略。

二、预算

1. 概述

本预算为××××××工程×××册预算，本工程采用自筹资金方式进行建设。

本工程总投资为×××元，运营费为×××元……本工程共新增×××条100 Gbit/s光波道，平均每条100 Gbit/s光波道造价均为×××元。

2. 预算编制依据

① 设备采购合同。

② 通信工程概算、预算编制办法及相关定额。

③ 其他相关依据。

3. 有关单价、费率及费用的取定

略。

4. 工程技术经济指标分析

工程技术经济指标分析如表5所示。

表5　工程技术经济指标分析

项目名称	投资/元	比　例
工程总投资		
安装设备费		
安装工程费		
运营费		
其他费		
预备费		

2. 概/预算表

通信建设工程概/预算的编制应按相应的设计阶段进行。当建设项目采用两阶段设计时，初步设计阶段编制概算，施工图设计阶段编制预算；当采用三阶段设计时，技术设计阶段应编制修正概算；当采用一阶段设计时，只编制施工图预算。概/预算是确定和控制固定资产投资规模，安排投资计划，确定工程造价的主要依据，也是签订承包合同、实行投资包干及核定贷款额度及工程价款结算的主要依据，同时又是筹备材料、签订订货合同和考核工程设计技术经济性、合理性及工程造价的主要依据。

3. 设计图纸

设计文件中的图纸是设计意图用专业符号、图形形式的具体体现。不同的工程项目，图纸的内容及数量不尽相同，因此要根据具体项目的实际情况，准确绘制相应的设计图纸。

传输系统工程的典型图纸及说明详见 4.3.3 节。

设计文件除了上述主要内容外，还需要包括该设计任务的设计单位资质证明、设计单位收费证明和设计文件分发表。

本章小结

本章介绍了传输系统工程设计的分工界面、勘察流程和勘察方法、传输系统设计的方法和传输设备安装设计的要点。其中，对于勘察方法，本章重点介绍了光缆光纤资源勘察、供电系统勘察、机房走线槽/走线架及走线路由勘察，简要介绍了机房平面布置勘察、传输网管勘察和同步系统勘察。对于传输系统设计，本章重点介绍了传输网业务预测和通路组织的安排原则、传输路由的选择、传输局站的设置，以及传输系统设计方案的比选。对于传输设备安装设计，本章重点介绍了局站通信系统的组成、机房内的设备配置、机房布置与设备排列。最后，本章对传输系统工程的典型图纸进行了举例和说明，同时还介绍了设计文件的主要内容。

课后习题

1. 请简述传输系统工程和光缆线路工程的分工界面。
2. 传输系统工程的勘察工具有哪些？这些勘察工具分别有什么作用？
3. 综合机楼机房的供电设备有哪些？
4. 思考传输系统工程设计图纸的数据来源，应如何获取这些数据信息？

第5章　光缆线路工程设计

5.1　光缆线路工程概述

通信线路是将电磁波信号从一个地点传送到另一个地点的传输媒质，是保证信息传递的通路。通信线路按传输媒质划分为有线传输媒质和无线传输媒质两大类。目前通信网上应用的无线传输媒质主要有微波传输（用C频段）、卫星传输（用C频段和Ku频段）和自由空间光传输；有线传输媒质主要是光纤光缆，铜线电缆已退出核心网的历史舞台，在接入网中，铜线电缆在不久的将来也将被光缆替换。

光缆线路工程设计包含多种专业技术，实践性较强。光缆线路按敷设方式划分为直埋光缆线路、管道光缆线路和架空光缆线路三大类。对于直埋光缆线路工程，光缆从起点局（站）敷设到终点局（站），短则几十千米，长则几千千米，跨越自然界的各种地形、地物和地貌，要跨越各种障碍，一个通信线路工程设计将涉及各种敷设方式。如果没有现存的地下管道资源和架空的杆路资源可利用，通信线路工程设计将要涵盖通信管道和通信杆路工程设计的内容。光缆线路工程设计也涉及通信管道、通信杆路的建筑专业技术。

5.1.1　通信线路网的构成

通信线路网通常包括长途线路网、本地线路网和接入线路网，含光缆、电缆等传输媒质形式。通信线路网的构成见图5.1-1。

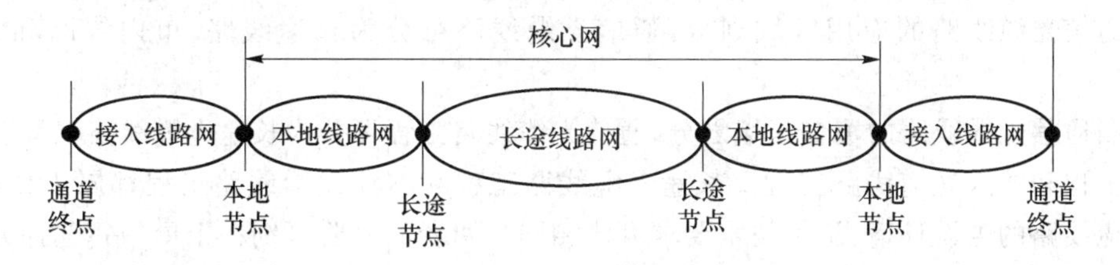

图5.1-1　通信线路网参考模型

长途线路是连接长途节点与长途节点的通信线路。长途线路网是由连接多个长途节点的长途线路形成的网络，为长途节点提供传输通道。

本地线路是连接本地节点（业务节点）与本地节点、本地节点与长途节点的通信线路（中继线路）。本地网光缆线路是同一个本地（城域）交换区域内的光缆线路，提供业务节点之间、业务节点与长途节点之间的光纤通道。

接入线路是连接本地节点（业务节点）与通道终端（用户驻地网或用户终端）的通信线路。

接入网线路与通信业务用户直接相连，包括光缆线路和电缆线路。接入网线路的构成见图 5.1-2。

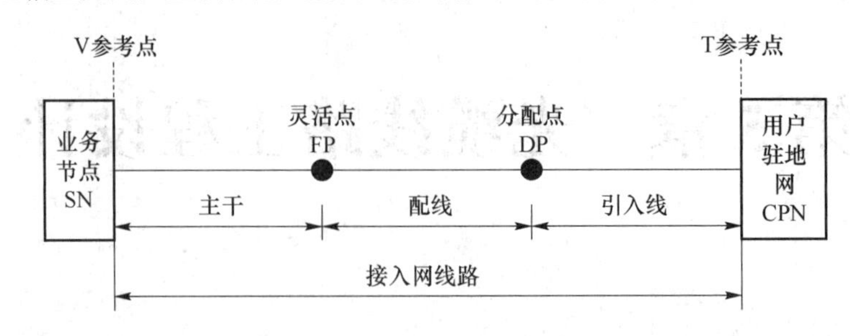

图 5.1-2　接入网线路结构示意图

光缆线路核心网是指局站内光缆终端设备到相邻局站的光缆终端设备之间的光缆路由，由光缆、管道、杆路和光纤连接及分歧设备、终端设备等构成。

光缆线路接入网是指局站内光纤配线架到用户侧终端设备之间的光缆路由，由主干光缆、配线光缆和引入光缆以及光缆线路的管道、杆路和分歧设备、交接设备、终端设备等构成。

5.1.2　通信光缆线路工程分类

按应用环境来划分，通信光缆线路可分为陆地光缆线路和海底光缆线路，陆地光缆线路遵循 GB 51158《通信线路工程设计规范》进行设计；海底光缆线路遵循 GB/T 51154《海底光缆工程设计规范》进行设计，两者施工技术相差甚远。

按通信光缆线路的重要性划分，通信光缆线路可分为一级线路、二级线路和三级线路等。

一级线路是指首都至各省、直辖市、自治区首府，各省会、直辖市、自治区首府之间和工信部指定的长途线路以及国际线路。

二级线路是指各省、直辖市、自治区首府至各市、县，各市、县之间，相邻省各县之间和电信管理局指定的长途线路。

三级线路是指县以下的通信线路，也称为地方线路。市内通信线路分为局间中继线路和用户线路两类。局间中继线路包括市话局间中继线路和长途、市局中继线路。用户线路可分为主干线路和配线路两类。

按通信光缆线路的应用区域划分，通信光缆线路可分为长途线路、市内线路和农村线路等。

按照通信光缆线路的覆盖区域划分，通信光缆线路工程可分为长途光缆线路工程、本地光缆线路工程和接入光缆线路工程。长途光缆线路工程和本地光缆线路工程都属于核心网线路。光缆线路的敷设环境、施工技术要求大体相同。两者的主要区别在于局(站)选择方面，长途光缆线路工程其重要性属一级线路，端局间距离较远，一般中间需设置一个或多个光放站或中继站，局(站)的选择和设置需考虑与传输系统的配置相适应。本地光缆线路工程覆盖范围小，一般两端连接端局，极少需要设置中间局(站)。

架空线路介绍

按光缆敷设方式划分，通信光缆线路又可分为架空光缆线路、直埋光缆线路和管道光缆线路。架空光缆线路是通过挂钩将光缆架挂在电杆间或墙壁的钢绞线上。直埋光缆线路是将光缆直接埋设在土壤中。管道光缆线路的光缆放置于通信管道内。架空线路介绍视频请扫二维码。

对于长途光缆线路工程、本地光缆线路工程，由于线路较长，跨越环境复杂，极少只用单一敷设方式就能实现。通信光缆线路通常会由两种或 3 种敷设方式构成。因此，通信光缆线路工程设计相对比较复杂，而且每个光缆线路工程都是完全不同的工程，设计不可复制。因此，线路工程的勘察、测量对于工程设计的质量来说至关重要。

5.1.3　通信光缆线路工程设计原则和内容

通信光缆线路工程需遵循以下设计原则。

① 工程设计必须遵守相关法律法规，贯彻国家基本建设方针政策，合理利用资源，节约建设用地，重视文物和环境保护。

② 在城镇以及路权资源受到限制的地区，新建、扩建和改建通信管道、通信杆路等通信基础设施时，应考虑不同通信业务经营者的统筹规划、联合建设、资源共用。

③ 电信基本建设中涉及国防安全的，应执行原信息产业部颁发的《电信基本建设贯彻国防要求技术规定》。

④ 工程设计必须保证通信网整体通信质量，技术先进、经济合理、安全可靠。设计中应当进行多方案比较，努力提高经济效益，降低工程造价。

⑤ 工程设计应与通信发展规划相结合。建设方案、技术方案、光缆及配套设备的选型应以网络发展规划为依据，充分考虑远期发展的可能性。

⑥ 工程设计中采用的通信设备应取得工信部电信设备入网许可证。未获得工信部颁发的电信设备入网许可证的设备不得在工程中使用。

⑦ 在我国抗震设防烈度 7 烈度以上(含 7 烈度)地区公用电信网中使用的传输设备，应取得电信设备抗震性能检测合格证。未获得工信部颁发的通信设备抗震性能合格证的不得在工程中使用。

⑧ 工程设计中必须按照工程建设标准中的强制性条款进行勘察、设计，并对勘察、设计的质量负责。

⑨ 通信行业设计规范与国家标准和规定产生矛盾时，应以国家标准和规定为准。若执行通信行业设计规范个别条文存在困难，在设计中提出充分理由并经主管部门审批。

通信光缆线路工程设计的主要内容包括：预测近期及远期通信业务量；选择及确定光缆线路路由；选择局/站及建筑方式；选择光缆线路敷设方式；选择所用的光纤、光缆；提出光缆线路的防护要求、光缆接续及接头保护要求、光缆线路的终端选择要求；设计光缆线路传输性能指标；提出光缆线路施工中应注意的事项。

因此，通信光缆线路工程的设计任务如下。

① 通过实地勘察选择合理、可行的通信线路路由，并根据路由选择情况组织线缆网络。

② 根据设计任务书提出的原则，确定线缆的容量、程式，以及各线缆局站和节点的设置。

③ 根据实地勘测的结果，确定线路的敷设方式。

④ 对通信线路沿途经过的各种特殊区段加以分析，并提出相应的保护措施(如过河、过隧遭、穿/跨越铁路、过公路以及穿越其他障碍物等措施)。

⑤ 对通信线路经过之处可能遭到的强电、雷击、腐蚀、鼠(蚁)害等的影响加以分析，并提出防护措施。

⑥ 对设计方案进行全面的政治、经济、技术方面的比较，进而综合设计、施工、维护等各方

面的因素，提出设计方案，绘制有关图纸。

⑦ 根据国家建设部及工信部概（预）算编制要求，结合工程的具体情况，编制工程概（预）算。

⑧ 形成图纸、文字，出版设计文件。

5.1.4 分工界面

下面仅以光通信为例，说明通信线路工程分工界面。光通信工程主要包括光缆线路工程和光传输设备安装工程两大部分。光缆线路工程是光通信工程的一个重要组成部分，它与光传输设备安装工程的划分是以光纤分配架（ODF）或光纤分配盘（ODP）为分界点的，其外侧为光缆线路工程部分，即本局ODF（或ODP）连接器至对端局的ODF（或ODP）之间，如图5.1-3所示。

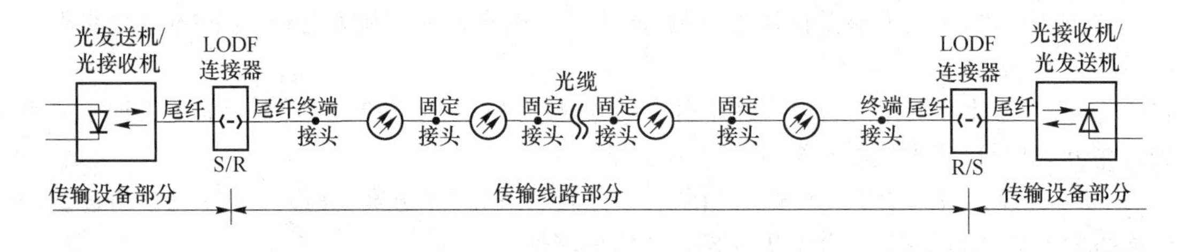

图5.1-3 光缆线路工程设计范围

光缆线路工程设计是根据通信网发展的需要，准确地反映光缆线路工程在通信网中的地位和作用，综合技术的先进性、可行性以及经济效益和社会效益，全面、合理、准确地指导工程建设、施工的过程；是工程设计技术人员应用相关技术成果和长期积累的实际工作经验，按照建设项目的需要，通过现场勘察、测量所取得的基础资料和现行的技术标准以及现阶段所能提供的材料等进行系统综合的过程。

5.2 光缆线路工程勘测

勘测是光缆线路工程设计中的一项首要的工作，勘测包括勘察和测量两个工序。一般大型工程又可分为方案勘察（可行性研究报告）、初步设计勘察（初步设计）和现场测量（施工图设计）3个阶段。

1. 初步设计的勘察

初步设计的勘察任务如下。

① 选定光缆线路路由。选定光缆线路与沿线城镇、公路、铁路、河流、水库、桥梁等地形地物的相对位置，选定光缆线路进入城区所占用街道的位置，利用现有通信专用管道或需新建管道的位置，选定光缆在特殊地段通过的具体位置。

② 选定局（站）的站址。拟定无人站的具体位置、无人站的建筑结构和施工要求，确定供电方式和业务联络方式。

③ 拟定线路路由上采用直埋、管道、架空、过桥、水底敷设时各段落所使用光缆的规格和型号。

④ 拟定线路上需要防护的地段和措施。

⑤ 拟定维护方式和维护任务的划分，提出维护工具、仪表及交通工具的配置。

⑥ 与建设单位和线路上特殊地段（如穿越的公路、铁路、重要的河流、堤坝及城区等）的主管单位进行协商，确定穿越地点、保护措施等，必要时应向沿途有关单位发函备案并从有关部门收集相关资料。

⑦ 进行初步设计的现场勘察。参加现场勘察的人员按照分工进行下列现场勘察。

➢ 核对在 1∶5 000、1∶10 000 或 1∶50 000 地形图上初步标定方案的位置。

➢ 向有关单位、部门核实收集、了解到的资料内容的可靠性、准确性，核实地形、地物、其他建筑设施等的实际情况，对初拟路由中地形不稳固或对其他建筑有影响的地段进行修正，通过现场勘察比较，选择最佳路由方案。

➢ 会同维护人员在现场确定线路进入市区所利用现有管道的长度、需要新建管道的地段和管孔配置、计划安装制作接头的人孔位置。

➢ 根据现场地形，研究确定利用桥梁附挂的方式和采用架空敷设的地段。

➢ 确定线路穿越河流、铁路、公路的具体位置，并提出相应的施工方案和保护措施。

⑧ 整理图纸资料。通过现场勘察和先期收集资料的整理、加工，形成初步设计图纸。

➢ 将线路路由两侧一定范围内（200 m）的有关设施，如军事重地、矿区范围、水利设施、接近的铁路、公路、输电线路、输油管线、输气管线、供排水管线、居民区等，以及其他重要的建筑设施（包括地下隐蔽工程），准确地标绘在地形图上。

➢ 整理并提供以下图纸：光缆线路路由图，路由方案比较图，系统配置图，管道系统图，主要河道敷设水底光缆线路平面图、断面图，光缆进入城市规划区路由图。注意，整理绘制图纸时应使用《通信工程制图与图形符号规定》中规定的符号。

➢ 在图纸上计算下列长度（距离）以及主要工作量：路由总长度，各站间的距离，线路与重大的军事目标、重要的建筑设施的距离，各种规格的线缆长度。注意，计算时应按通信工程概、预算相应条目统计主要工作量并编制工程概算及说明。

⑨ 总结汇报。勘察完成之后应将选定的路由、站址、系统配置、各项防护措施及维护措施等具体内容进行全面总结，并形成勘察报告，向建设单位报告。对于暂时不能解决的问题以及超出设计合同或设计委托书范围的问题，形成专案报请主管部门审定。

2. 施工图设计的测量

施工图设计的测量是在光缆线路施工图设计阶段进行光缆线路施工安装图纸的具体测绘工作，并对初步设计审核中的修改部分进行补充勘测。施工图设计的测量使光缆线路的敷设路由的位置，安装工艺，各项防护（包括光缆线路的安全防护和施工安全防护）、保护措施进一步具体化，并为编制工程预算提供准确的资料。

测量前设计人员应全面、准确地了解设计方案、设计标准和各项技术措施的确定原则，明确初步设计会审后的修改意见，了解外调工作情况和在施工图测量中需要补做的工作，了解现场实际情况与进行初步设计勘察时的不同，例如因路由的调整而导致的站址，穿越公路、铁路、河流的位置，进站路由等的变化。

此外，应根据测量工作和进度的要求，确定参加测量人员的数量，制订测量进度计划，并根据专业进行分工。

施工图设计的测量工作除了完成主要工作外，还应与建设单位相关人员一起深入现场对线路沿线的有关单位进行更详细的调查研究，以解决在初步设计中所遗留的问题。

① 在初步设计勘察中已与有关单位谈成意向但尚未正式签订协议。

② 邀请当地政府有关部门的领导深入现场,介绍并核查有关农田、河流、渠道等设施的整治规划,以便测量时考虑避让或采取相应保护措施。

③ 按有关政策及规定与有关单位或个人洽谈需要迁移的电杆、少量砍伐树木、迁移坟墓、路面破复、青苗损坏等的赔偿问题,并签订书面协议。

④ 了解并联系施工队伍的住宿,施工用机具,机械、材料的存放及沿途可能提供的劳动力情况。

5.2.1 勘测流程

勘测作业流程如图 5.2-1 所示。

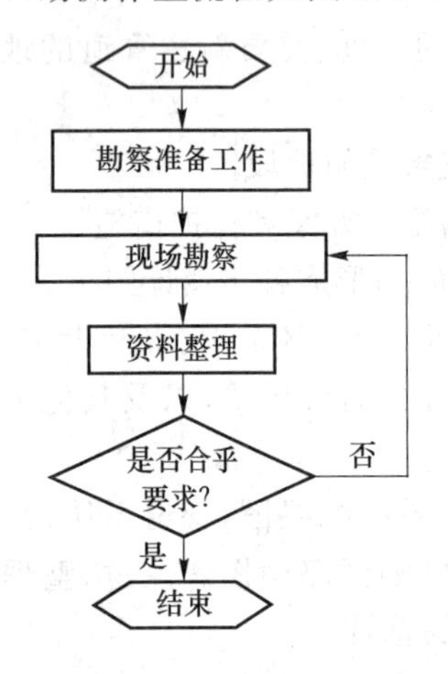

图 5.2-1 勘测作业流程

1. 勘察准备

勘察前应研究并熟悉相关文件。了解工程概况和要求,明确工程任务和范围,如工程性质,工程规模大小,工程建设理由,近、远期规划等。

工程项目的资料收集工作贯穿线路勘测设计的全过程;主要资料应在勘察前和勘察中收集齐全。为避免和其他部门发生冲突,或造成不必要的损失,应提前向相关单位和部门了解、收集其他相关建设方面的资料,并争取他们的支持和配合。相关部门为计委、建委、运营商、铁路、交通、电力、水利、航道、农田、气象、燃化、冶金工业、地质、广播电台、军事等部门。对于改扩建工程,还应收集原有工程资料。

制订勘察计划。接受勘察任务后,勘察负责人应对本次勘察任务作出详细策划,主要包括勘察内容、时间、人员、线路等方面的详细安排,并将安排以邮件(或传真)的方式通知建设单位、监理单位和施工单位相关负责人。根据设计任务书和所收集的资料,在 1∶50 000 的地形图上初步标出拟定的光缆路由方案,对工程概貌勾画出一个粗略的方案。可将粗略方案作为制订勘察计划的依据。进行组织分工、工作程序与工程进度安排。在勘察前召集勘察人员召开项目启动会,对勘察人员进行勘察工作交底,确定勘察重点、难点和注意事项,灌输安全教育。

在线路测量时,将参加测量工作的人员分为大旗组、测距组、测绘组、测防组、其他工作组。以下是各组的工作内容。

(1) 大旗组

- 负责确定光缆敷设的具体位置。
- 大旗插定后,在 1∶50 000 的地形图上标出大旗位置。
- 在发现新修公路、高压输电线、水利及其他重要建筑设施时,在 1∶50 000 的地形图上补充绘入。
- 在测量时不能与初步设计路由偏离太大,在不涉及与其他建筑物和设施的距离要求,又不影响相关文件规定的情况下,允许适当调整路由,使其更加合理和便于维护。特殊地段可以制订两个或多个方案。大旗位置应选择在路由拐弯点或高坡点,直线段较长时适当增加 1～2 面大旗。

(2) 测距组、测绘组

- 负责路由测量长度的准确性。为了保证测量长度的准确性,可采取如下措施:a. 至少每隔两天用钢尺核对测量绳一次；b. 遇到上、下坡或沟坎或需要S形预留的地段，测量绳跟随地形与光缆的布放形态保持一致；c. 由拉后链的技工将新测档距离报测绘组记录员一次，得到回复后再钉标桩。

- 登记和障碍处理由技术人员承担，技术人员对现场测距工作全面负责。
- 工作内容：配合大旗组用花杆定线定位，测量距离，钉标桩，登记累计距离，登记工程量和对障碍物的处理方法，确定S弯预留量。

(3) 测防组

- 配合测距组、测绘组提出防雷、防强电、防蚀的意见。
- 主要是测试土壤pH酸碱度和土壤电阻率。一般在平原地区每隔1 km设一处测试点，土壤电阻率变化明显的地段应增加测试点，雷爆活动频繁、需要安装防雷接地装置的地点要重点测试。
- 测试完毕后绘出土壤电阻率分布图。还需要调查、勘察沿途是否存在腐蚀性的土壤、液体、气体，以及老鼠、白蚁等虫害情况，并作详细记录。

(4) 其他工作组

- 对外调查联系。
- 处理初步设计尚未解决的遗留问题。
- 处理沿途拆除某些设施、迁移电杆、砍伐树木和经济作物、迁移坟墓、路面损坏、损伤青苗等的赔偿问题。
- 了解施工时的住宿、工具、机械设备和材料囤放条件，沿途是否能提供劳动力。

经验分享

在很多情况下，勘察需要设计、监理、施工三方参与。如有多方共同勘察的情况发生，需提前和各方协商并确定具体勘察时间。

2. 工具准备

① 光缆外线勘察工具包括：

- 测量距离工具——测量轮、地链、激光测距仪、望远镜；
- 开井盖工具——铁钩、镐头、井匙；
- 勘察人(手)孔工具——手电筒、数码相机、梯子；
- 画图工具——画图夹、指南针、笔、草稿纸；
- 安全措施——反光衣、安全警示桶。

② 机房勘察工具——机房出入证、激光测距仪、钢卷尺、机房钥匙、标签纸、油性笔、标记笔、草稿纸、数码照相机等。

③ 交通工具——郊区、山区勘察尽量派吉普车；市区勘察派小轿车或者乘坐公共交通工具。

经验分享

- 应注意勘察工具的检查、校准，确保投入勘察的工具都是可用的。
- 使用不同颜色的水笔绘图，可使勘察草图清晰易懂。

3. 资料准备

光缆工程勘察资料包括勘察表、机房图纸、地图、管道/杆路/光缆竣工资料、勘察草图用纸、代维联系人名单等。

经验分享

- 机房图、竣工图要使用最新版本，对提高勘察效率非常有用。

➢ 遇到无法确定的问题或者障碍时可以请求所在区域的代维人员协助。
➢ 勘察前可以查看 GoogleEarth 或者 Mapinfo 地图，大致了解本期勘察任务的路由及其周围情况，做到心中有数。

4. 勘察过程

在到达勘察现场后，不要急于勘察。首先请熟悉现场资源情况的人员（建设方、监理、代维等）带领勘察人员沿本次勘察路由粗略地在汽车上跑一趟。勘察人员应记录沿线路由情况：询问并记录管道转弯、过路、过桥、新旧管道衔接、引上架空、引出直埋等特殊点位置；询问并记录路由沿线管道位于马路的哪一侧；询问陪同人员管道资源紧张、宽裕情况，以便正式勘察时突出重点。勘察人员应与陪同人员一起，以现有的地形、地物、建筑设施和既定的规划为主要依据，粗略地选择一条线路路由短、弯曲少的架空或直埋路由。

5.2.2 勘测工具及其使用

可根据不同勘测任务准备不同的工具。勘测工具、仪表的配备如表 5.2-1 所示。

表 5.2-1 勘测工具、仪表的配备

序 号	仪表、工具	机房勘察	新建管道	管道光(电)缆	架空光(电)缆	直埋光(电)缆	单 位	数 量
1	地图		√	√	√	√	套	1
2	绘图板、四色笔	√	√	√	√	√	套	1
3	数码相机	√	√	√	√	√	台	1
4	指南针	√	√	√	√	√	个	1
5	标记笔/油性笔	√			√	√	套	1
6	标签纸	√						若干
7	钢卷尺、皮尺	√			√	√	盘	2 或 3
8	手电筒	√		√			把	2
9	测量轮		√	√	√	√	个	1
10	激光测距仪		√	√	√	√	台	1
11	GPS 定位仪		√		√	√	台	1
12	井匙/洋镐		√	√			把	各 1
13	爬梯、抽水机			√			张、台	各 1
14	测量地链		√	√	√	√	根	2 或 3
15	接地电阻测试仪					√	台	1
16	大标旗、小红旗				√	√	面	5
17	标杆				√	√	根	5
18	标桩、红漆、毛笔				√	√		根据需要
19	铁锤、木工斧				√	√	把	各 1
20	对讲机				√	√	套	根据需要
21	望远镜				√	√	付	1
22	随带式图板、工具袋	√	√	√	√	√	套	1
23	安全反光衣、安全帽		√	√	√	√	套	根据需要
24	交通工具						台	根据需要

注：表中所需仪表、工具的配备数量是按一个测量小组的需要来列出的。

常用勘察、测量工具如图 5.2-2 所示。

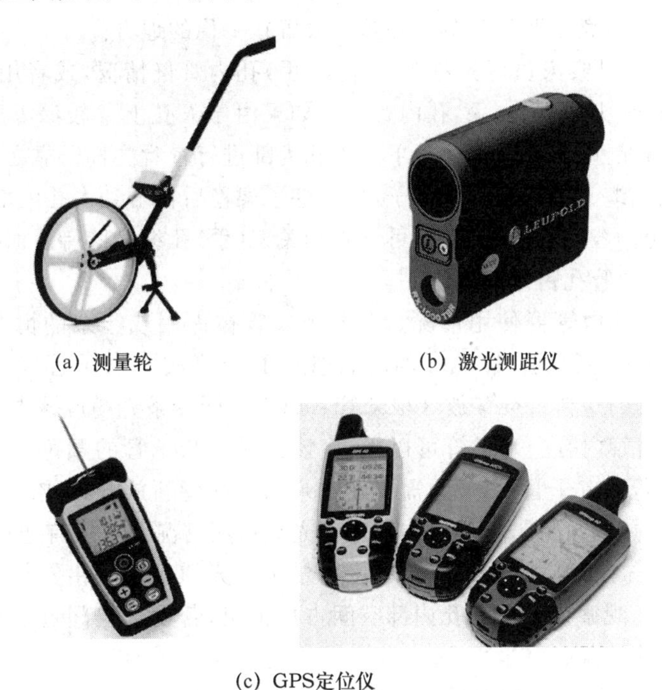

(a) 测量轮　(b) 激光测距仪

(c) GPS定位仪

图 5.2-2　光缆线路工程勘察工具

5.2.3　管道光缆勘察

管道光缆敷设是将光缆穿放在地下塑料管的子管里面。管道光缆的勘察包括 3 个方面：一是测量人(手)孔之间的距离，二是勘察人(手)孔内塑料管及子管占用情况，三是绘制勘察草图。

1. 测量人(手)孔之间的距离

测量相邻人(手)孔之间的距离是管道光缆勘察中最基本的工作。人(手)孔间距指的是两相邻人(手)孔中心之间的距离，故测量轮应从某一人(手)孔的中心开始测量，至下一人(手)孔的中心结束测量。测量结果四舍五入后保留到整数。在草图上记录测量距离。

经验分享

- 测量时测量轮的行动轨迹应尽可能沿地下管道路由，保持测量轮的平稳前进，尽量减少左右晃动。
- 打开人(手)孔井盖，查看管群走向，这有助于确认下一人(手)孔位置。
- 若沿两人(手)孔中心连线测量不方便时，可选择其平行线或其他等效长度路线测量。
- 首次测量时应注意将测量轮归零。连续测量人(手)孔间距离，应尽量减少测量轮归零次数，以延长测量轮寿命。
- 不要忘记测量局前人孔至进线室墙壁的距离。

2. 勘察人(手)孔内塑料管及子管占用情况

① 人(手)孔勘察的工作主要包括管孔占用情况的勘察、本工程光缆占用管孔的选择等。

② 勘察人(手)孔前需打开人(手)孔井盖。开井盖的主要工具为镐头、铁钩和井匙，一般

需两人配合完成。开盖前应协商好方向，提起井盖后朝商定方向放置井盖。提井盖时两人应同时发力，放井盖时注意不要伤到脚。井盖应放置在平稳的地方。

③ 打开井盖后，勘察人员可先蹲下查看人（手）孔内管群情况，或者用双手撑住人（手）孔两边，身体趴在路面，头伸进人（手）孔内查看。如果由于人孔上覆较深等原因，用上述方法看不清人孔内管群情况，则需要借助梯子下到人孔内部进行查看。梯子靠在人孔口圈上，注意梯子不可压住电缆、光缆。用脚试着踩梯子，确认梯子架稳后再下到人孔内部。人孔内部黑暗时应使用手电筒照明。若现场没有梯子，可记录相关人（手）孔编号留待后面处理，又或者用数码相机拍下人（手）孔内管孔占用情况。

④ 查看人（手）孔内管群使用情况。勘察塑料管被占用或空余的情况、子管被占用的情况。一般情况下一个直径为 110 mm 的塑料管里面会穿放 5 根子管（红、蓝、黄、白、黑等颜色），直径为 98 mm 的塑料管会穿放 3 根子管。原则上同一条光缆应该占用同一种子管颜色。

⑤ 若某一塑料管内有空余子管可以用，应该记录空余子管的颜色，并确定本期工程光缆占用的子管颜色；若没有子管可以用，需要在空余的塑料管新放 5 根或者 3 根子管（根据塑料管道直径不同选择放的数量），并确定本期工程光缆占用情况。若所有塑料管都已经被占用且所有子管也都已经被占用，需要和建设单位商量更改光缆敷设路由。与此同时，应记下该人（手）孔内积水情况，观察该人（手）孔内部空间占用情况，若发现空间过于狭小，不适宜安装光缆接头盒，应作相应记录。

⑥ 勘察完人（手）孔内部情况后，参考打开井盖的步骤，将人（手）孔井盖盖回原位。

经验分享

- 用镐头开井盖会比铁钩省力。
- 部分局前井井盖会有密码锁，必须用专门的井匙才能打开，一般代维人员会有这种钥匙。
- 人（手）孔井盖有圆形、方形两种。方形井盖容易掉落人（手）孔内砸断光电缆，故打开及盖回方盖时应特别小心，需两人默契配合，避免井盖掉落人（手）孔内。
- 打开人孔后，应该让其通风透气约 5 min，再进行勘察，避免人孔内甲烷等毒气对勘察人员造成伤害。
- 从管线勘察的实际出发，并不是每个人（手）孔都需要打开井盖进行勘察，勘察时应有所选择。重要位置的人（手）孔，如局前井、过路井、拐弯井、交接箱附近井以及管孔资源紧张段的人（手）孔等需要重点勘察。其他人（手）孔可间隔性地选择勘察。一般情况下，市区管道要比郊区复杂，勘察市区管道时应每隔一个人（手）孔就打开井盖进行勘察。
- 如某重要位置的人（手）孔井盖不易打开，可改为勘察其前后两个人（手）孔。
- 严禁踩踏人（手）孔内的光缆、电缆及接续装置。
- 打开过的人（手）孔宜用数码相机拍下来里面的情况，方便日后复查。
- 对于管道使用的塑料管直径、子管的大小和颜色，不同的运营商使用习惯会不一样，有些大芯数的光缆对子管大小会有特别要求，所以应该在勘察前向建设单位了解清楚这些情况。
- 在一些合建管道人（手）孔里面，要向代维人员了解清楚相关建设单位的管道资产情况，避免错用、乱用。
- 选择占用管孔的原则：建设单位有特别要求的，应按建设单位要求选取；建设单位无特别要求的，一般按照自下而上、先两边后中间的顺序选取。

- 如果不能现场确定的情况出现，应将其记录下来，待向建设单位汇报时，与工程主管协商后确定。
- 管道光缆勘察多沿靠马路进行，勘察过程中请注意躲避车辆，确保人身安全。管道人、手孔若在马路中间，勘察时必须在路上设置安全警示桶，并穿反光衣。

3. 绘制勘察草图

① 绘制勘察草图包括：记录道路名称，记录人（手）孔位置、周围参照物、距离、编号，绘制人手孔展开图。

② 草图绘图顺序一般是人（手）孔位置—段长距离—道路—周围参照物—人（手）孔展开图，边测量边画图。如果已经有旧的参考图纸，则需要在旧图上复测人（手）孔段长距离，更新参照物，记录人（手）孔展开图。

③ 人（手）孔展开图的画法：用方框表示人（手）孔，以所在的人（手）孔为参考点，朝其他人（手）孔看过去的管群，最底下的一排管孔画在距离方框最近的一排，最上面的一排管孔画在距离方框最远的一排。在展开图上记录所在的人（手）孔编号，并用箭头表示光缆走向。在展开图上记录已占用的管孔、子管（用×表示），记录空余的管孔、子管（记录颜色），特别需标记本工程计划占用的管孔、子管。

经验分享

- 参照物的作用是方便确定人（手）孔位置，其相对人（手）孔的位置应尽可能准确。常用参照物包括道路、建筑物、商铺名称、小区名称、里程碑、池塘、河流、山脉、铁路等。记录参照物时可以适当采用缩写，提高绘图效率。
- 记录人（手）孔内子管占用情况可参考“5/3 余红、黄”这种记录方法，表示 5 根子管，有 3 根被占用，余红色、黄色子管可用。具体根据自己习惯定。
- 人（手）孔有正式编号的，应记录其正式编号。
- 使用指南针定向后，在草图上标明指北方向。
- 草图绘制必须清楚、美观，如果绘图潦草，后面画施工图容易出错漏。

5.2.4　架空光缆勘察

架空光缆建设过程：立电杆—安装吊线—安装挂钩—加挂光缆。勘察阶段的重点是确定立电杆的位置及其路由，还有个别保护措施。

勘察测量时应注意采集下列有关资料，作为设计计算的依据。

- 初步选定吊线程式、吊线直径、吊线自重。
- 架挂光缆的直径、重量，光缆架挂采用的方式（采用电缆挂钩方式还是螺旋线绑扎方式）。
- 光缆杆档距离、吊线距地面高度、安装地区地形属性。
- 安装地带冬天是否有冰凌，冰凌厚度，结冰凌时的温度，结冰凌时的最大风速。
- 不结冰时当地最大风速，可根据 GB 50009—2012《建筑结构荷载规范》相关规定的附表中给出的数据取定。
- 架挂光缆后的垂度要求（保证通航或陆路交通的安全要求）。

若选择架空方式敷设光缆，则应向主管人员了解光缆大致路由及沿线地质地貌情况，以及架空与管道、墙壁等其他方式的结合情况。如果选择在现有杆路上架挂光缆，还应了解现有杆路的建设时间、杆路强度等相关情况。

1. 勘察路由选择

对于新建杆路架挂光缆的勘察测量，首先需要现场选定杆路路由。路由选择的原则主要如下。

➢ 应以工程设计任务书/委托书为依据，遵循“路由稳定可靠，走向合理，便于施工维护及抢修”的原则。

➢ 光缆路由沿公路敷设时，应避开路旁的地上或地下设施和道路计划扩建地段。

➢ 光缆线路应选择在地质稳固、地势较平坦的地段，避开湖泊、沼泽、排涝蓄洪地带，尽可能少穿越水塘、沟渠。

➢ 光缆线路应尽量远离高压线，避开高压线杆塔及变电站和杆塔的接地位置，穿越时应尽可能与高压线垂直，在困难情况下其交越角度应不小于 45°，并采用纵剖半硬、硬塑料管保护。

➢ 在路由查看时选定的大致路由的基础上，依据上述原则，选择杆路路由。在地形地貌复杂时，应进行多种路由方案的比较，选择最佳路由。

2. 勘察距离测量

杆位的选定与杆距的测量一般同时进行。在公路两旁架设杆路的，用测量轮测量杆距；在田地或者山上架设杆路的，用地链或者望远镜测量杆距。

选择电杆位置一般应遵守下列原则。

➢ 电杆的位置应选择在土质比较坚实的地点。如不能避免在不稳固的地点设杆，应采取措施加强电杆的根部装置(例如水泥护墩)，以保证杆位稳固。

➢ 电杆的杆距一般不超过 50 m，特殊位置可以稍长。杆距超过 100 m 时，应该采用双吊线，解决杆距过长问题。

➢ 在确定电杆的杆位时，电杆及架空线路与其他建筑物之间的距离，应符合设计规范规定的隔距要求。特别是跨越电力线时，应根据设计规范选择合适高度的电杆。

➢ 在山区或地势不平的地点选择电杆位置时，在保证线路距离地面高度的同时，还应考虑避免采用过高的电杆。在山区测定杆位，应避免产生过大的坡度变更。

➢ 在选择电杆位置时，还应考虑维护人员容易到达，以便于施工时运料、立杆、架线等。

➢ 选择角杆、终端杆或需装设拉线的电杆杆位时，应同时选择好拉线或撑木的埋设位置。

3. 绘制勘察草图

对于架空光缆勘察草图的绘制，要详细记录立杆的位置及杆距测量结果，绘制光缆路由附近的道路、地形和主要参照物等，绘出“三防(防强电、防雷、防电化学腐蚀)”设施位置、保护措施、具体长度等。在转角点、穿越障碍物等重要杆位应进行三角定标，并作相应记录。绘图时应随时用指北针校对图纸方向。

5.2.5 墙壁光缆勘察

墙壁光缆敷设一般应用在市区环境，特别适用在一些既没有管道资源，又没有条件立电杆的场景。墙壁光缆是管道光缆、架空光缆敷设方式的一种有效补充，其建设过程为：安装墙壁吊线—安装挂钩—加挂光缆。勘察过程中的重点是确定墙壁吊线的走线路由、中间支持物安装位置和终端的位置。

1. 勘察原则

① 墙壁吊线的走线路由原则是沿建筑物敷设，应横平竖直不影响房屋建筑美观，不应妨碍建筑物的门窗启闭。

② 墙壁吊线安装位置的高度应尽量一致，住宅楼与办公楼以2.5～3.5 m为宜，厂房、车间外墙以3.5～5.5 m为宜。

③ 墙壁吊线的走线路由应尽量避开现有电力线，避免和电力线平行。

④ 中间支撑物一般安装在建筑物两边墙角、拐弯位置，应避免在一些破旧房子的墙壁上安装中间支撑物或终端，以避免出现险情。

⑤ 墙壁吊线和架空杆路、地下管道对接的地方要特别注意仔细勘察。

⑥ 墙壁吊线与电力线交越时，应垂直通过，在困难情况下其交越角度应不小于45°。并采用纵剖半硬、硬塑料管保护。

⑦ 墙壁吊线在横跨车流量比较多的道路时，应加挂光缆警示牌。

2. 勘察距离测量

中间支撑物安装位置的选定和距离测量同时进行，一般测量的段长为两个中间支撑物之间的距离，且两中间支持物之间的段长一般以不超过50 m为宜。

3. 绘制勘察草图

对于墙壁吊线光缆勘察草图的绘制，要详细记录终端、中间支撑物的位置及测量结果，绘制光缆路由附近的道路、地形和主要参照物等，绘出“三防”设施位置、保护措施、具体长度等。绘图时应随时用指北针校对图纸方向。

5.2.6 直埋光缆勘察

1. 勘察原则

① 直埋光缆路由宜选择在地质稳固、土石方工程量少的地方，以避开滑坡、崩塌、泥石流等对光缆的危害。

② 直埋光缆线路穿越铁路、通车繁忙的公路时，应采用钢管保护，或定向钻孔地下敷管。

③ 直埋光缆穿越村镇等动土可能性大的地段，应采用大长度塑料管、铺砖或水泥盖板保护。

④ 直埋光缆敷设在坡度大于20°，坡长大于30 m的斜坡地段时，宜采用“S”形敷设。若坡面的光缆沟有受到水流冲刷的可能，应采取堵塞加固或分流等措施。在坡度大于30°的较长斜坡地段敷设时，宜采用钢丝铠装等特殊结构的光缆材料。

⑤ 直埋光缆穿越或靠近山洞、溪流等易受水流冲刷的地段时，应根据具体情况设置漫水坡、水泥封沟、挡水墙等保护措施。

⑥ 直埋光缆在地形起伏比较大的地段（如台地、梯田、干沟处）敷设时，应满足规定的埋深和曲率半径要求。光缆沟应因地制宜采取措施防止水土流失，保证光缆安全。一般高差在0.8 m及以上时应加护坎或护坡保护。

⑦ 直埋光缆接头应安排在地势较高、较平坦和地质稳固之处，应避开水塘、河渠、沟坎等道路施工、维护不便的地点。光缆接头盒可采用水泥盖板或其他适宜的防机械损伤的保护措施。

⑧ 直埋光缆的埋深以及与其他建筑设施间最小净距离应符合光缆设计规范要求。

⑨ 在有白蚁危害地段敷设直埋光缆时，可采用防蚁护层的光缆。在有鼠害的地方应采取防鼠措施。

⑩ 直埋光缆埋设标石原则：光缆接头、转弯点、预留处；用气流法敷设的长途塑料管的开断点及接续点；装有监测装置的地点及敷设防雷线地点。

2. 勘察距离测量

直埋光缆的测量一般使用地链工具，两个人一前一后，沿着选定的直埋光缆路由进行测量。测量起止点一般选择在满足安装标石的地方，或者地链长度的起止点。

3. 绘制勘察草图

对于直埋光缆勘察草图的绘制，要详细记录周边地形、地貌，在地形图上绘出等高线，在有等高线的地形图上画上直埋光缆的路由走向，并详细记录周边的参照物、埋设标石的位置、保护措施、具体长度等。绘图时应随时用指北针校对图纸方向。

5.2.7 局站勘察

局站勘察包括进线室勘察、机房内光缆走线路由勘察、机房内地线勘察和机房内终端设备勘察。

1. 进线室勘察

一般在大的汇聚机房或者骨干机楼都会设计有进线室。进线室一般设置在负一层，或在首层地下挖大坑，用砖砌而成。室外管道由局前井直接进入进线室。光缆进入进线室后，沿着竖井或者爬梯接到传输机房内。因此进线室的勘察包括如下几方面。

① 绘制进线室平面图纸。

② 绘制进线室管群横截面图，标识本工程占用管孔位置。

③ 记录光缆在进线室内的走线路由及长度，标识光缆引上位置。

④ 记录光缆盘留位置，一般从室外进来的光缆都会在进线室内盘留。

经验分享

小型汇聚机房和基站一般都没有进线室，光缆一般是由室外管道或者架空杆路直接经机房内的馈线孔进入机房的。

2. 机房内光缆走线路由勘察

① 勘察人员如没有机房平面图纸资料，则需绘制一张全新的机房平面图，建议按如下顺序绘制：立柱→墙→门窗→机架列→走线架→上线孔→地线排→其他。用卷尺或激光测距仪测量各主要元素之间的距离并在草图中标注。记录机房所在楼层。

② 若有机房平面图纸资料，勘察人员可参考上述顺序，核查资料的准确性并更新图纸资料。记录自上线孔至终端设备（光缆成端位置）的光缆走线路由，包括光缆引上位置、垂直引上高度、水平敷设长度等。

③ 机房内光缆走线路由的选择：对于机房内安装有光缆专用走线架的，光缆应走专用走线架；若无光缆专用走线架，可参考机房内现有光缆走线路由，选择长度短、维护方便、安全性高的路由。

④ 光缆走线路由必须避免和电力电缆走线平行。若机房条件允许，应选择避开电力电缆走线的线槽；实在无法避免，则应在线槽内尽量远离电力电缆敷设光缆。

3. 机房内地线勘察

如果利旧光缆终端设备，则无须考虑地线勘察。

如果新建光缆终端设备，那么必须仔细勘察机房内光缆地线排及地线走线路由。以下是勘察地线原则。

① 传输机房地线排一般包括传输设备工作地线排、传输设备保护地线排、光缆专用防雷地线排等 3 种。光缆专用防雷地线排有时会安装在电力机房，应确认所勘察地线排为光缆专用防雷地线排。

② 勘察光缆专用防雷地线排位置，勘察机房地线排是否有空余端子可供占用，若有空余端子，则记录光缆终端设备至光缆专用防雷地线排的保护地线走线路由及长度即可。

③ 若地线排无空余端子可供使用，或机房未安装光缆专用防雷地线排，则需要设计新增地线排，新增光缆专用防雷地线排的位置可参考现有地线排的安装位置，可选择安装在现有地线排旁边的柱或墙上。新增光缆专用防雷地线排不应距传输机房 ODF 安装区域太远，以方便保护地线的安装。新增光缆专用地线排需要用符合设计规范线径的电缆连接至机房总地线排。

④ 记录光缆终端设备至新增光缆专用防雷地线排的保护地线走线路由及长度。

4. 机房内终端设备(ODF 架)勘察

参考机房内现有终端设备的情况，选择利用现有设备或者新增终端设备。

若利用现有终端设备，勘察人员需绘制设备面板图，记录要点如下。

① 记录 ODF 的品牌、型号、高宽深($H \times W \times D$)、设备机架的编码等。

② 记录配线单元、熔纤单元型号、容量、配线单元的编码。

③ 记录配线、熔纤单元的占用、空闲情况。

④ 指定本期工程占用的配线、熔纤单元，并贴上预占用标签，标签上写明工程名称、预占单元编号、设计单位、联系人等信息。

⑤ 记录 ODF 设备正面朝向。

若新增终端设备，除了记录以上 5 点外，还要记录以下 3 点。

① 确定新增 ODF 的型号、规格，特别是高度。

② 记录新增 ODF 在机房内的相对位置、编号。

③ 用油性笔在地上画出新增 ODF 的安装位置，并贴上预占用标签。

经验分享

- 较常用的熔配一体化 ODF 一般分为 300 mm×300 mm、600 mm×300 mm、840 mm×300 mm 等尺寸，每种尺寸下又各有 2 000 mm、2 200 mm、2 400 mm 和 2 600 mm 等不同高度的 ODF。
- 旧式 ODF 也有 300 mm×300 mm 规格，但需要注意的是熔纤单元和配线单元是分开的。

5.2.8 勘测文档

勘察完成后，应拼接、装订和整理好勘察草图资料。按照模板填写勘测表格和书写勘测报告。勘测报告重点写勘测人员、日期、勘测概况、勘测方法、勘测遇到的困难以及需要建设单位协助解决的问题等。最后，应向建设单位汇报勘测情况以及向设计人员移交勘测草图、勘测表、勘测报告等资料。

下面的"光缆专业工程勘察表"仅供参考。

建设单位签名	
勘察人签名	
审核人签名	
勘察时间	20××年××月××日

××设计院有限公司

光缆专业工程勘察表

工程名称：________________

建设单位：________________　　分建单位：________________分公司

局（站）：________________　　中继段：

设计阶段：________________　　建设方联系人电话/邮箱：

项　目	勘察内容	
	勘察分项内容	勘察结果
1. 型号	a. 确定拟建光缆的型号、规格 b. 是否需要与旧光缆熔接	光缆型号：________　纤芯类型：________ 原光缆型号：________　纤芯类型：________
2. 路由	a. 勘察选定路由(含管孔占用及杆面占用情况)	管道□　架空□　墙壁□　其他□
	b. 现有管孔资源及占用情况	人孔展开图□　拟占管孔位置□
	c. 是否需要新设子管	利旧子管□　新建子管□
	d. 沿途特殊保护措施	引上管保护□　钢管保护□　水泥包封□ 过桥支架□　其他：________
	e. 进局光缆路由	进局路由□　光缆盘留位置□
3. 成端	a. 确定 ODF 在机房的位置	利旧 ODF □　机架厂家尺寸及面板图□ 新建 ODF □　机架尺寸：________
	b. 新设 ODF 机架地线路由	地线路由□　新建地线排□ 利旧地线排(设备地线排)□
	c. 光缆防雷接地走线路由	地线路由□　新建地线排□ 利旧地线排(光缆接地专用地线排)□
4. 资源编码	确定资源编码	光缆编码□　光缆段□　光分线箱□ 光缆接头□　交接箱□
5. 安全风险现场识别	a. 直埋线路、立杆开挖范围附近铺设有重要通信光电缆、其他管线	长途、中继光缆□　大对数主干□ 其他________□
	b. 井下或其他封闭环境存在毒气、易燃易爆气体	毒气□ 易燃易爆气体□
	c. 光缆路由靠近现有危险市政设施	水渠□　排气管□　煤(燃)气管□ 强电□　其他________□
	d. 利旧设施规格、强度风险	杆路□　加挂□　吊线□　拉线□
	e. 高空作业风险	三线交越□　高压电力线□
	f. 直埋线路、立杆开挖范围地质情况	流沙□　围墙□
备注 (其他需说明的问题)		

注：重要位置请照相记录。

5.2.9 勘测安全

安全生产关系到员工的人身安全和通信线路安全，因此在勘察工作中，必须将安全生产置于首要位置，勘察负责人作为首要责任者，需落实和监督检查、勘察过程中各项安全生产措施，尤其是在勘察准备阶段，勘察负责人需将勘察过程中可能对人身安全产生影响的环节进行评估，向勘察人员预先进行安全教育，采取适当的安全预防措施，避免安全事故的发生。

1. 人身安全

人身安全的重点在于交通安全及郊外作业安全。对于人身安全需注意以下几点。

① 来回途中注意交通安全，遵守交通规则，避免司机疲劳驾驶、深夜驾驶。

② 在道路旁勘察时避免走出道路，若需要在道路中勘察，必须穿着安全衣及放置安全警示桶。

③ 避免在大雾天气勘察及赶路，在台风、雨雪、冰雹等恶劣天气下应停止室外勘察工作。

④ 在进行室外勘察时，夏季注意降温防暑，冬季注意保温防寒。

⑤ 在郊外、山区勘察时注意避免蛇虫鼠蚁、马蜂等野生动物的伤害。

⑥ 掌握一定的急救知识。

2. 通信线路安全

① 在勘察时要保护通信线路安全，避免损害现有通信设施。

② 勘察线路路由经过“三防”(防强电、防雷、防电化学腐蚀)位置时，需将防护措施在图纸上标明。

③ 勘察线路路由有重要干线光缆时，必须在图纸上标明，提示施工时加以注意。

5.3 通信光缆线路工程设计方法及案例

5.3.1 工程设计方法

现场勘测的结果是通信线路工程设计输入的最重要内容。

编制设计文本可细分为以下几步：

① 整理勘察、测量资料，统计工程量；

② 根据测量草图绘制设计图纸(光缆线路路由图、光纤光缆配置图、光缆线路施工图、机房内光缆布放路由位置图以及通用图)；

③ 根据概、预算办法，施工定额和实际工程量，编制概、预算文件；

④ 编写设计说明(包含工程概述、所选路由的说明、设计主要依据、所用主要器材的技术要求；工程中所采用的技术措施、建成工程需达到的主要技术指标；概、预算编制说明)；

⑤ 设计校审通过后，出版并分发。

规划设计流程如图 5.3-1 所示。

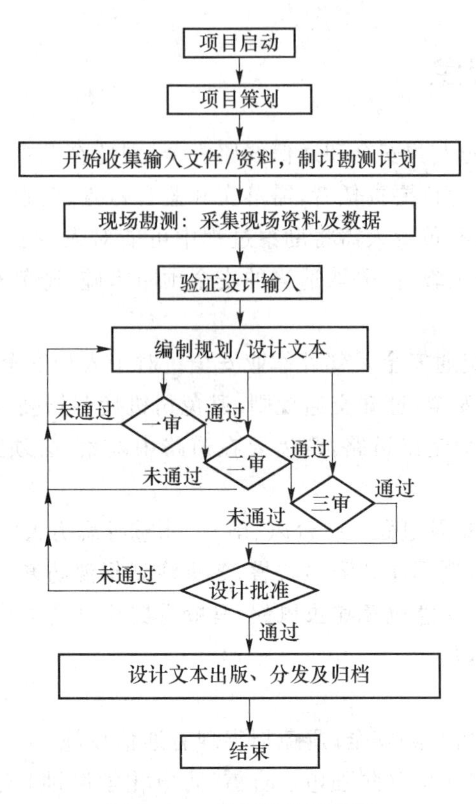

图 5.3-1　规划设计流程图

5.3.2　设计重点内容

光缆线路工程设计包含的内容有：光缆线路路由的选择、中继站站址的选择、敷设方式的确定、光纤光缆类型的选择、埋地光缆敷设要求、架空光缆敷设要求、管道光缆敷设要求、水底光缆敷设要求、光缆成端的要求、光缆接续与盘留的要求以及光缆线路的防护和光缆线路的传输性能指标的设计。下面就这些内容分别进行介绍。

一、光缆线路路由选择

① 线路路由方案的选择应以工程设计委托书和通信网络规划为基础，进行多方案比较。工程设计必须保证通信质量，使线路安全可靠、经济合理，且便于施工、维护。

② 在选择线路路由时，应以现有的地形地物、建筑设施和既定的建设规划为主要依据，并应充分考虑对城市和工矿建设、铁路、公路、航运、水利、长输管道、土地利用等有关部门发展规划的影响。

③ 在符合大的路由走向的前提下，线路宜沿靠公路或街道，但应顺路取直，避开路边设施和计划扩改地段，避开可能受到化学腐蚀和机械损伤的地段。

④ 线路路由应选择在地质稳固、地势较为平坦、土石方工程量较少的地段，避开可能因自然或人为因素造成危害的地段，如滑坡、崩塌、泥石流、采空区及岩溶地表塌陷、地面沉降、地裂缝、地震液化、沙埋、风蚀、盐渍土、湿陷性黄土、崩岸等对线路安全有危害的地方。应避开湖泊、沼泽、排涝蓄洪地带，尽量少穿越水塘、沟渠，在障碍较多的地段应合理绕行，不宜强求长距

离直线。

⑤ 线路不应在水坝上或坝基下敷设。需在该地段通过时，必须报请工程主管单位和水坝主管单位，批准后方可实施。

⑥ 线路不宜穿过工厂和矿区等大的工业用地；需在该地段通过时，应考虑对线路安全的影响，并采取有效的保护措施。

⑦ 线路在城镇地区，应尽量利用管道进行敷设。在野外敷设时，不宜穿越和靠近城镇和开发区，以及穿越村庄；需穿越或靠近时，应考虑对当地建设规划的影响。

⑧ 线路宜避开森林、果园及其他经济林区或防护林带。

⑨ 通信线路路由选择应考虑建设地域内的文物保护、环境保护等事宜，减少对原有水系及地面形态的扰动和破坏，维护原有景观。

⑩ 通信线路路由选择应考虑强电影响，不宜选择在易遭受雷击和有强电磁场的地段。在扩建光(电)缆网络时，应结合网络系统的整体性，优先考虑在不同道路上扩增新路由，以增强网络安全。

⑪ 光缆路由穿越河流，当过河地点附近存在可供敷设的永久性坚固桥梁时，线路宜在桥上通过。采用水底光缆时，应选择符合敷设水底光缆要求的地方，并应兼顾大的路由走向，不宜偏离过远。但对于河势复杂、水面宽阔或航运繁忙的大型河流，应着重保证水线的安全，此时可局部偏离大的路由走向。

⑫ 在保证安全的前提下，可利用定向钻孔或架空等方式敷设光缆线路过河。

⑬ 光缆线路遇到水库时，应在水库的上游通过，沿库绕行时敷设高程应在最高蓄水位以上。

二、局(站)选择及建筑要求

① 在光(电)缆线路传输长度允许的条件下，局(站)应首先考虑设置在现有机房内。

② 站间距离应符合目前主流传输系统的技术要求，并适当兼顾新技术的发展趋势。

③ 新建局(站)的设置地点应符合以下要求。

- 选择靠近用户、现有维护设施等安全有保障、便于看管的地方；不应选择在易燃、易爆的建筑物和堆积场附近。
- 选择地势较高，不受洪水影响，容易保持良好的机房内温湿度环境，地形平坦、土质稳定适于建筑的地点；避开断层、土坡边缘、故河道和有可能塌方、滑坡和地下存在矿藏及古迹遗址的地方。
- 交通方便，有利于施工及维护抢修。
- 不偏离光(电)缆线路路由走向过远，方便光(电)缆、供电线路的引入。
- 易于保持良好的机房内外环境，可满足安全及消防要求。
- 便于地线安装，接地电阻较低，避开强电与干扰设施及其他防雷接地装置。
- 若局(站)内需安装内燃发电机组，需考虑排烟、噪音、震动和气味等因素对邻近设施和人员的影响。

④ 新建局(站)时应选用地上型的建筑方式。对环境安全或设备工作条件有特殊要求时，局(站)机房也可采用地下或半地下结构的建筑方式。

⑤ 新建局(站)的机房面积应根据通信容量以及中、远期设备安装数量等因素综合考虑。

⑥ 新建、购买或租用局(站)机房，均应符合现行行业标准 YD/T 5003《通信建筑工程设计

规范》和其他相关标准的要求。

三、敷设方式、光纤与光缆的选择

1. 敷设方式的选择

① 光缆线路在城镇地段敷设应以管道方式为主。对不具备管道敷设条件的地段，可采用塑料管保护、槽道或其他适宜的敷设方式。

② 光缆线路在野外非城镇地段敷设时宜采用管道或直埋方式，根据当地自然环境和经济社会发展条件也可采用架空方式。

③ 光缆线路在下列情况下可采用架空敷设方式。

- 穿越峡谷、深沟、陡峻山岭等采用管道或直埋敷设方式不能保证安全的地段。
- 地下或地面存在其他设施，施工特别困难、原有设施业主不允许穿越或赔补费用过高的地段。
- 因环境保护、文物保护等原因无法采用其他敷设方式的地段。
- 受其他建设规划影响，无法进行长期性建设的地段。
- 地表下陷、地质环境不稳定的地段。
- 管道或直埋方式的建设费用过高，采用架空方式能保证线路安全且不影响当地景观和自然环境的地段。

④ 在长距离直埋或管道光缆的局部地段采用架空方式时，可不改变光缆程式。

⑤ 跨越河流的光缆线路宜采用桥上管道、槽道或吊挂敷设方式；无法利用桥梁通过时，其敷设方式应以线路安全稳固为前提，并结合现场情况按下列原则确定：

- 河床情况适宜的一般河流可采用定向钻孔或水底光缆的敷设方式。采用定向钻孔时，根据实际情况可不改变光缆护层结构；
- 在河床不稳定，冲淤变化较大，河道内有其他建设规划，或河床土质不利于施工，无法保障水底光缆安全时，可采用架空跨越方式。

2. 光纤的选择

① 在光传输网中应使用单模光纤。光纤的选择应符合国家及行业标准的有关要求。

② 光缆中光纤数量的配置应充分考虑网络冗余要求、未来预期系统制式、传输系统数量、网络可靠性、新业务发展、光缆结构和光纤资源共享等因素。

③ 光缆中的光纤应通过不小于 0.69 GPa 的全程张力筛选，光纤类型根据应用场合按下列原则选取。

- 长途网光缆宜采用 G.652 或 G.654 光纤。
- 本地网光缆宜采用 G.652 光纤。
- 接入网光缆宜采用 G.652 光纤；当需要抗微弯光纤光缆时，宜采用 G.657 光纤。

3. 光缆的选择

光缆结构宜使用松套层绞式、中心束管式，也可使用骨架式或其他更为优良的方式。同一条光缆内宜采用同一类型的光纤，不宜混纤。

光缆线路宜采用无金属线对的光缆。根据工程需要，在雷害或强电危害严重地段可选用非金属构件的光缆，在蚁害、鼠害严重地段可选用防蚁、防鼠光缆。

光缆护层结构应根据敷设地段环境、敷设方式和保护措施确定，并符合下列规定：

① 直埋光缆宜选用“PE 内护层＋防潮铠装层＋PE 外护层”，或“防潮层＋ PE 内护层＋

铠装层＋PE 外护层”等结构；

② 采用管道或硅芯管保护的光缆宜选用“防潮层＋PE 外护层”，或微管加微缆等结构；

③ 架空光缆宜选用“防潮层＋PE 外护层”结构；

④ 水底光缆宜选用“防潮层＋ PE 内护层＋钢丝铠装层＋PE 外护层”结构；

⑤ 局内、室内光缆宜选用非延燃材料外护层结构；

⑥ 防蚁光缆宜选用“直埋光缆结构＋防蚁外护层”；

⑦ 防鼠光缆宜选用“直埋光缆结构＋防鼠外护层”；

⑧ 电力塔架上的架空光缆宜选用 OPGW 或 ADSS 等结构。

光缆的机械性能应符合表 5.3-1 所示的规定。光缆在承受短期允许拉伸力时，光纤附加衰减应小于 0.2 dB，拉伸力解除后光缆残余应变为小于 0.08%，且无明显残余附加衰减，护套应无目力可见开裂。光缆在承受长期允许拉伸力和压扁力时，光纤应无明显的附加衰减。

表 5.3-1　光缆允许拉伸力和压扁力的机械性能表

敷设方式和加强级别	允许拉伸力最小值/N		允许压扁力最小值/$(N\cdot\frac{1}{100}mm^{-1})$	
	短　期	长　期	短　期	长　期
气吹微型光缆	0.5G	0.15G	150	450
管道和非自承架空	1 500 和 1.0G	600	1 500	750
直埋Ⅰ	3 000	1 000	3 000	1 000
直埋Ⅱ	4 000	2 000	3 000	1 000
直埋Ⅲ	10 000	4 000	5 000	3 000
水下Ⅰ	10 000	4 000	5 000	3 000
水下Ⅱ	20 000	10 000	5 000	3 000
水下Ⅲ	40 000	20 000	6 000	4 000

注：表中 G 为每公里光缆重量。

四、光缆的敷设安装要求

1. 光缆敷设安装的一般要求

光缆在敷设安装中，应根据敷设地段的环境条件，在保证光缆不受损伤的原则下，因地制宜地采用人工或机械敷设。

在敷设安装中应避免光缆和接头盒进水，保持光缆外护套的完整性，保证直埋光缆金属护套对地绝缘良好。

光缆敷设安装的最小曲率半径应符合表 5.3-2 所示的规定。

表 5.3-2　光缆允许的最小弯曲半径

光缆护套型号	Y 型、A 型、S 型、W 型		A 型、S 型、金属护套
光缆外护套型号	无外护层或 04 型	53 型、54 型、33 型、34 型、63 型	333 型、43 型
静态弯曲时	$10D$	$12.5D$	$15D$
动态弯曲时	$20D$	$25D$	$30D$

注：D 为光缆外径。

光缆敷设安装的增长和预留长度可结合工程实际情况参照表 5.3-3 确定。

表 5.3-3 光缆增长和预留长度参考值

项目	敷设方式			
	直埋	管道	架空	水底
接头每侧预留长度	5～10 m	5～10 m	5～10 m	—
人(手)孔内自然弯曲增长	—	0.5～1 m	—	—
光缆沟或管道内弯曲增长	7‰	10‰	—	按实际需要
架空光缆弯曲增长	—	—	7‰～10‰	—
地下局(站)内每侧预留	5～10 m,可按实际需要调整			
地面局(站)内每侧预留	10～20 m,可按实际需要调整			
因水利、道路、桥梁等建设规划导致的预留	按实际需要			

光缆在各类管材中穿放时,光缆的外径宜不大于管孔内径的 90%。光缆敷设安装后,管口应封堵严密。

光缆敷设后应有清晰永久的标识,以便于使用和维护中的识别。除在光缆外护套上加印字符或者标志条带外,管道和架空敷设的光缆还应加挂标识牌,直埋光缆可敷设警示带。

2. 直埋光缆敷设安装要求

直埋光缆线路应避免敷设在将来会建筑道路、房屋和挖掘取土的地点,且不宜敷设在地下水位较高或长期积水的地点。

光缆埋深应符合表 5.3-4 的规定。

表 5.3-4 光缆埋深标准

敷设地段及土质		埋深
普通土、硬土		≥1.2 m
沙砾土、半石质、风化石		≥1.0 m
全石质、流沙		≥0.8 m
市郊、村镇		≥1.2 m
市区人行道		≥1.0 m
公路边沟	石质(坚石、软石)	边沟设计深度以下 0.4 m
	其他土质	边沟设计深度以下 0.8 m
公路路肩		≥0.8 m
穿越铁路(距路基面)、公路(距路面基底)		≥1.2 m
沟渠、水塘		≥1.2 m
河流		按水底光缆要求

注:1. 边沟设计深度为公路或城建管理部门要求的深度;人工开槽石质边沟的深度可减为 0.4 m,并采用水泥砂浆等防冲刷材料封沟。

2. 石质、半石质地段应在沟底和光缆上方各铺 100 mm 厚的细土或沙土,此时光缆的埋深相应减少。

3. 表中不包括冻土地带的埋深要求,其埋深在工程设计中应另行分析取定。

光缆可同其他通信光缆或电缆同沟敷设,但不得重叠或交叉,缆间的平行净距不宜小于 100 mm。

光缆线路标石的埋设应符合下列要求。

① 在下列地点埋设光缆标石。

- 光缆接头、转弯点、预留处。
- 适于气流法敷设的硅芯塑料管的开断点及接续点，埋式人(手)孔的位置。
- 穿越障碍物或直线段落较长，利用前后两个标石或其他参照物寻找光缆有困难的地方。
- 装有监测装置的地点及敷设防雷线，同沟敷设光、电缆的起止地点。直埋光缆的接头处应设置监测标石，此时可不设置普通标石。
- 需要埋设标石的其他地点。

② 利用固定的标志来标识光缆位置时，可不埋设标石。

③ 光缆标石宜埋设在光缆的正上方，位置符合下列要求：

- 接头处的标石埋设在光缆线路的路由上；
- 转弯处的标石埋设在光缆线路转弯处的交点上；
- 标石埋设在不易变迁、不影响交通与耕作的位置；
- 如埋设位置不易选择，可在附近增设辅助标记，以三角定标方式标定光缆位置。

直埋光缆接头应安排在地势较高、较平坦和地质稳固之处，应避开水塘、河渠、沟坎、道路、桥上等施工、维护不便，或接头有可能受到扰动的地点。光缆接头盒可采用水泥盖板或其他适宜的防机械损伤的保护措施。

光缆线路穿越铁路、轻轨、通车繁忙或开挖路面受到限制的公路时，应采用钢管保护，或定向钻孔地下敷管，但应同时保证其他地下管线的安全。当采用钢管时，应伸出路基两侧排水沟外 1 m，光缆埋深距排水沟沟底应不小于 0.8 m，并符合相关部门的规定。钢管内径应满足安装子管的要求，但应不小于 80 mm。钢管内应穿放塑料子管，子管数量视实际需要确定，一般不少于两根。

光缆线路穿越允许开挖路面的公路或乡村大道时，应采用塑料管或钢管保护；穿越有动土可能的机耕路时，应采用铺砖或水泥盖板保护。

光缆线路通过村镇等动土可能性较大地段时，可采用大长度塑料管、铺砖或水泥盖板保护。

光缆穿越有疏浚和拓宽规划或挖泥可能的较小沟渠、水塘时，应在光缆上方覆盖水泥盖板或砂浆袋，也可采取其他保护光缆的措施。

光缆敷设在坡度大于 20°，坡长大于 30 m 的斜坡地段宜采用“S”形敷设。坡面上的光缆沟有受到水流冲刷的可能时，应采取堵塞加固或分流等措施。在坡度大于 30°的较长斜坡地段敷设时，宜采用特殊结构(一般为钢丝铠装)光缆。

光缆穿越或沿靠山涧、溪流等易受水流冲刷的地段时，应根据具体情况设置漫水坡、水泥封沟、挡水墙或其他保护措施。

光缆在地形起伏比较大的地段(如台地、梯田、干沟等处)敷设时，应满足规定的埋深和曲率半径要求。光缆沟应因地制宜地采取措施防止水土流失，保证光缆安全，一般高差在 0.8 m 及以上时，应加护坎或护坡保护。

光缆在桥上敷设时，应考虑机械损伤、振动和环境温度的影响，并采取相应的保护措施。

直埋光缆与其他建筑设施间的最小净距应符合表 5.3-5 所示的要求。

表 5.3-5 直埋光(电)缆与其他建筑设施间的最小净距

名 称	平行时/m	交越时/m
通信管道边线〔不包括人(手)孔〕	0.75	0.25
非同沟的直埋通信光、电缆	0.5	0.25
埋式电力电缆(交流 35 kV 以下)	0.5	0.5
埋式电力电缆(交流 35 kV 及以上)	2.0	0.5
给水管(管径小于 300 mm)	0.5	0.5
给水管(管径为 300～500 mm)	1.0	0.5
给水管(管径大于 500 mm)	1.5	0.5
高压油管、天然气管	10.0	0.5
热力管、排水管	1.0	0.5
燃气管(压力小于 300 kPa)	1.0	0.5
燃气管(压力为 300 kPa 及以上)	2.0	0.5
其他通信线路	0.5	—
排水沟	0.8	0.5
房屋建筑红线或基础	1.0	—
树木(市内、村镇大树、果树、行道树)	0.75	—
树木(市外大树)	2.0	—
水井、坟墓	3.0	—
粪坑、积肥池、沼气池、氨水池等	3.0	—
架空杆路及拉线	1.5	—

注:1. 直埋光(电)缆采用钢管保护时,与水管、燃气管、输油管交越时的净距可降低为 0.15 m。
2. 对于杆路、拉线、孤立大树和高耸建筑,还应考虑防雷要求。
3. 大树指直径 300 mm 及以上的树木。
4. 穿越埋深与光(电)缆相近的各种地下管线时,光缆宜在管线下方通过并采取保护措施。
5. 净距达不到表中要求时,需与有关部门协商,并采取行之有效的保护措施。

3. 管道光缆敷设安装要求

管道光缆占用的管孔位置可优先选择靠近管群两侧的适当位置。光缆在各相邻管道段所占用的孔位应相对一致,如需改变孔位,其变动范围不宜过大,并避免由管群的一侧转移到另一侧。

在水泥、陶瓷、钢铁或其他类似材质的管道中敷设光缆时,应视情况使用塑料子管以保护光缆。在塑料管道中敷设时,大孔径塑管中应敷设多根塑料子管以提高管孔利用率。

子管的敷设安装应符合下列规定。

① 子管采用材质合适的塑料管材。

② 子管数量根据管孔直径及工程需要确定,数根子管的总等效外径宜不大于管孔内径的 90%。

③ 一个管孔内安装的数根子管应一次性穿放，子管在两人(手)孔间的管道段应无接头。

④ 子管在人(手)孔内应伸出适宜的长度，可为 200～400 mm。

⑤ 对于本期工程不用的子管，管口应进行防水封堵。

光缆接头盒在人(手)孔内宜安装在常年积水水位以上的位置，采用保护托架或其他方法承托。

人(手)孔内的光缆应固定牢靠，宜采用塑料管保护，并有醒目的识别标志或光缆标牌。

光缆在公路、铁路、桥上等比较特殊的管道中敷设或与其他大孔径管道同沟建设时，应充分考虑诸如路面沉降、冲击、振动、剧烈温度变化导致的结构变形等因素对光缆线路的影响，并采取相应的防护措施。

4. 架空光缆敷设安装要求

架空光缆线路应根据不同的负荷区，采取不同的建筑强度等级。线路负荷区的划分应根据气象条件按表 5.3-6 所示的内容确定。

表 5.3-6　划分线路负荷区的气象条件

气象条件	负荷区别			
	轻负荷区	中负荷区	重负荷区	超重负荷区
冰凌等效厚度/mm	≤5	≤10	≤15	≤20
结冰时温度/℃	−5	−5	−5	−5
结冰时最大风速/($m \cdot s^{-1}$)	10	10	10	10
无冰时最大风速/($m \cdot s^{-1}$)	25	—	—	—

注：1. 冰凌的密度为 8.82 kN/m^3，如果是冰霜混合体，可按其厚度的 1/2 折算为冰厚。

2. 最大风速应以气象台自动记录 10 min 的平均最大风速为计算依据。

3. 最大冰凌厚度和最大风速应根据建设地段的气象资料，按照平均每十年为一周期出现的选定。

个别冰凌严重或风速超过 25 m/s 的地段，应根据实际气象条件，单独提高该段线路的建筑标准，不应全线提高。

架空光缆可用于轻、中负荷区和地形起伏不是很大的地区。超重负荷、冬季气温低于−30 ℃、大跨距数量较多、沙暴和大风危害严重地区不宜采用。

采用架空方式敷设光缆时，必须优先考虑共享原有杆路。

架空光缆杆线强度应符合现行行业标准 YD 5148《架空光(电)缆通信杆路工程设计规范》的相关要求。利用现有杆路架挂光缆时，应对杆路强度进行核算，保证建筑安全。

架空光缆宜采用附加吊线架挂方式，根据工程要求也可采用自承式。每条吊线一般只宜架挂一条光缆，短距离敷设时如确有必要架挂两条光缆，应保证线路安全和不影响维护操作。

光缆在吊线上可采用电缆挂钩安装，当杆档坡度大于 20°时，宜采用螺旋线绑扎。

(1)吊线程式的选择要求

- 吊线程式可按架设地区的负荷区别、光缆荷重、标准杆距等因素经计算确定，一般宜选用 7/2.2 和 7/3.0 规格的镀锌钢绞线。
- 一般情况下常用杆距可为 50～65 m。不同钢绞线在各种负荷区适宜的杆距见表 5.3-7。当杆距超过表 5.3-7 所示的范围时，宜采用正副吊线跨越装置。

表 5.3-7　吊线规格选用表

吊线规格	负荷区别	杆距/m
7/2.2	轻负荷区	≤150
7/2.2	中负荷区	≤100
7/2.2	重负荷区	≤65
7/2.2	超重负荷区	≤45
7/3.0	中负荷区	101～150
7/3.0	重负荷区	66～100
7/3.0	超重负荷区	45～80

架空线路与其他设施接近或交越时，其间隔距离应符合下述规定。

(2) 杆路与其他设施的最小水平净距

杆路与其他设施的最小水平净距应符合表 5.3-8 的规定。

表 5.3-8　杆路与其他设施的最小水平净距

其他设施名称	最小水平净距	备　注
消火栓	1.0 m	指消火栓与电杆的距离
地下管、缆线	0.5～1.0 m	包括通信管、缆线与电杆间的距离
火车铁轨	地面杆高的 4/3 倍	—
人行道边石	0.5 m	—
地面上已有其他杆路	地面杆高的 4/3 倍	以较长杆高为基准。其中，对 500～750 kV 输电线路不小于 10 m，对 750 kV 以上输电线路不小于 13 m
市区树木	0.5 m	缆线到树干的水平距离
郊区树木	2.0 m	缆线到树干的水平距离
房屋建筑	2.0 m	缆线到房屋建筑的水平距离

注：在地域狭窄地段，拟建架空光缆与已有架空线路平行敷设时，若间距不能满足以上要求，可以杆路共享或改用其他方式敷设光缆线路，并满足隔距要求。

(3) 架空光(电)缆交越其他电气设施的最小垂直净距

架空光(电)缆交越其他电气设施的最小垂直净距应符合表 5.3-9 的规定。

表 5.3-9　架空光(电)缆交越其他电气设施的最小垂直净距

其他电气设备名称	最小垂直净距/m		备　注
	架空电力线路有防雷保护设备	架空电力线路无防雷保护设备	
10 kV 以下电力线	2.0	4.0	最高缆线到电力线条
35～110 kV 电力线(含 110 kV)	3.0	5.0	最高缆线到电力线条
110～220 kV 电力线(含 220 kV)	4.0	6.0	最高缆线到电力线条
220～330 kV 电力线(含 330 kV)	5.0	—	最高缆线到电力线条
330～500 kV 电力线(含 500 kV)	8.5	—	最高缆线到电力线条
500～750 kV 电力线(含 750 kV)	12.0	—	最高缆线到电力线条

续表

其他电气设备名称	最小垂直净距/m		备　注
	架空电力线路有防雷保护设备	架空电力线路无防雷保护设备	
750～1 000 kV 电力线(含 1 000 kV)	18.0	—	最高缆线到电力线条
供电线接户线*	0.6		—
霓虹灯及其铁架	1.6		—
电气铁道及电车滑接线**	1.25		—

注:1. * 供电线为被覆线时,光(电)缆也可以在供电线上方交越。

2. ** 光(电)缆必须在上方交越时,跨越档两侧电杆及吊线安装应做加强保护装置。

3. 通信线应架设在电力线路的下方位置,电车滑接线和接触网的上方位置。

光缆接头盒可以安装在吊线或者电杆上,并固定牢靠。

光缆吊线应每隔 300～500 m 利用电杆避雷线或拉线接地,每隔 1 km 左右加装绝缘子进行电气断开。

光缆应尽量绕避可能遭到撞击的地段,确实无法绕避时应在可能撞击点采用纵剖硬质塑料管等保护。引上光缆应采用钢管保护。

光缆在架空电力线路下方交越时,应作纵包绝缘物处理,并对光缆吊线在交越处两侧加装接地装置,或安装高压绝缘子进行电气断开。

光缆在不可避免跨越或临近有火险隐患的各类设施时,应采取防火保护措施。

墙壁光缆的敷设应满足以下要求。

- 墙壁上不宜敷设铠装光缆。
- 墙壁光缆离地面高度应不小于 3 m。
- 光缆跨越街坊、院内通路时应采用钢绞线吊挂,其缆线最低点与地面的距离应符合表 5.3-9 的要求。

采用 OPGW 和 ADSS 等电力专用光缆时,可参照相关的电力专业设计规范。

5. 水底光缆敷设安装要求

水底光缆的选用应符合下列原则。

① 对于河床及岸滩稳定、流速不大但河面宽度大于 150 m 的一般河流或季节性河流,采用短期抗张强度为 20 000 N 及以上的钢丝铠装光缆。

② 对于河床及岸滩不太稳定、流速大于 3 m/s 或主要通航河道等,采用短期抗张强度为 40 000 N 及以上的钢丝铠装光缆。

③ 对于河床及岸滩不稳定、冲刷严重,以及河宽超过 500 m 的特大河流,采用特殊设计的加强型钢丝铠装光缆。

④ 穿越水库、湖泊等静水区域时,可根据通航情况、水工作业和水文地质状况综合考虑确定。

⑤ 对于河床稳定、流速较小、河面不宽的河道,在保证安全且不受未来水工作业影响的前提下,可采用直埋光缆过河。

如果河床土质及水面宽度情况能满足定向钻孔施工设备的要求,也可选择定向钻孔施工方式,此时可在钻孔中穿放直埋或管道光缆过河。

对于水底光缆的过河位置,应选择在河道顺直、流速不大、河面较窄、土质稳定、河床平缓无明显冲刷、两岸坡度较小的地方。下列地点不宜敷设水底光缆。

① 河流的转弯与弯曲处、汇合处和水道经常变动的地方，以及险滩、沙洲附近。

② 水流情况不稳定，有漩涡产生，或河岸陡峭不稳定，有可能遭受猛烈冲刷导致坍岸的地方。

③ 凌汛危害段落。

④ 有拓宽和疏浚计划，或未来有抛石、破堤等可能导致河势改变的地点。

⑤ 河床土质不利于布放、埋设施工的地方。

⑥ 有腐蚀性污水排泄的水域。

⑦ 附近有其他水下管线、沉船、爆炸物、沉积物等的区域。

⑧ 码头、港口、渡口、桥梁、锚地、船闸、避风处和水上作业区附近。

水底光缆应避免在水中设置光缆接头。

对于特大河流、重要的通航河流等，可根据干线光缆的重要程度设置备用水底光缆。主、备用水底光缆应通过连接器箱或分支接头盒进行人工倒换，也可进行自动倒换，为此可设置水线终端房。

对于水底光缆的埋深，应根据河流的水深、通航状况、河床土质等具体情况分段确定。

① 河床有水部分的埋深应符合下列规定。

- 对于水深小于 8 m(指枯水季节的深度)的区段，河床不稳定或土质松软时，光缆埋入河底的深度不应小于 1.5 m；河床稳定或土质坚硬时光缆埋入河底的深度不应小于 1.2 m。
- 对于水深大于 8 m(指枯水季节的深度)的区域，可将光缆直接布放在河底不加掩埋。
- 在游荡型河道等冲刷严重和极不稳定的区段，应将光缆埋设在变化幅度以下；如遇特殊困难不能实现，在河底的埋深亦不应小于 1.5 m，并应根据需要将光缆作适当预留。
- 在有疏浚计划的区段，应将光缆埋设在计划深度以下 1 m，或在施工时暂按一般埋深，但需要将光缆作适当预留，待疏浚时再下埋至要求深度。
- 对于石质和半石质河床，埋深不应小于 0.5 m，并应加保护措施。

② 岸滩部分埋深应符合下列要求。

- 对于比较稳定的地段，光缆埋深不应小于 1.2 m。
- 洪水季节受冲刷或土质松散不稳定的地段适当加深，光缆上岸的坡度宜小于 30°。

③ 对于大型河流，当航道、水利、堤防、海事等部门对拟布放水底光缆的埋深有特殊要求时，或有抛锚、运输、渔业捕捞、养殖等活动影响，上述埋深不能保证光缆安全时，应进行综合论证和分析，确定合适的埋深要求。

水底光缆的敷设长度应符合下列要求。

① 对于有堤的河流，水底光缆应伸出取土区，伸出堤外不宜小于 50 m。对于无堤的河流，应根据河岸的稳定程度、岸滩的冲刷程度确定，水底光缆伸出岸边不宜小于 50 m。

② 河道、河堤有拓宽或改变规划的河流，水底光缆伸出规划堤 50 m 以外。

③ 对于土质松散易受冲刷的不稳定岸滩部分，光缆有适当预留。

④ 主、备用水底光缆的长度宜相等，如有长度偏差，应满足传输要求。

工程设计应按现场勘察的情况和调查的水文资料，确定水底光缆的最佳施工时节和可行的施工方法。

水底光缆的施工方式应根据光缆规格、河流水文地质状况、施工技术装备和管理水平以及经济效益等因素进行选择，可采用人工或机械挖沟敷设、专用设备敷设等方式。对于石质河床，可视情况采取爆破成沟方式。

光缆在河底的敷设位置应以测量时的基线为基准向上游按弧形敷设。弧形敷设的范围应包括洪水期间可能受到冲刷的岸滩部分。弧形顶点应设在河流的主流位置上，弧形顶点至基线的距离应按弧形弦长的大小和河流的稳定情况确定，一般可为弦长的 10%，根据冲刷情况或水面宽度可将比率适当调整。如受敷设水域的限制，按弧形敷设有困难时，可采取“S”形敷设。

当布放两条及以上的水底光缆，或同一区域有其他光缆或管线时，相互间应保持足够的安全距离。

水底光缆接头处金属护套和铠装钢丝的接头方式，应能保证光缆的电气性能、密闭性能和必要的机械强度要求。

对于靠近河岸部分的水底光缆，当有可能受到冲刷、塌方、抛石护坡和船只靠岸等危害时，可选用下列保护措施：

① 加深埋设；

② 覆盖水泥板；

③ 采用关节形套管；

④ 砌石质光缆沟(应采取防止光缆磨损的措施)。

6. 光缆接续、进局及成端的要求

(1) 光缆接续的要求

- 光缆接头盒应符合现行国家标准 GB 16529《光纤光缆接头》和行业标准 YD/T 814《光缆接头盒》的相关要求。
- 室外光缆的接续、分歧应使用光缆接头盒。光缆接头盒采用密封防水结构，并具有防腐蚀和一定的抗压力、张力和冲击力的能力。
- 长途、本地网光缆光纤接续应采用熔接法；接入网光缆光纤接续宜采用熔接法，对不具备熔接条件的环境可采用机械式接续法。
- 光纤固定接头的衰减应根据光纤类型、光纤质量、光缆段长度以及扩容规划等因素严格控制，光纤接头衰减应满足表 5.3-10 的规定。
- 接头盒应设置在安全和便于维护抢修的地点。
- 人井内光缆接头盒应设置在积水最高水位线以上。

表 5.3-10　光纤熔接接头衰减限值

光纤类别	单纤/dB		光纤带光纤/dB		测试波长/nm
	平均值	最大值	平均值	最大值	
G.652	≤0.06	≤0.12	≤0.12	≤0.38	1 310/1 550
G.655	≤0.08	≤0.14	≤0.16	≤0.55	1 550
G.657	≤0.06	≤0.12	≤0.12	≤0.38	1 310/1 550

注：1. 单纤平均值的统计域为中继段光纤链路的全部光纤接头损耗。在接入网中当线路较短(如链路中只有一个接头)时，平均值的统计域为光缆段内全部光纤接头损耗。

2. 光纤带光纤的平均值统计域为中继段内全部光纤接头损耗。

3. 单纤机械式接续的衰减平均值应不大于 0.2 dB/个。

(2) 光缆进局及成端的要求

- 室内光缆应采用非延燃外护套光缆;如采用室外光缆直接引入机房,必须采取严格的防火处理措施。
- 具有金属护层和加强元件的室外光缆进入机房时,应对光缆金属构件做接地处理。
- 在大型机房或枢纽楼内布放光缆需跨越防震缝时,应在该处留有适当余量。
- 在 ODF 中光缆金属构件用截面不小于 6 mm^2 的铜接地线与高压防护接地装置相连,然后用截面不小于 35 mm^2 的多股铜芯电力电缆引接到机房的第一级接地汇接排或小型局(站)的总接地汇接排。

7. 光缆交接箱安装要求

① 交接设备的安装方式应根据线路状况和环境条件选定,且满足下列要求。

a. 具备下列条件时可设落地式交接箱:

- 地理条件安全平整,环境相对稳定;
- 有建手孔和交接箱基座的条件并与管道人孔距离较近;
- 接入交接箱的馈线光缆和配线光缆为管道式或埋式。

b. 具备下列条件时可设架空式交接箱:

- 接入交接箱的配线光缆为架空方式;
- 郊区、工矿区等建筑物稀少的地区。

c. 交接设备也可安装在建筑物内。

② 室外落地式交接箱应采用混凝土基座,基座与人(手)孔间应采用管道连通,不得采用通道连通。基座与管道、箱体间应有密封防潮措施。

③ 交接箱(间)应设置地线,接地电阻不得大于 10 Ω。

④ 交接箱位置的选择应符合下列要求。

- 符合城市规划,不妨碍交通并不影响市容观瞻的地方。
- 靠近人(手)孔便于出入线的地方。
- 无自然灾害,安全、通风、隐蔽、便于施工维护、不易受到损伤的地方。

⑤ 下列场所不得设置交接箱。

- 高压走廊和电磁干扰严重的地方。
- 高温、腐蚀、易燃易爆工厂、仓库,易于淹没的洼地附近及其他严重影响交接箱安全的地方。
- 其他不适宜安装交接箱的地方。

五、光缆线路的防护

1. 光(电)缆线路防强电

当电缆线路及有金属构件的光缆线路与高压电力线路、交流电气化铁道接触网平行,或与发电厂或变电站的地线网、高压电力线路杆塔的接地装置等强电设施接近时,应考虑强电设施在故障状态和工作状态时由电磁感应、地电位升高等因素在光(电)缆金属线对和构件上产生的危险影响。

光(电)缆线路受强电线路危险影响允许标准应符合下列规定。

- 强电线路在故障状态时，光(电)缆金属构件上的感应纵向电动势或地电位升不大于光(电)缆绝缘外护层介质强度的 60%。
- 强电线路在正常运行状态时，光(电)缆金属构件上的感应纵向电动势不大于 60V。光(电)缆线路对强电影响的防护可选用下列措施。
- 在选择光(电)缆路由时，应与现有强电线路保持一定的隔距，当与之接近时应计算在光(电)缆金属构件上产生的危险影响不应超过本规范规定的容许值。
- 光(电)缆线路与强电线路交越时，宜垂直通过；在困难情况下，其交越角度应不小于 45°。
- 光缆接头处两侧金属构件不作电气连通，也不接地。
- 当上述措施无法满足安全要求时，可增加光缆绝缘外护层的介质强度，采用非金属加强芯或无金属构件的光缆。
- 在与强电线路平行地段进行光(电)缆施工或检修时，应将光(电)缆内的金属构件作临时接地。

2. 光(电)缆线路防雷

① 年平均雷暴日数大于 20 天的地区及有雷击历史的地段，光(电)缆线路应采取防雷保护措施。

② 无金属线对、有金属构件的直埋光缆线路的防雷保护可选用下列措施。

a. 直埋光缆线路防雷线的设置应符合下列原则。

- 10 m 深处的土壤电阻率 ρ_{10} 小于 100 Ω · m 的地段，可不设防雷线。
- ρ_{10} 为 100～500 Ω · m 的地段，设一条防雷线。
- ρ_{10} 大于 500 Ω · m 的地段，设两条防雷线。
- 防雷线的连续布放长度一般应不小于 2 km。

b. 当光缆在野外硅芯塑料管道中敷设时，可参照下列防雷线设置原则。

- ρ_{10} 小于 100 Ω · m 的地段，可不设防雷线。
- ρ_{10} 不小于 100 Ω · m 的地段，设一条防雷线。
- 防雷线的连续布放长度一般应不小于 2 km。

c. 光缆接头处两侧金属构件不作电气连通。

d. 局站内的光缆金属构件应接防雷地线。

e. 在雷害严重地段，光缆可采用非金属加强芯或无金属构件的结构形式。

③ 光(电)缆线路应尽量绕避雷暴危害严重地段的孤立大树、杆塔、高耸建筑、行道树、树林等易引雷目标。无法避开时，应采用消弧线、避雷针等措施对光(电)缆线路进行保护。

④ 架空光(电)缆线路除可采用②点的 c、d、e 款措施外，还可选用下列防雷保护措施。

- 光(电)缆架挂在保护线条的下方。
- 光(电)缆吊线间隔接地。
- 电缆金属屏蔽层的线路两端必须接地，接地点可在引上杆、终端杆或其附近。电缆线路进入交接箱时，可与交接箱共用地线接地。单独做金属屏蔽层接地时，接地电阻应符合表 5.3-11 所示的规定。
- 雷害特别严重地段应装设架空地线。

表 5.3-11 金属屏蔽层地线接地电阻标准

土壤电阻/(Ω·m⁻¹)	土 质	接地电阻/Ω
100 及以下	黑土地、泥炭黄土地、砂质黏土地	≤20
101～300	夹砂土地	≤30
301～500	砂土地	≤35
501 及以上	石地	≤45

⑤ 光(电)缆内的金属构件在局(站)内或交接箱处线路终端时必须做防雷接地。

3. 光(电)缆线路的其他防护

① 直埋光(电)缆在有白蚁危害的地段敷设时,宜采用防蚁护层,也可采用其他防蚁处理措施,但应满足环境安全要求,严禁使用持久性有机污染物做杀虫剂。

② 有鼠害、鸟害等灾害的地区应采取相应的防护措施。

③ 在寒冷地区应针对不同气候特点和冻土状况采取防冻措施。在季节冻土层中敷设光(电)缆时应增加埋深,在有永久冻土层的地区敷设时不得扰动永久冻土。

④ 直埋光缆线路通过村镇宜采用穿套硬质塑料管保护或采用铺盖水泥盖板保护。

⑤ 直埋光缆线路跨越地形高差在 0.8 m 及以上时,应采用石砌护坎或护坡保护。

⑥ 直埋光缆线路在坡度较大的斜坡地段需要做堵塞保护。

⑦ 通过水流较急、容易冲刷的小河及沟渠时,应砌漫水坝保护直埋跨越光缆线路。

⑧ 通过容易塌方的地段时,应砌挡土墙保护直埋光缆线路。

⑨ 沿路边沟敷设时,应采用水泥砂浆封沟。

⑩ 直埋光缆线路穿越江河时,应在两岸适当地点竖立水线牌。

六、光缆线路传输性能指标的设计

① 光缆线路设计应按中继段给出传输指标,包括光纤链路衰减、PMD、光缆对地绝缘等指标。长途、本地网光缆中继段光纤链路的衰减指标应不大于式(5.3-1)的计算值:

$$\beta=\alpha_f\times L+(N+2)\times\alpha_j \tag{5.3-1}$$

式中:

β——中继段光纤链路传输损耗(dB);

L——中继段光缆线路光纤链路长度(km);

α_f——设计中所选用的光纤衰减常数(dB/km),按光缆供应商提供的实际光纤衰减常数的平均值计算;

N——中继段光缆接头数,按设计的光缆配盘表中所配置的接头数量计算;

2——中继段光缆线路终端接头数,每端 1 个;

α_j——设计中根据光纤类型和站间距离等因素综合考虑取定的光纤接头损耗系数(分贝/个)。

② 接入网光缆光纤链路的衰减指标应不大于式(5.3-2)的计算值:

$$光纤链路衰减 =\sum_{i=1}^{n} L_i \times A_f + X \times A_{熔} + Y \times A_c + \sum_{i=1}^{m} l_{分} + Z \times A_{冷} \tag{5.3-2}$$

式中：

$\sum_{i=1}^{n} L_i$——光链路中各段光纤长度的总和(km)；

A_f——设计中所选择使用的光纤，供应商给出的实际光纤衰减系数(dB/km)；

X——光链路中光纤熔接接头数(含尾纤熔接接头数)；

$A_{熔}$——设计中规定的光纤熔接接头平均衰耗指标(分贝/个)；

Y——光链路中活动接头数量；

A_c——设计中规定的活动连接器的衰耗指标(分贝/个)；

$\sum_{i=1}^{m} l_{分}$——光链路中 m 个光分路器插入衰减的总和(dB)；

Z——光链路中含有机械式光纤冷接子的数量；

$A_{冷}$——设计中规定的冷接子接头衰耗系数(分贝/个)。

③ 必要时可对长途网中继段光缆线路提出 PMD 指标。中继段光缆光纤链路的 PMD 值应不大于式(5.3-3)的计算值：

$$\text{PMD}=\text{PMD}_{系数} \times \sqrt{L} \tag{5.3-3}$$

式中：

PMD——中继段光纤链路的 PMD 值(ps)；

$\text{PMD}_{系数}$——光缆光纤的偏振模色散系数，按光缆供货商提供的该产品光缆光纤的偏振模色散系数计算；

L——中继段光缆光纤链路的长度(km)。

在单盘光缆埋设后，其金属外护层对地绝缘电阻的竣工验收指标应不低于 10 MΩ · km，其中允许 10%的单盘光缆不低于 2 MΩ。

5.3.3 设计文件的主要内容

编制设计文件的目的是使设计任务具体化，设计文件是勘察、测量、收集所获得资料与设计合同/设计委托书所提出的任务及要求的有机集合，也是设计规范、标准和技术的综合运用，它充分反映设计者的指导思想和设计意图，并为工程的施工、安装、建设提供准确可靠的依据，也是建设方固定资产投资的依据和长期档案管理的重要文档，因此，编制设计文件十分重要。

一、设计文件的组成

设计文件一般由设计及概/预算说明、工程概/预算表和设计图纸三部分组成。

1. 设计说明

设计说明应完全反映工程的总体概况，如设计依据、工程建设规模、对光纤光缆以及配套设备的技术要求、光缆的敷设和保护、光缆线路的传输性能指标的设计及验证、工程的主要工作量、概/预算说明、投资情况及其他需要说明的问题等都应该用简练、准确的文字加以说明。

2. 概、预算表格

光缆线路工程建设概/预算是光缆线路工程设计文件的重要组成部分，它是根据工程对象在不同设计阶段的内容，按照国家规定的概/预算定额、设备和材料价格、费用标准等相关规定，经过具体的计算所确定的某一固定资产投资项目或某项目中的一个单项目的价值，即固定资产投资建设工程的造价。这个造价不仅为等价交换原则办理工程价款的拨款结算提供依据，更重要的是这个造价为固定资产投资项目的投资、决算、分配、管理和监督提供了依据，也是签订工程承包合同、核定贷款额度及结算工程价款的主要依据。所以，及时准确地编制出工程建设项目的概/预算可以提高设计质量，加强固定资产投资项目的工程建设管理。

光缆线路工程概/预算的编制应按相应的设计阶段进行。当建设项目按两阶段进行设计时，概/预算编制就分为初步设计阶段编制的总概算和施工图设计阶段编制的工程预算（含预备费）。对于技术复杂的特殊工程项目可增加技术设计。当采用三阶段设计时，除了初步设计和施工图设计的概、预算外，还应增加技术设计阶段编制的修正总概算。当采用一阶段设计时，只编制施工图设计阶段的工程预算。

3. 设计图纸

设计文件中图纸是设计意图的符号、图形形式的具体表现。不同的工程项目，图纸的内容及数量各不相同。

（1）光缆路由图

光缆路由图如图 5.3-2 所示。

（2）光缆配置图

光缆配置图如图 5.3-3 所示。

（3）纤芯分配图

纤芯分配图如图 5.3-4 所示。

（4）分线接头纤芯接续图

分线接头纤芯接续图如图 5.3-5 所示。

（5）机房 ODF 机架光缆安装位置图

机房 ODF 机架光缆安装位置图如图 5.3-6 所示。

（6）机房平面及光缆布置图

机房平面及光缆布置图如图 5.3-7 所示。

（7）管道光缆施工图

管道光缆施工图如图 5.3-8 所示。

（8）新建杆路架空光缆施工图

新建杆路架空光缆施工图如图 5.3-9 所示。

（9）1 200 mm×800 mm 双盖手孔结构配置图

1 200 mm×800 mm 双盖手孔结构配置图如图 5.3-10 所示。

（10）架空光缆接头、预留安装图

架空光缆接头、预留安装图如图 5.3-11 所示。

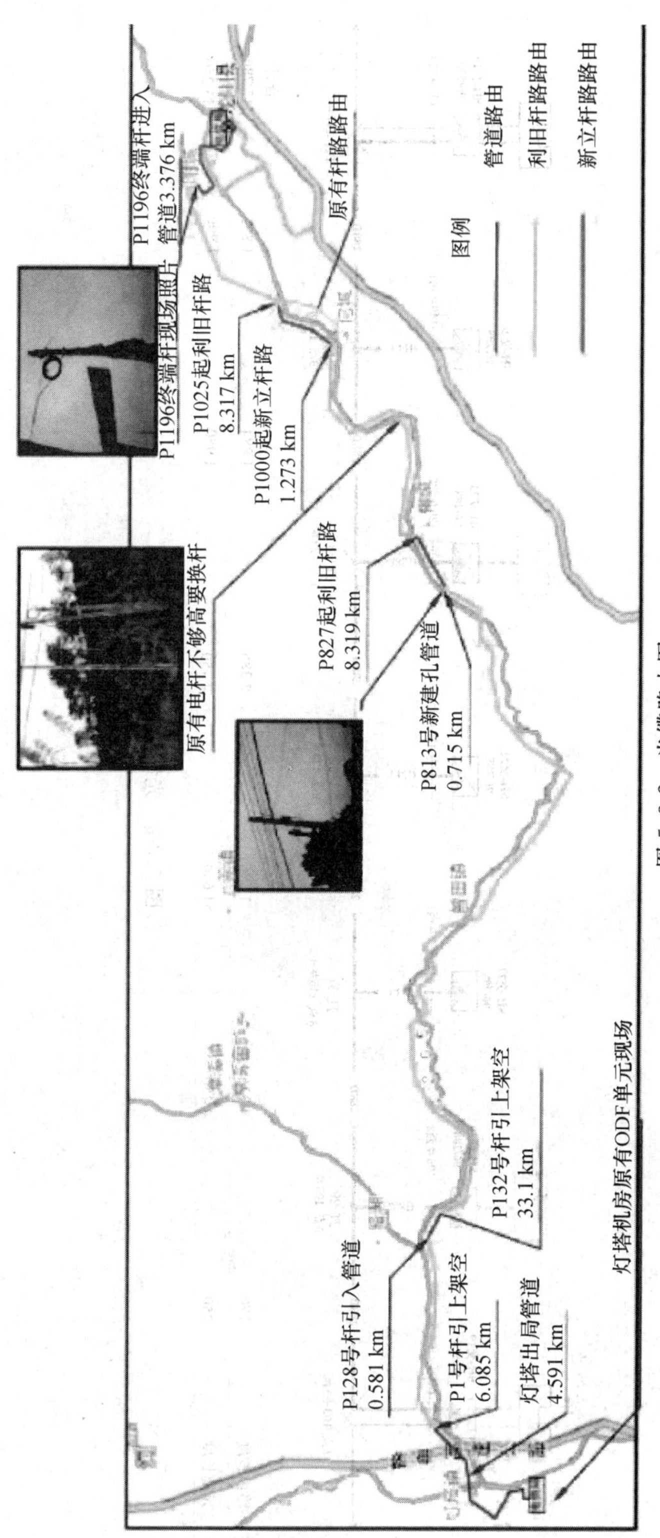
P1196终端杆进入
管道3.376 km
P1196终端杆现场照片
P1025起利旧杆路
8.317 km
P1000起新立杆路
1.273 km
原有杆路路由
原有电杆不够高要换杆
P827起利旧杆路
8.319 km
P813号新建孔管道
0.715 km
P132号杆引上架空
33.1 km
P128号杆引入管道
0.581 km
P1号杆引上架空
6.085 km
灯塔出局管道
4.591 km
灯塔机房原有ODF单元现场
图例
管道路由
利旧杆路路由
新立杆路路由

图 5.3-2　光缆路由图

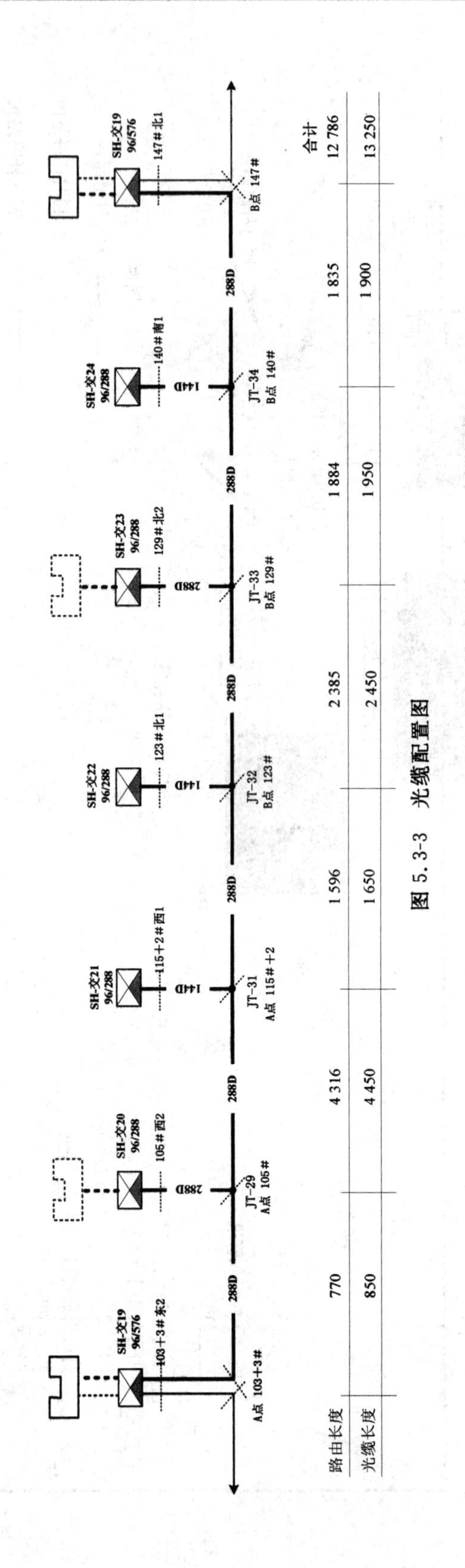
SH-交19
96/576
103+3#东2
A点 103+3#
288D
SH-交20
96/288
105#西2
288D
JT-29
A点 105#
288D
SH-交21
96/288
115+2#西1
144D
JT-31
A点 115#+2
288D
SH-交22
96/288
123#北1
144D
JT-32
B点 123#
288D
SH-交23
96/288
129#北2
288D
JT-33
B点 129#
288D
SH-交24
96/288
140#南1
144D
JT-34
B点 140#
288D
SH-交19
96/576
147#北1
B点 147#
路由长度
770
4 316
1 596
2 385
1 884
1 835
合计
12 786
光缆长度
850
4 450
1 650
2 450
1 950
1 900
13 250

图 5.3-3　光缆配置图

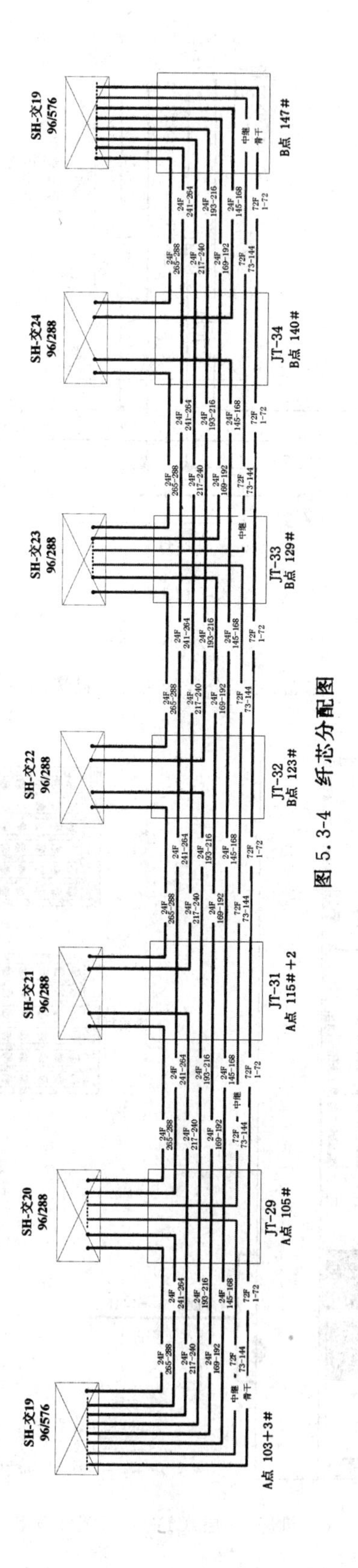
SH-交19
96/576
A点 103+3#
中继
骨干
24F
265-288
24F
217-240
24F
169-192
72F
73-144
24F
241-264
24F
193-216
24F
145-168
72F
1-72
SH-交20
96/288
JT-29
A点 105#
SH-交21
96/288
JT-31
A点 115#+2
SH-交22
96/288
JT-32
B点 123#
SH-交23
96/288
JT-33
B点 129#
SH-交24
96/288
JT-34
B点 140#
SH-交19
96/576
B点 147#

图 5.3-4　纤芯分配图

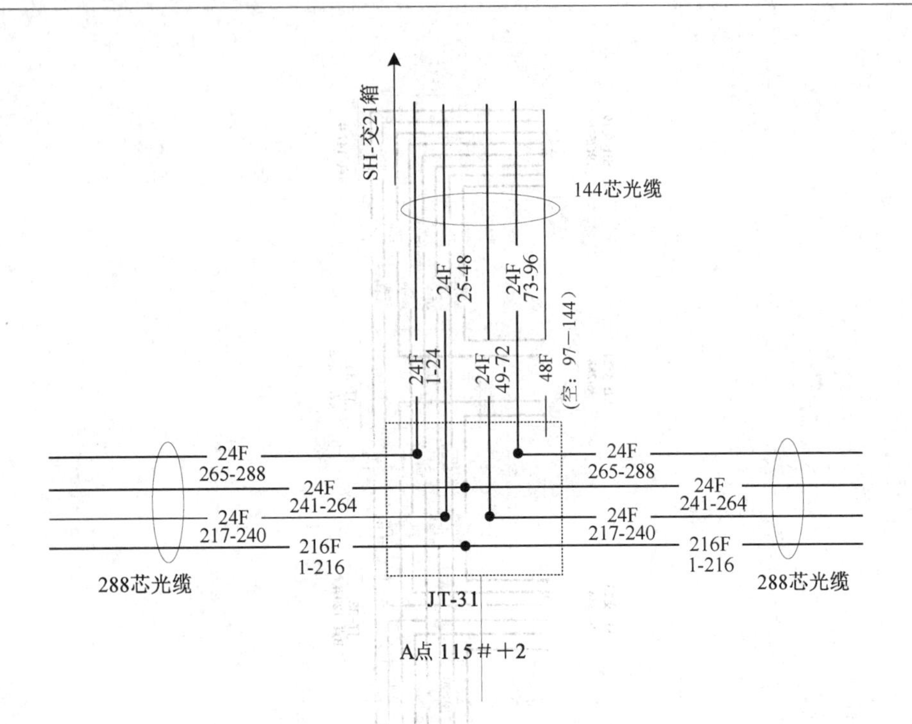

图 5.3-5　分线接头纤芯接续图

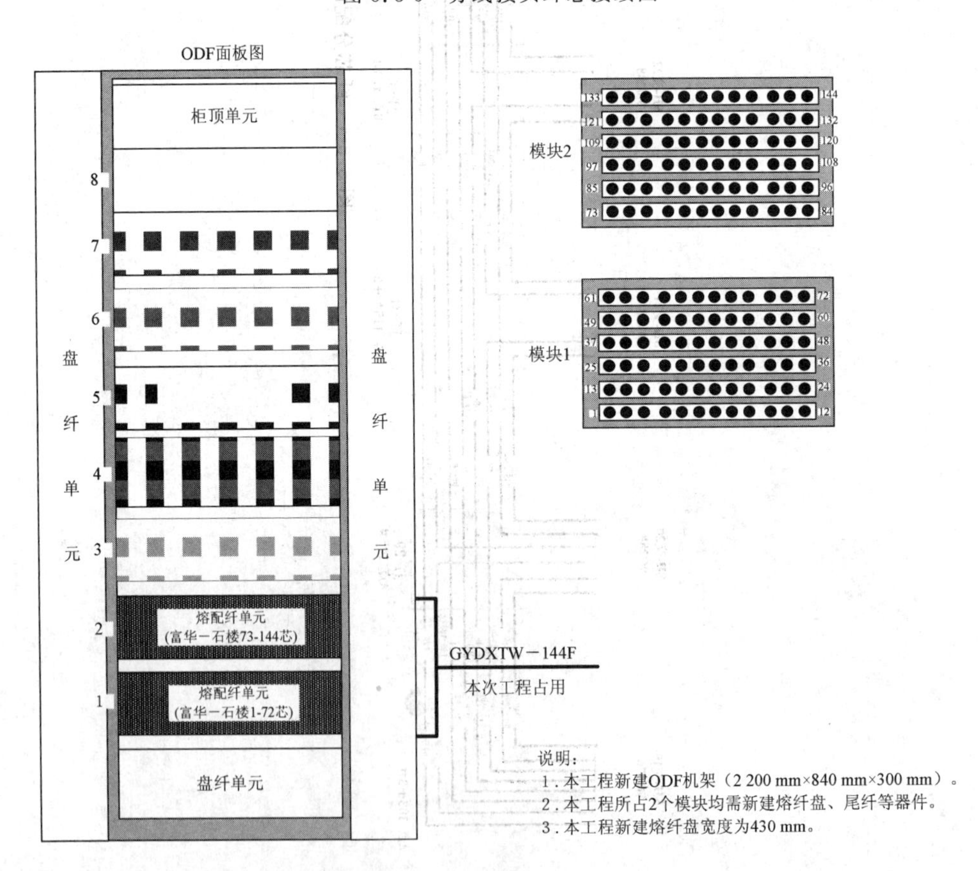

图 5.3-6　机房(一层)ODF 机架光缆安装位置图

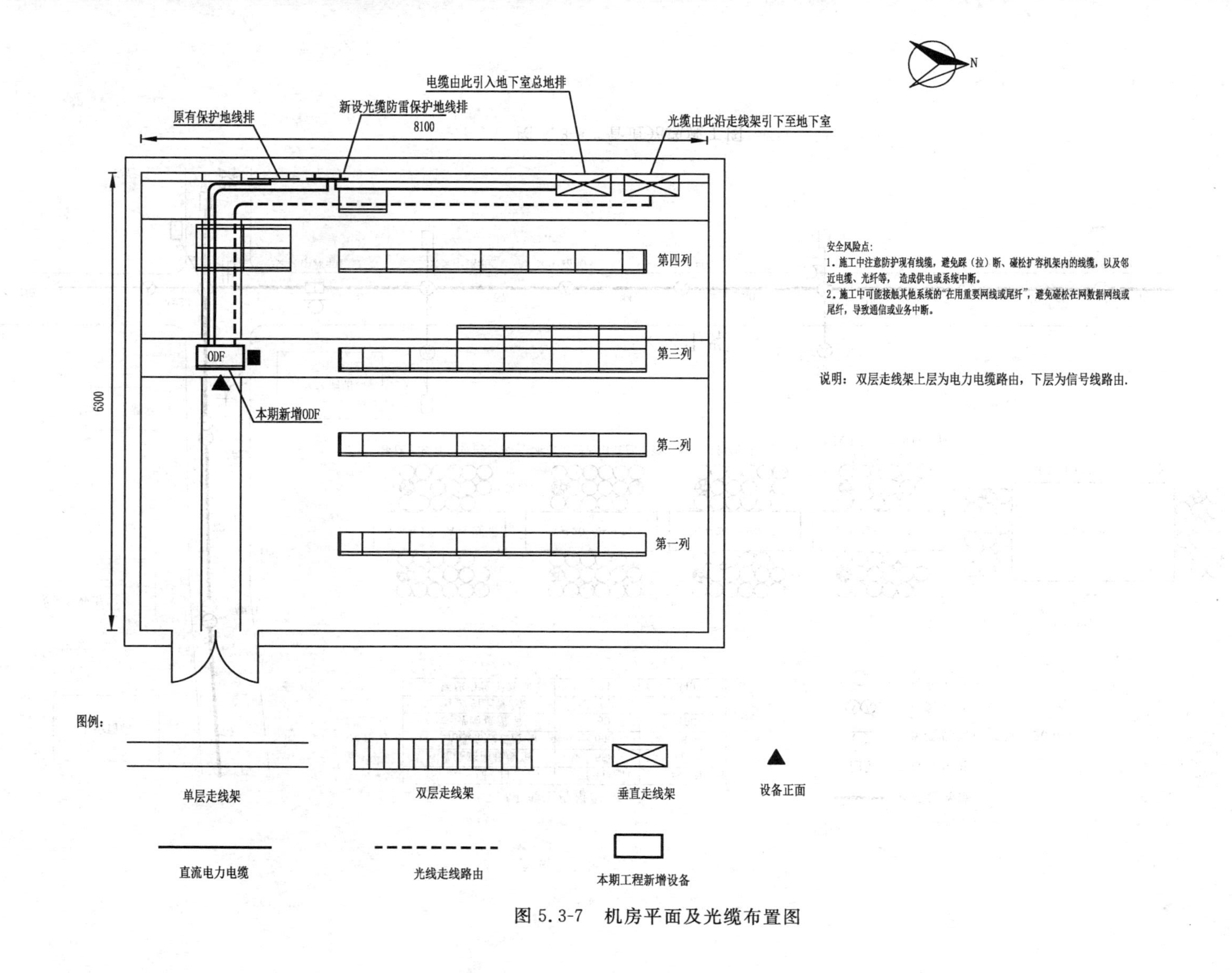

图 5.3-7　机房平面及光缆布置图

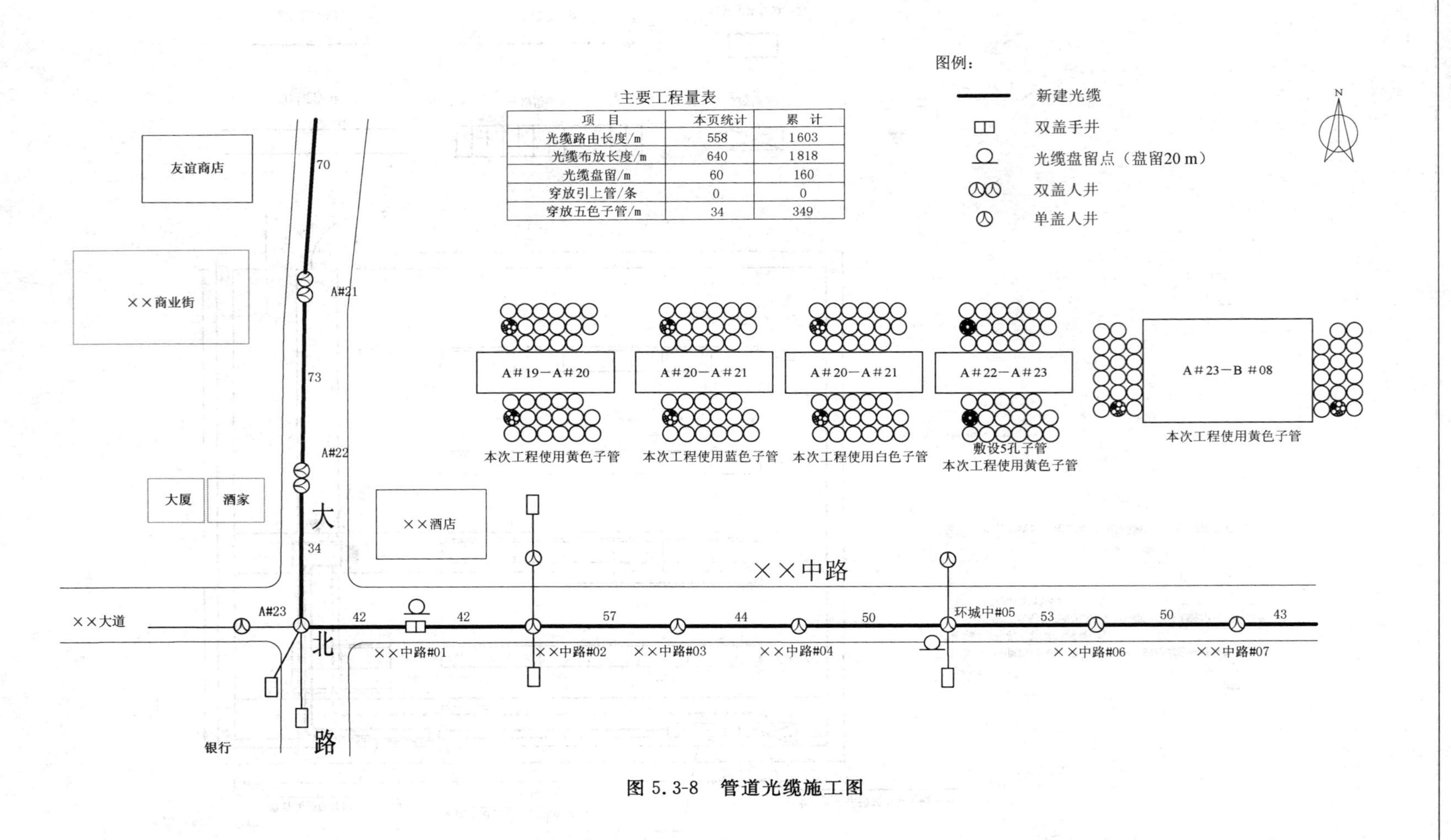

主要工程量表

项　目	本页统计	累　计
光缆路由长度/m	558	1603
光缆布放长度/m	640	1818
光缆盘留/m	60	160
穿放引上管/条	0	0
穿放五色子管/m	34	349

图 5.3-8　管道光缆施工图

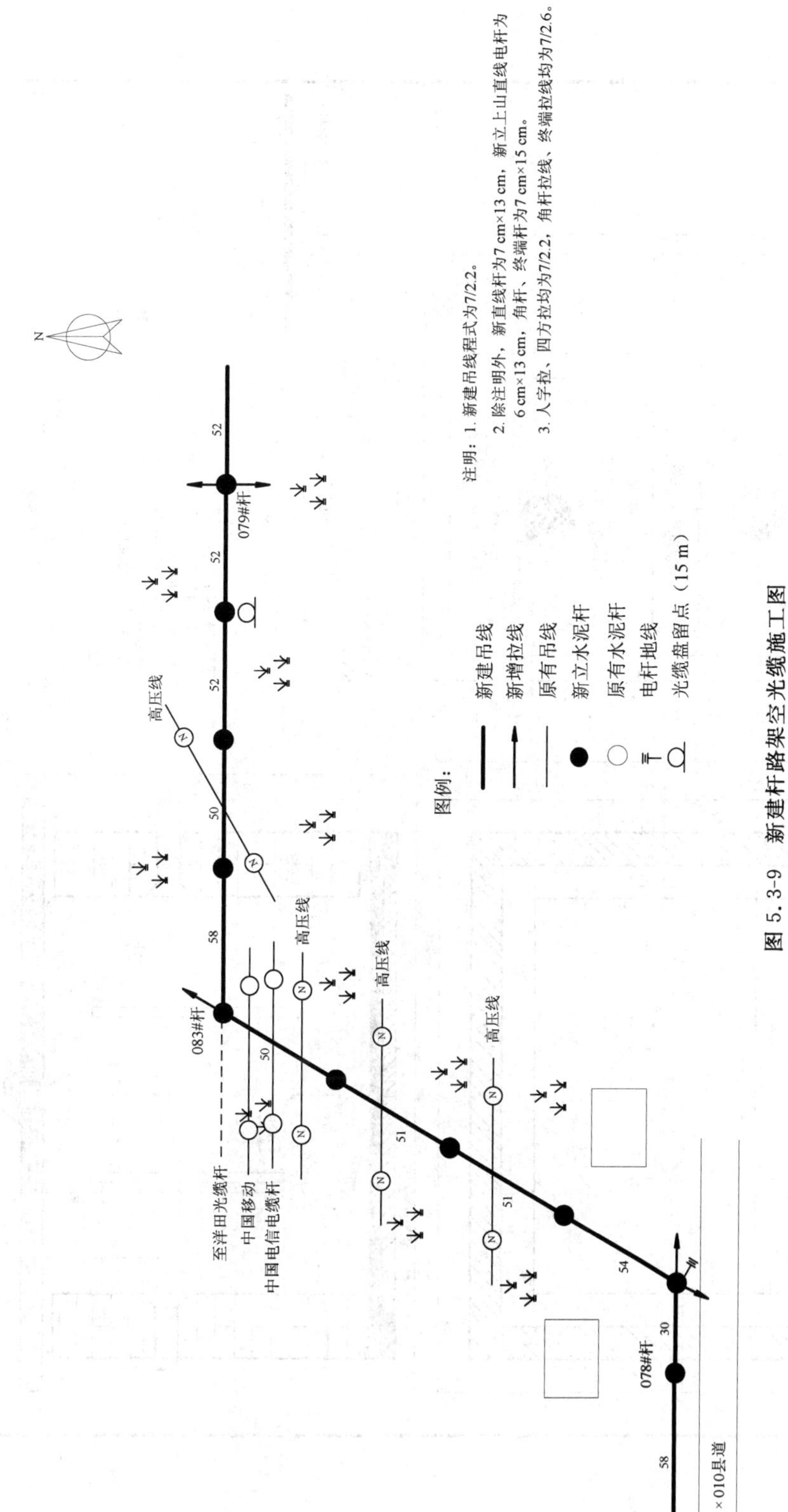

图 5.3-9　新建杆路架空光缆施工图

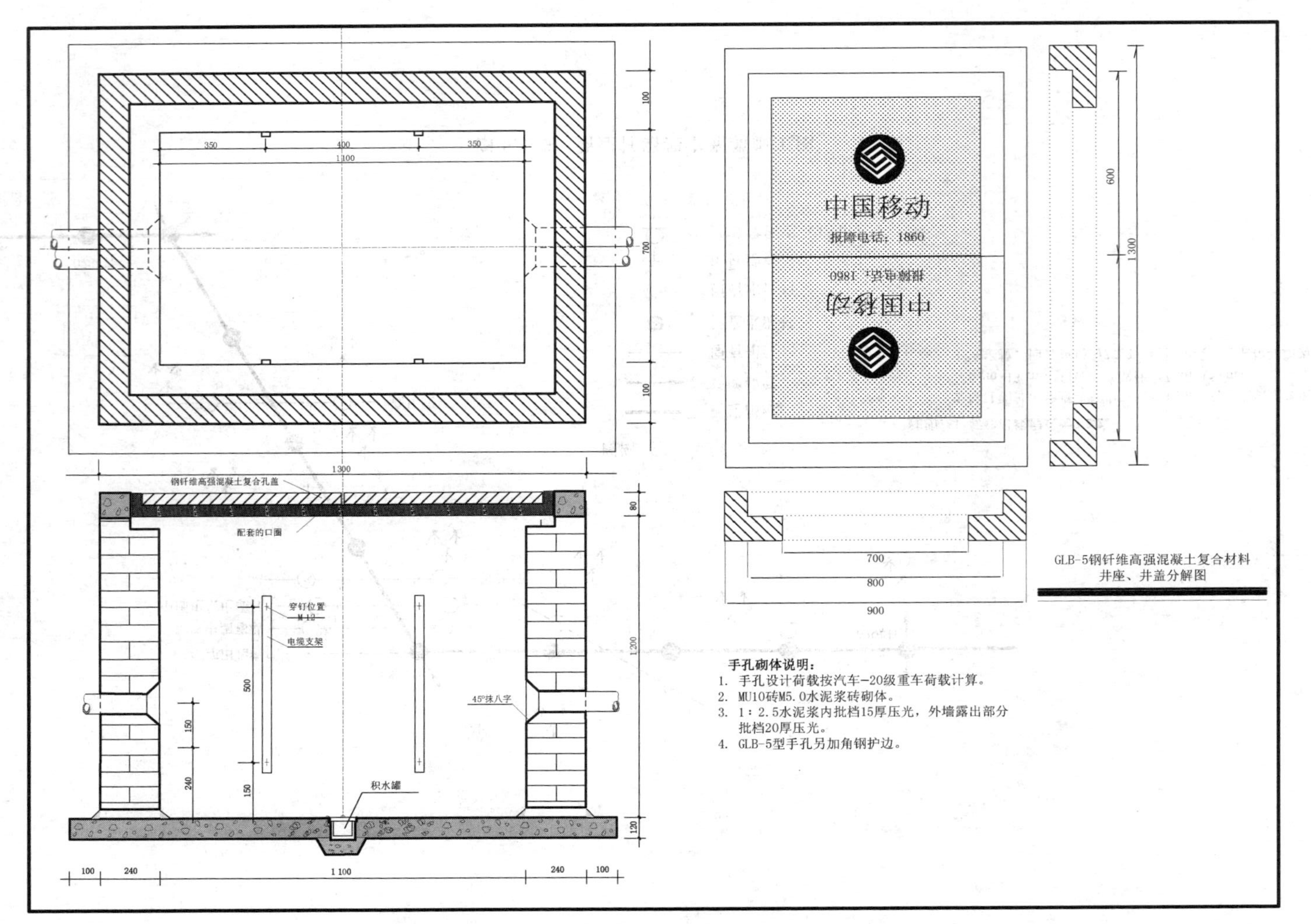

图 5.3-10　1 200 mm×800 mm 双盖手孔结构配置图

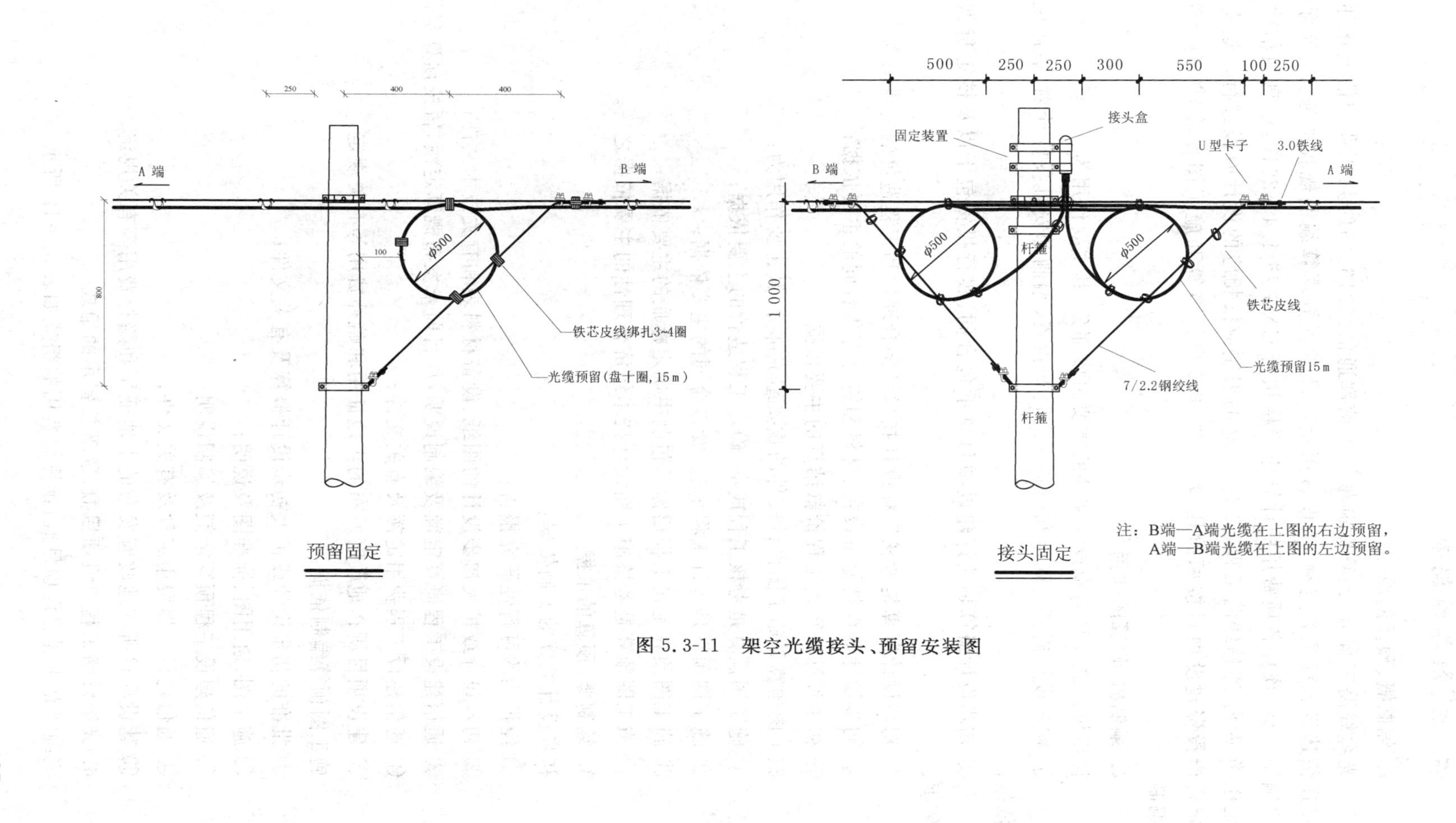

图 5.3-11　架空光缆接头、预留安装图

二、概、预算的编制

1. 编制概、预算的原则

光缆线路工程概、预算编制根据工信部通信〔2016〕451号《工业和信息化部关于印发信息通信建设工程预算定额、工程费用定额及工程概预算编制规程的通知》等标准的有关规定编制。概、预算各项费用的计算应严格执行GXG 75-4.4—2016《信息通信建设工程预算定额 第四册 通信线路工程》。概、预算的编制应按相应的设计阶段进行。这里以一般的固定资产投资建设项目按两阶段设计(即初步设计概算和施工图预算)为例介绍概、预算的编制。

2. 编制概、预算的作用

初步设计概算是初步设计文件的重要组成部分,其主要作用为:

① 初步设计概算是确定和控制固定资产投资、编制和安排投资计划、控制施工图预算的依据;

② 初步设计概算是签订建设项目总承包合同、实行投资包干以及核定贷款额度的主要依据;

③ 初步设计概算是考核工程设计技术经济合理性和工程造价的主要依据之一;

④ 初步设计概算是筹备设备、材料和签订订货合同的主要依据;

⑤ 初步设计概算是工程价款结算的主要依据。

施工图预算是施工图设计文件的重要组成部分,其主要作用为:

① 施工图预算是考核工程成本、确定工程造价的主要依据;

② 施工图预算是签订工程承包、发包合同的主要依据;

③ 施工图预算是在工程招标承包制中确定标底的主要依据;

④ 施工图预算是考核施工图设计技术经济合理性的主要依据之一。

3. 编制概、预算的依据

初步设计概算的编制依据:

① 经批准的可行性研究报告;

② 初步设计或扩大初步设计的图纸、设备材料表和有关技术文件;

③ 通信建设工程概算定额及编制说明,如目前未发布概算定额,暂按预算定额编制;

④ 通信建设工程费用定额及有关文件;

⑤ 建设项目所在地政府发布的土地征用和赔补费用等有关规定。

施工图预算编制依据:

① 批准的初步设计或扩大初步设计概算及有关文件;

② 施工图、通用图、标准图及说明;

③ 通信建设工程预算定额及编制说明;

④ 通信建设工程费用定额及有关文件;

⑤ 建设项目所在地政府发布的土地征用和赔补费用等有关规定。

4. 光缆线路工程建设项目概、预算总费用的组成

光缆线路工程建设项目概、预算总费用的组成如表5.3-12所示。

表 5.3-12　光缆线路工程建设项目概、预算总费用

<table>
<tr><td rowspan="23">光缆线路工程建设项目总费用</td><td rowspan="17">工程费</td><td rowspan="16">建筑安装工程费</td><td rowspan="11">直接费</td><td rowspan="3">定额直接费</td><td>人工费(指从事工程施工的生产人员开支的各项费用)</td></tr>
<tr><td>材料费(含原价、包装、采购保管、运输保险、运杂费以及采购手续费等)</td></tr>
<tr><td>机械使用费(施工作业所发生的机械使用费及机械安、拆和进出场费用,如机械冲放水下光缆费)</td></tr>
<tr><td rowspan="6">措施项目费</td><td>冬、雨季和夜间施工增加费、工程干扰费</td></tr>
<tr><td>特殊地区施工增加费</td></tr>
<tr><td>工地器材搬运、生产工具用具和仪表使用费</td></tr>
<tr><td>工程车辆使用费、工地器材搬运费</td></tr>
<tr><td>流动施工津贴、人工差价费</td></tr>
<tr><td>施工中用水、电、汽费,工程点交、场地清理费</td></tr>
<tr><td rowspan="2">现场经费</td><td>临时设施费(包括临时设施的搭设、维修、拆除费和摊消费)</td></tr>
<tr><td>现场管理费(指施工现场为组织和管理工程施工所需的费用)</td></tr>
<tr><td rowspan="2">间接费</td><td colspan="2">企业管理费</td></tr>
<tr><td colspan="2">规费</td></tr>
<tr><td colspan="3">计划利润</td></tr>
<tr><td rowspan="2">税金</td><td colspan="2">城市建设维护费</td></tr>
<tr><td colspan="2">教育附加费、地方教育附加税、房产税、车船使用税等</td></tr>
<tr><td colspan="4">设备、工具器材购置费</td></tr>
<tr><td rowspan="3">工程建设其他费</td><td colspan="4">建设用地及综合赔补费</td></tr>
<tr><td colspan="4">项目建设管理费、研究试验费、生产准备及开办费、勘察设计费、建设工程监理费、工程质量监督费、可行性研究费、环境影响评价费、安全生产费、工程招标代理费</td></tr>
<tr><td colspan="4">引进技术和进口设备项目其他费、工程保险费、其他费用</td></tr>
<tr><td rowspan="3">预备费</td><td colspan="4">批准的概算内设计变更等增加的费用</td></tr>
<tr><td colspan="4">一般自然灾害造成的工程损失,验收时对隐蔽工程进行必要的挖掘和修复的费用</td></tr>
<tr><td colspan="4">建设期内政策性价格调整所发生的差价</td></tr>
</table>

5. 光缆线路工程概、预算文件的组成

光缆线路工程概、预算文件由概、预算编制说明,以及概、预算总表(表一),建筑安装工程费用概、预算表(表二),建筑安装工程量概、预算表(表三)甲,建筑安装工程施工机械使用费概、预算表(表三)乙,器材概、预算表(表四)甲,工程建设其他费用概、预算表(表五)甲等 5 个表格组成。如果是引进技术的项目,需增加引进工程器材概、预算表(表四)乙和引进工程建设其他费用概、预算表(表五)乙。

概、预算编制说明应包括的内容:

- 工程概况、建设规模及概/预算总价值;
- 编制依据、取费标准及计算方法的说明;
- 投资及工程技术经济指标的分析;
- 其他需要说明的问题。

光缆线路工程概/预算表共有 5 类,它们应全面准确地反映光缆线路工程的物点和建设项

目中各项费用的情况。

表一:概、预算总表

概、预算总表供编制光缆线路工程项目总费用或光缆线路单项工程总费用时使用,主要反映光缆线路工程建设项目或光缆线路单项工程总费用,包括建筑安装工程费,设备、工器具购置费,工程建设其他费,预备费等几项,其中预备费只在编制概算或采用一阶段设计时计取,在二阶段设计编制预算时不计取此项费用,这是不同阶段设计时概、预算编制的基本区别。

表二:建筑安装工程费用概、预算表

此表供编制光缆线路工程项目的敷设安装工程费使用,反映光缆线路工程敷设安装所需发生的工程费用。表中各项费用的取费及费率的取定,按工信部通信〔2016〕451号《工业和信息化部关于印发信息通信建设工程预算定额、工程费用定额及工程概预算编制规程的通知》计取。

(表三)甲:建筑安装工程量概、预算表

此表供编制、汇总光缆线路工程敷设安装工程量使用,反映光缆线路工程的分项工程量和总工程量,是计算表二的人工费的基础。表中的单位定额值的取定,按工信部通信〔2016〕451号《工业和信息化部关于印发信息通信建设工程预算定额、工程费用定额及工程概预算编制规程的通知》第四册通信线路工程计取。

(表三)乙:建筑安装工程施工机械使用费概、预算表

对光缆线路工程来说,这个表供编制工程施工中需要的机械台班费使用,在光缆线路工程施工中根据施工的环境和采用的技术手段,可能使用的机械设备有路面切割机、空气压缩机(含风镐)、离心水泵、汽车起重机、载重汽车、水泵冲槽设备、水底光缆挖沟冲放机、海缆敷设船、登陆艇、汽油发电机、光缆接续车、光纤熔接机、微控钻孔敷管设备、液压千斤顶、交流电焊机、光缆气吹设备等。(表三)乙反映工程中机械使用费的情况。

(表四)甲:器材概、预算表

这个表供编制设备、器材、仪表、工具、器具的概、预算和施工图材料清单使用,它可汇总主要材料费、需要安装的设备费、不需要安装的设备费,反映主要材料费、设备的原价(指出厂价或供货地点价)及预算值。如果是引进的技术设备工程,那么,引进的各种器材使用(表四)乙编制。

(表五)甲:工程建设其他费用概、预算表

这个表主要为编制除上述表二、表三和表四所列的各项费用之外的其他费使用,例如工程中发生的土地、青苗等补偿费,安置补助费,办公与生活用具费,建设单位管理费,研究试验费,生产职工培训费,勘察设计费,工程质量监督费,工程建设监理费等。如果是引进技术和进口设备项目发生的其他费用,使用(表五)乙编制。

本章小结

由于通信线路工程设计具有与室内设备安装工程不同的特点,所以在设计中应根据其特点进行特殊处理。

① 通信线路是通信网络(传送网络)的基础,在通信网络中占投资的比重较高。因此,应

特别注意其安全性。

② 通信线路属于室外通信建筑设施，受自然环境、地理条件等限制，受居民区域分布、城市规划等人为因素的约束，通信线路无法避免要跨越各种障碍，因此，在通信线路施工中存在的安全隐患较多，在施工图中对安全风险点应特别标注，以提醒施工人员。

③ 线路工程作业面是线型，涉及面广，主要涉及铁路、公路、水上交通以及航道水利，还涉及沿线相关的城镇、乡村、工矿、企事业单位、市政绿化等部门。在设计时应多了解当地的各行各业的法规。

④ 地下通信线路具有许多不可预计的因素，需要设计人员具有丰富的经验和较强的现场处理能力。

⑤ 通信线路采用的技术具有因地制宜的特点。在设计中应掌握不同地域的地理、气象对通信线路的影响及预防损害的技术措施。

⑥ 通信线路使用周期长，需要考虑较长时期的容量、安全和传送技术的变化等因素。

⑦ 局所的抉择涉及长期发展使用，是运营和建设中的大事，应征求运维部门的意见。

课后习题

1. 请简述光缆线路工程的分类。
2. 请描述光缆线路工程的勘察流程。
3. 请描述管道光缆、架空光缆以及直埋光缆的勘察内容。
4. 以架空光缆为例，其设计安装要求有哪些？思考这些安装要求的出处。

第6章 数据通信工程设计

6.1 数据通信工程概述

6.1.1 工程定义

数据通信在现阶段来说亦称为IP(Internet Protocol)通信。IP可以理解成是一种标准，通过特定技术使信息IP化，在IP承载网中高效快速转发。在现代日常生活中，IP已经是我们生活的一部分，光纤宽带、IP电话、IPTV、4G、5G等都在IP化运行，IP让我们的生活高速化、高效率，为我们提供了快捷的信息通道。一般来说，IP建设项目主要包括城域网、骨干网等接入及承载网络。

图6.1-1为数据网络的拓扑示意。

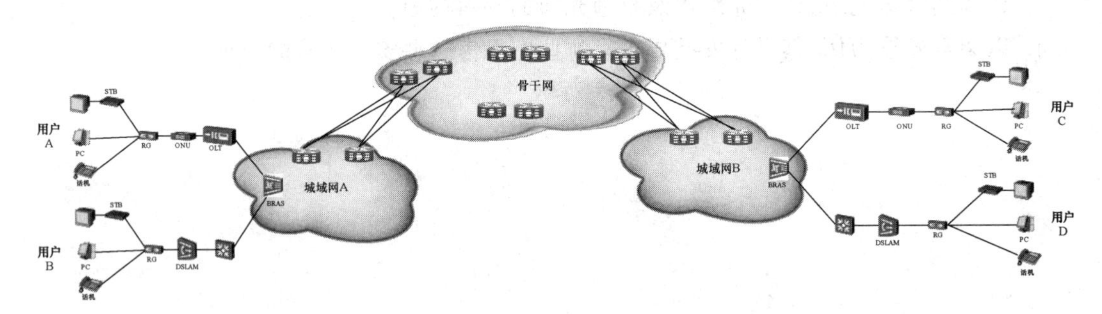

图6.1-1　数据网络拓扑示意图

从图6.1-1可以看出，用户A与用户B之间的通信可以通过城域网A直达；用户A与用户C之间的通信需要通过城域网A，经过IP骨干网，再经过城域网B连通。假如用户A想要访问的互联网资源位于城域网A内，那么其可以直接在城域网A内获得所需要的资源；若用户A想要访问的互联网资源位于其他网络内，那么就需要通过IP骨干网从其他网络处获取资源。

图6.1-1为数据网络的拓扑图，显示的是数据层面的信息传递，但根据通信系统的基本常识可知，信息在城域网间的传递还需要在底层通过光缆、线路、传输系统等进行物理传输。

顾名思义，城域网指的是一座城市内的数据网络，主要为家庭用户提供上网业务，为政企用户提供上网业务及VPN组网业务。城域网涉及的设备主要为位于TCP/IP协议第二层/第三层的交换机、位于第三层的路由器等。城域网包括城域骨干网和宽带接入网两部分，城域网拓扑示意如图6.1-2所示。

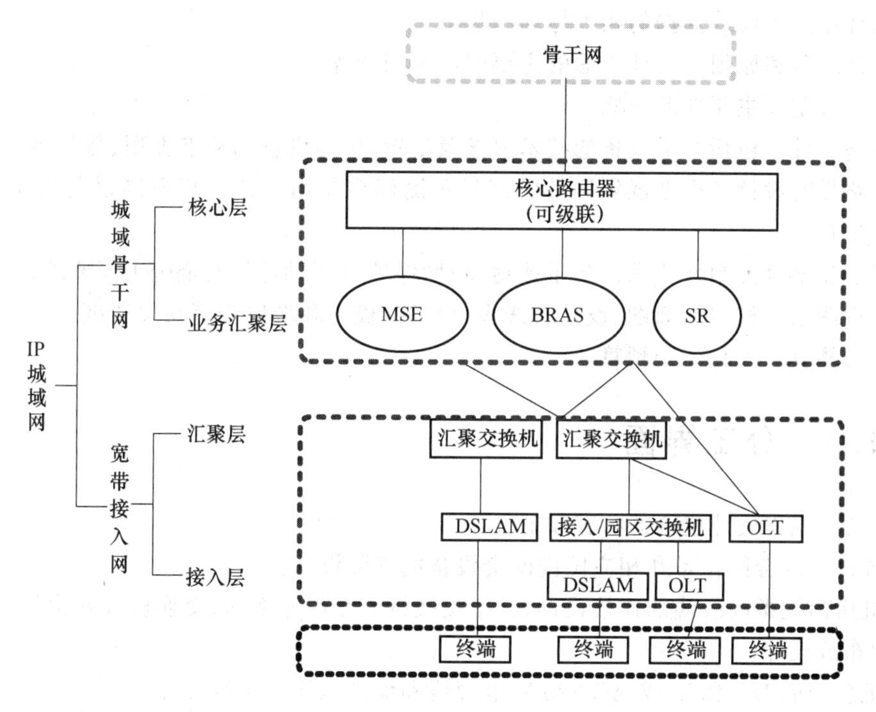

图 6.1-2　城域网拓扑示意图

IP 骨干网处于城域网的上一层，是全国性的网络，作为各城市（含不同省份的不同城市）间连通的数据网络。

6.1.2　工程内容

数据通信工程的主要内容包括确定数据设备及相关配套设备、材料的选取和安装设计、数据网链路扩容设计和设备取电方案，合理选择使用各类设备和器件，明确各类设备的安装位置及安装方式，合理计算并确定不同设备的链路带宽，提高系统性价比，使系统满足网络近期和远期的发展要求。

数据通信工程需综合考虑不同区域数据网络覆盖现状、目标区域用户数规模、用户组成和上网习惯等，根据流量预测模型和电信业务经营者的特殊要求，结合目标节点原有设备现状，综合确定网络建设方案；然后对覆盖目标区域进行详细勘察和测试，根据覆盖目标区域情况，确定数据设备及相关配套设备、材料的类型和建设方案，确定不同设备的链路扩容带宽，根据设备功耗及电源特性计算取电方案，完成机房平面图、设备布线表、设备面板图和端口表等相关图纸的绘制，并给出工程概、预算表。

数据通信工程设计的具体内容主要包括如下几点。

① 需求分析。

② 现场勘察。

③ 制订设计方案。

➢ 设计方案概述。描述数据通信工程局点的设备信息，简要说明整个工程涉及的设备数量、类型，覆盖的用户数，设备的带宽，拟采用的建设规模，可达到的效果等。

➢ 工程规模。简述工程规模，如新增设备数量、扩容板卡数量、扩容带宽数量等。

- 设计依据。设计依据的相关标准和规范。
- 设计思路和原则。设计考虑的主要因素和问题等。
- 设备选型及主要性能指标。
- 设备设计。包括新增设备的技术要求及配置,扩容设备的板卡类型、数量等。
- 链路带宽设计。根据逐年调整的流量预测模型及用户数计算不同设备需要扩容的链路带宽。
- 工程安全及强制性要求。防雷接地、环境保护、抗震加固、安全施工等要求。
- 工程图纸。机房平面图、设备布线表、设备面板图和端口表等相关图纸。
- 工程预算。工程费用预算。

6.1.3 分工界面

数据通信工程设计包含的内容如下。

① 各机房内合同设备和相应国内配套设备的安装设计。

② 机房内设备间线缆的连接设计,包括交换机或路由器之间、交换机或路由器至 ODF 间的线缆的布放设计。

③ 机房内的 DC-48 V 或 AC 220 V 电源线和保护地线的布线设计。

数据机房内骨干网光纤配线架(数据侧)至传输系统 WDM 设备等部分不属于本设计范围,由相关专业和建设单位负责。

数据通信工程设计与其他专业的分工界面如图 6.1-3 所示。

6.2 数据通信工程勘察方法

6.2.1 勘察流程

数据通信工程勘察作业流程如图 6.2-1 所示。

6.2.2 勘察前的数据计算

1. ODF 端子数量计算方法

许多机房要求数据设备所有的端子先布放尾纤到中间 ODF,名曰“成端”。当开通一条数据链路时,需要再布放 1 对尾纤,连接中间 ODF 及出局 ODF。

成端 ODF 的端子数量=本期新增端口数×2

出局 ODF 的端子数量=本期新开链路数×2

ODF 端子如图 6.2-2 所示。

2. 电缆线线径计算方法

当本期工程需要新增设备时,需要根据新增设备的功耗计算电源线线径。

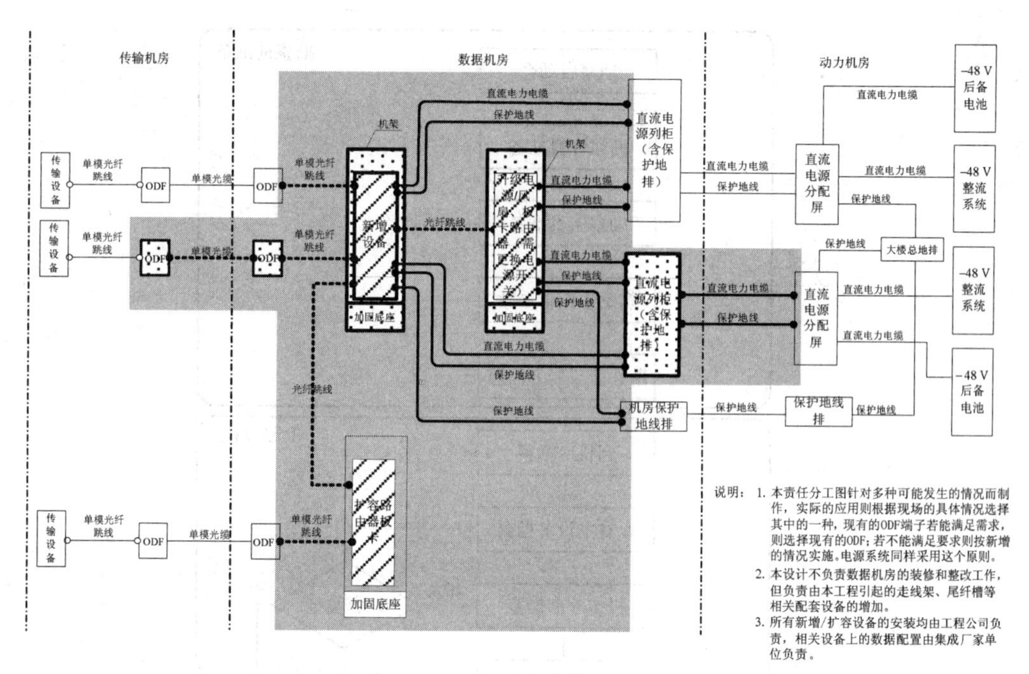

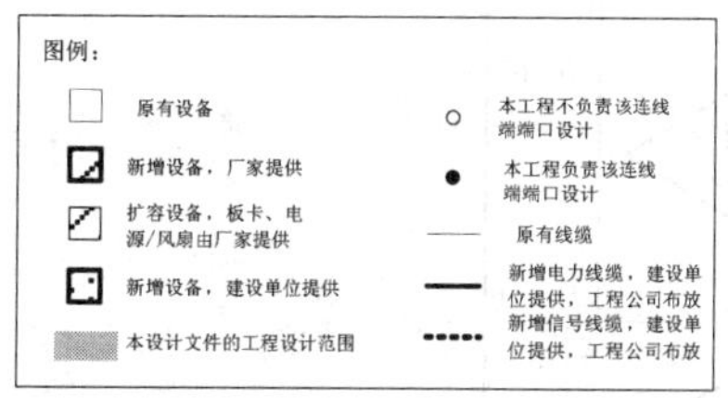

图 6.1-3　数据通信工程设计分工界面图

(1) 交流电源线线径计算方法

综合考虑电缆载流量、电缆安装规范等因素，PVC 绝缘电源线的线径选取基准值可参考表 6.2-1 中的数值。

表 6.2-1　最小安全线径

导线的工作电流/A	6	10	13	16	25	32	40	63	80	100
导线截面积/mm²	0.75	1	1.25	1.5	2.5	4	6	10	16	25
导线的工作电流/A	125	160	190	230	260	300	340	400	460	
导线截面积/mm²	35	50	70	95	120	150	185	240	300	

对于 220 V 单相交流电：$I=P/220$（P：所带设备功率）。

对于 380 V 三相交流电，每根交流输入线上的电流：$I_Z=P/(\sqrt{3}\times 380)$。

考虑三相平衡，零线截面积 $S_{零}$ 小于 $S_{相}$；如果三相不平衡，建议 $S_{零}$ 与线径最大的 $S_{相}$ 相等即可。

(2) 直流电源线线径计算方法

通信直流基础电源一般由交流配电屏、整流屏、直流控制配电屏（直流屏）、蓄电池组、直流配电柜（电源分配柜或列头电源柜）组成。

全程放电回路压降定义为：从蓄电池组接线端子到通信设备输入端子的整个放电回路的

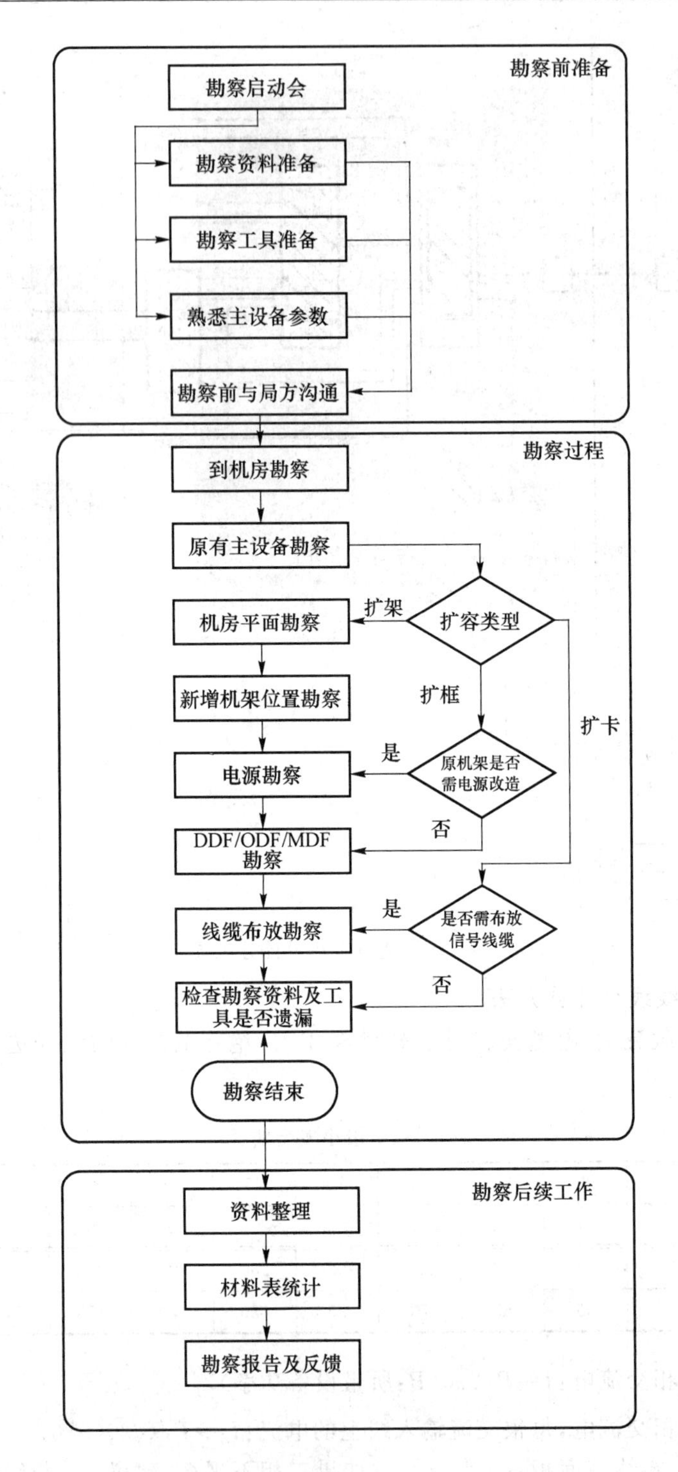

图 6.2-1　数据通信工程勘察作业流程图

电压降。为保证通信设备能够稳定可靠地工作,全程放电回路压降不能大于电池终止放电电压与通信设备最低工作电压之差值。

一般－48 V 等级的通信设备的最低工作电压是 40 V,而电池终止放电电压为 43.2 V,因此整个直流回路的总压降不能大于 3.2 V。

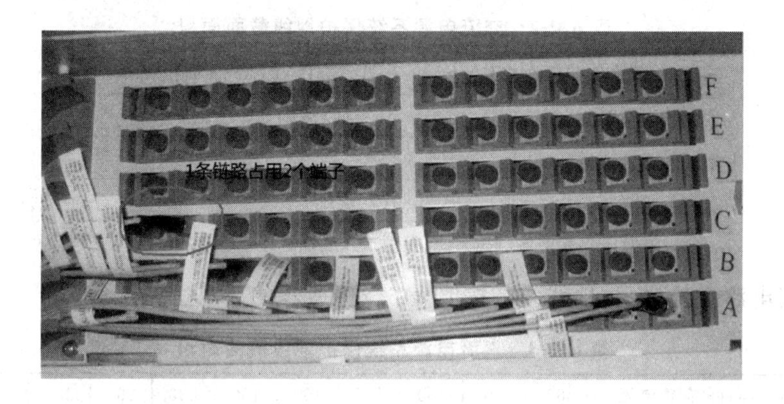

图 6.2-2　ODF 端子图

全程放电回路压降组成示意如图 6.2-3 所示。

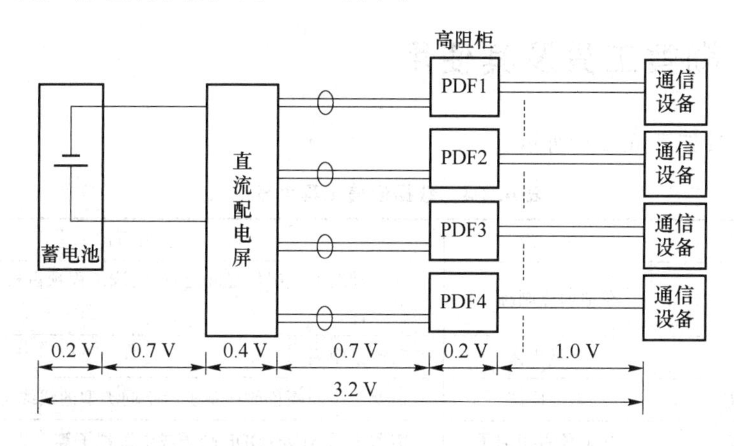

图 6.2-3　全程放电回路压降组成示意图

确定某段直流电缆压降后，按下列公式计算直流电缆线径：

$$S= 2IL\Delta U/K$$

$$I=P/U$$

式中：

I——设备的工作电流，单位为 A；

P——表示设备最大实测功耗（不是设备标称功率最大值累加），单位为 W，具体设备功耗请查阅对应产品手册；

U——设备的额定工作电压，单位为 V；

L——单根电源线长度，单位为 m；

K——铜导体的电导率，取值为 57 m/(Ω · mm^2)；

ΔU——所计算回路的压降数值，单位为 V；

S——该段电源线的导体截面面积，单位为 mm^2，需要根据计算结果向标准的截面面积数值圆整（向上圆整）。例如，计算出来的截面面积为 14.8 mm^2，则取标准截面面积数值 16 mm^2。

（3）保护地线线径计算方法

对于交流电源系统，当保护地线（PE 线）所用材质与相线相同时，保护地线线径应符合表 6.2-2 所示的规定。

表 6.2-2　交流电源系统保护地线截面面积

相线芯线截面面积 S/mm²	保护地线最小截面面积/mm²
$S<16$	10
$16\leqslant S\leqslant 35$	16
$S>35$	$S/2$

注：对于单相交流电源系统，保护地线线径必须不小于相线线径。

对于直流电源系统，保护地线线径按照表 6.2-3 所示的要求进行选取。

表 6.2-3　直流电源系统保护地线截面面积

机柜中最大直流保护器件的额定电流/A	63	80	100	125	160	190	230	260	300	340	400	460
保护地线最小截面面积/mm²	10	16	25	35	50	70	95	120	150	185	240	300

6.2.3　勘察工具及其使用

详细勘察工具如表 6.2-4 所示。

表 6.2-4　数据通信工程勘察工具

序　号	名　称	用　途	使用场合
1	油笔	在地面涂画标记	在预计新增机架位置圈地，标注该工程预占机架位置(需经建设单位允许)
2	卷尺	测量距离	需测量距离
3	四色笔	在资料上画图写字	需要用不同颜色的线条表示不同类型的线缆走线路由
4	标签纸	标记预占用端子	需预占用 MDF/ODF 端子或电源端子等
5	勘察夹	夹资料，作为写字垫	夹资料以及在勘察现场记录资料时作为写字垫
6	相机/可拍照手机	拍照	需记录现场实景，以备后期方案变更做参照使用
7	钳形电流表	测量线路电流	需扩容电源系统或列柜，当电源系统或列柜显示屏读数不准或无显示时，测量电源线实际电流
8	手电筒	照明	机房无照明或照明不足时使用
9	激光测距仪	测量距离	机房空间很大，且无地图资料，需现场勘察机房平面图时使用
10	地图	找机房	无法找到机房时使用
11	白纸	画图，写字	原有图纸以及勘察表不足以记录完所勘察内容时备用
12	机房出入证	进入机房	需出示出入证才能进入机房或借机房钥匙的地市(区域)

必备的勘察工具包括油笔、卷尺、四色笔、标签纸以及勘察夹。

其他勘察工具根据需求配备。在勘察前，需检查相机、钳形电流表、激光测距仪等勘察工具的电力是否充足，功能是否正常。

6.2.4　记录表模板

为了更好地配合勘察工作，同时也为了避免漏查相关项目，建议使用勘察记录表，可以参照以下模板。

局方部门负责人	
勘察人	
审核人	
勘察日期	年　月　日

城域网
机房情况记录表

建设单位：＿＿＿＿＿＿＿＿＿＿＿＿公司

节点名称：＿＿＿＿＿＿＿＿＿＿＿＿＿＿＿＿＿＿＿＿

数据机房城域网设备情况勘察表：　　注意走线路由、材料、设备端口面板！

新增/扩容设备名称、编码	相关设备编码请填写资源勘察表。 名称：＿＿＿＿
建设规模/耗电量	新建规模：设备尺寸(mm：$H \times W \times D$)：＿＿＿＿ ＿＿＿＿　安培(A)；所需电源端子数量(　　)
机房基本情况	若需新增尾纤槽，在图上标出尾纤槽位置及规格。 机房楼层：＿＿＿＿活动地板高：＿＿＿＿ 走线架高：＿＿＿＿走线架宽：＿＿＿＿
新增设备安装在原有机架/扩容设备安装机架情况	机架尺寸(mm：$H \times W \times D$)：＿＿＿＿＿＿＿＿机架正视图(　　) 架顶型号(　　　　)端子型号(　　　　)绘制端子图(　　　　) 总输入容量(　　　　)已使用容量(　　　　)上级端子容量(　　　　)
新增机架安装位置	机架安装位置地板有无障碍物(　　)安装位置现场圈地标识(　　) 新增机架尺寸(mm：$H \times W \times D$)：＿＿＿＿＿＿＿＿颜色(　　　　)
电源柜情况	电源常规记录，若需要增加列柜或改造电源等，请专门填写电源勘察表，如需申请用电，请填写用电申请勘察表。 详见“电源勘察”页。
机房地线排	注意不要占用 ODF 专用地线排。 位置是否确定：＿＿＿＿是否 ODF 专用地线排：＿＿＿＿有无空端子：＿＿＿＿
ODF情况	位置是否确定(　　)有多少空端子(　　)记录 ODF 端子型号(　　) 记录 ODF 型号及尺寸(　　)颜色(　　) 若需新增 ODF，注意自 ODF 专用地线排引接保护地。
走线路由及材料	是否标注所有走线路由(　　)是否记录所需材料及长度(　　) 是否需要增加尾纤槽(　　)是否增加材料已记录(　　)标注在图纸上
安全风险	是否有需要特别注意的安全风险(　　)

数据通信工程
电源设备
机房情况记录表

局方部门负责人	
勘察人	
审核人	
勘察日期	年 月 日

工程名称：________________

建设单位：________________公司

节点名称：________________________

电源情况勘察表： 注意走线路由、材料、上级端子及容量。

电源柜型号：________编码：________

开关/熔丝：________型号：________是否可更换开关/熔丝：________

总输入容量：2×________A 已使用容量：A路________A，B路________A

保护地/工作地是否有空端子：________

是否贴标签：________走线路由是否确定：________

绘制本列柜端子图：________（注明本期占用端子）

绘制本列柜至电力室各级配电屏端子图：________

记录各级列柜最大容量及使用容量：________

整流系统的型号：________编码：________已使用量：________可扩容多少整流模块：________

整流模块的型号：________编码：________数量：________

绘制整流屏的面板图。

电池组型号：________属于哪个整流系统：________（比如ZL03）

电池容量：________（A·h）×________（组）

勘察注意事项

1. 涉及的设备（如各级列柜、整流系统）均需要记录其设备编码。
2. 涉及的设备（如ODF、列柜等）均需要记录其型号。
3. 设备安装的位置、引电的端子等均需要贴上标签预占。
4. ODF分中间ODF和出局ODF，这两种ODF都需记录情况（无须记录机房内所有的ODF，只需记录本期会使用到的2～3个ODF即可）。
5. 需要记录的走线路由包括：

① 设备引电的电源线路由及长度；
② 设备至ODF的尾纤路由及长度；
③ 中间ODF与出局ODF之间的跳纤路由及长度；
④ 若是新增列柜，则记录新增列柜至上级配电屏的路由及长度，以及到机房地线排的路由及长度；
⑤ 若是新增ODF，则记录新增ODF到ODF专用地线排的路由及长度。

6.2.5 具体勘察内容

1. 主设备勘察

图6.2-4是数据主设备常见实物图。

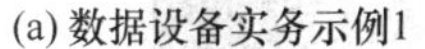

(a) 数据设备实务示例1　　(b) 数据设备实务示例2

图 6.2-4　数据主设备实物图

主设备勘察工作的目的是核实并确定节点的扩容方式(新建设备、扩容板卡、扩容模块、扩容链路或者是这几种方式的任意组合)。

新建设备方式是指通过在原有设备机架里新增设备,或新增机架并在其内新增设备,同时在新增设备上配置板卡,以满足该节点扩容需求的方式。该方式需勘察新增设备机架位置或原有机架位置、设备面板、ODF、电源以及电源线、信号线缆的布线路由。如果机房原有列柜或整流电源不能满足新建需求,则需勘察机房整流电源或楼层电力室,进行机房电源改造设计。

扩容板卡方式是指通过在原有设备上插板卡以满足该节点扩容需求的方式。该方式需勘察原有主设备面板。如果核实原有设备后,需要新增链路,还需勘察 ODF 以及信号线缆布线路由。

扩容模块方式是指通过新增光模块,以满足该节点扩容需求的方式。该方式需勘察设备面板,如果需要扩容链路,该方式还需要勘察 ODF 以及各种线缆布放路由。

扩容链路方式是指利用现有设备端口、模块新增到某一方向的链路,以满足链路带宽扩容的方式。该方式需勘察设备面板、ODF 以及各种线缆布放路由。

一个节点的扩容方式如何选用,与该期 IP 工程的扩容原则、该地市的维护习惯、机房电源和空间等资源条件有关,所以勘察人员勘察前需了解该期 IP 工程的扩容原则以及该地市的维护习惯,然后结合勘察的现场条件,确定该节点的扩容方式。

2. 机房平面勘察

核实机楼地址、机房名称及资源编码、机房层数、机房承重。

核实机房层高及净空高度、承重梁位置、梁高、活动地板尺寸及高度、加固底座高度。

核实机房的长、宽,核实墙壁上门、窗、空调、消防设备、照明设备在机房中的位置,如果这些位置会影响设备安装或线缆布放,则必须记录它们的尺寸及相对位置。

核实机房内预留走线用的各种孔洞的位置。

记录该期工程相关机架行列号以及机架正面。

如果本期新增设备需挂墙安装,则必须勘察机房内设备安装墙面的各类已有壁挂式设备的位置、尺寸及距地面高度。

核实机房送风方式、冷通道与热通道的设置。

如果本期工程需新增散热量的设备,需核实空调出风口位置、回风口位置,如需进行空调系统改造,需作为问题记录下来,申请空调专业人员配合。

如果勘察前已准备有机房平面图，应仔细核对旧图，进行错误纠正、查漏补缺。

3. 机架勘察

数据机架如图 6.2-5 所示。

图 6.2-5　数据机架图

设备及相关网络设备机架勘察要求如下：

① 记录机架位置编号以及资产编号；

② 图纸标明机架正面；

③ 绘制机架正视图，并记录机架外部尺寸、层板尺寸、前后安装柱距离、左右安装柱间隔、输入开关大小、输出开关大小、数量及空余情况。

确定新增机架的位置时，注意核实设备本身的尺寸以及与其他设备或墙面之间的距离等。

在布置机架时，要充分考虑机房内已有设备的布局情况以及已有设备的布线情况。同类工程设备尽量布放在一起，这有利于机房维护以及设备管理。机架布放尽量避免机柜内新增设备布线发生交、直流电力线以及信号线走线冲突。

机架高度必须小于机架安装位置上方走线架高度，如果必须安装在走线架较低的位置，可考虑使用厂家高度较小的机柜。

新增机架摆放需注意以下问题。

① 新增机架在安装时，应尽量做到同一机架列的正面平齐。

② 两相对机柜正面之间的距离不应小于 1.5 m。

③ 如果需在两相对机柜间进行维护，机柜间应预留足够打开机柜门进行操作维护的通道，部分厂家机柜不需打开后门进行维护，该类机柜可以靠墙摆放或者背靠背摆放。

④ 机柜侧面(或不用面)距墙不应小于 0.5 m，当需要侧面维修测试时，则距墙不应小于 1.2 m。

⑤ 机房主走道净宽不应小于 1.2 m。

⑥ 分体式民用空调室内机正下方不得有设备，因为室内机可能会滴水，造成设备损坏。

4. 电源

勘察电源是为了核实该工程新增设备是否能接电，如何接电以及是否需要扩容电源系统。

新增设备电源线线径的计算见本书 6.2.2 节，电源线线径由设备功耗以及电源线长度等因素决定。

在机房面积较小时，主体设备或直流架顶电源分配盘直接由一体化整流系统取电。在这种情况下，需记录一体化整流系统的最大容量、目前负载容量、电池容量，从而计算出整流系统是否足以供新增设备取电，是否需要增加整流模块。如果该整流系统可以接电，需记录并绘制整流系统直流输出电源端子图，用于指导施工接电。最后对计划接电的电源端子贴标签。

在汇接局机房，一般机房面积较大，主体设备或直流架顶电源分配盘由直流电源列柜取电，在这种情况下，需分别核实直流电源列柜以及整流系统两级电源容量是否都能满足该期工程需求，并记录相关信息及接电电源端子图。最后对计划接电的电源端子贴标签。

注意：需确保直流列柜的输入熔丝或开关小于等于上一级整流输出屏输出熔丝，否则应该以整流输出屏输出熔丝的容量作为直流列柜的最大容量。

直流电源列柜如图 6.2-6 所示，直流电源列柜保护地线排如图 6.2-7 所示。

(a) 列柜外观

(b) 列柜内部配置

图 6.2-6　直流电源列柜

图 6.2-7　直流电源列柜保护地线排

整流系统最大容量一般可由整流系统型号得知。譬如艾默生通信电源系统 PS48300-3B/2900-X1 的意义如图 6.2-8 所示。

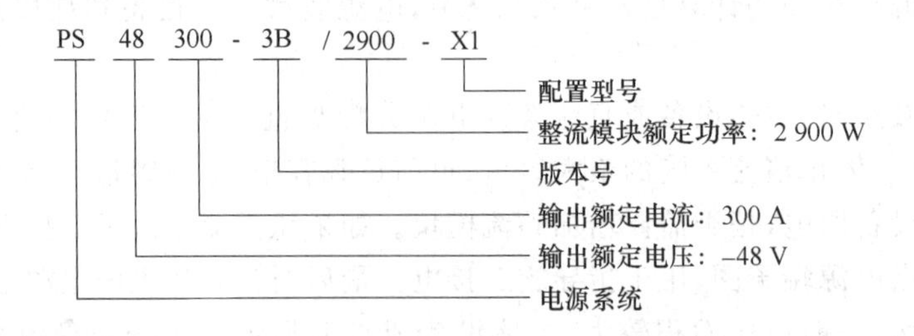

图 6.2-8 艾默生通信电源系统命名

整流系统目前的负载可通过直流输出显示屏读取，在显示屏无法正常读取的情况下，亦可通过将各整流模块读数求和的方法得到。

直流电源列柜最大容量可通过查看输入熔丝或开关容量得出，目前负载可通过列柜附带的显示屏读取，如果电源列柜无显示屏，则需通过钳形电流表等工具进行测量。

在广东部分地市中，新增设备用电需提交用电申请，必须包含电源系统资源编号、型号、容量等，需在勘察阶段进行记录。

核实机房保护地线排（见图 6.2-9）位置以及剩余端子数。

图 6.2-9 机房保护地线排

如电源系统容量不足，扩容原则及计算方法如下。

(1) 整流模块扩容原则

整流模块应考虑 $N+1$ 备份，根据机房现有整流器及电池容量现状，整流模块数量需求按如下公式计算：

$$\text{模块数}=\frac{\text{整流系统已用容量}+\text{本期新增设备功率}/48+\text{电池容量}/10}{\text{整流器单模块容量}\times 1.175+\text{冗余模块数量}}$$

和机房现有配置整流模块的差额则为本期工程新增整流模块数量。

在扩容模块可以满足需求的情况下建议采用扩容方式，如果无法扩容足够的模块，则应该新建整流系统。

(2) 整流系统扩容原则

本工程可以考虑远端接入网机房的电源系统，机楼整流系统暂不考虑。

$$I_{最大输出}=I_{最大负载}+I_{电池充电电流}+I_{冗余整流模块电流}$$

当整流模块数量小于 10 块时，$I_{冗余整流模块电流}=1\times I_{单整流模块最大电流}$；当整流模块数量大于等于 10 块时，按每 10 块备份 1 块，$I_{冗余整流模块电流}=n\times I_{单整流模块最大电流}$。

对于电池供电时间在 5 小时以下的，$I_{最大负载}$ 约为 $I_{最大输出}$ 的 60%，需要扩容电源系统，考虑原有整流系统所负载设备插卡扩容对电源的需求，所以本期工程建议在整流系统负荷达到最大容量 50% 的时候，新增一套新整流系统。

对于电池供电时间在 5 小时以上的，$I_{最大负载}$ 约为 $I_{最大输出}$ 的 50%，需要扩容电源系统，考虑原有整流系统所负载设备插卡扩容对电源的需求，所以本期工程建议在整流系统负荷达到最大容量 40% 的时候，新增一套新整流系统。

根据各地市的具体要求确定扩容需求。

5. ODF

ODF 一般由 ODF 空架、熔纤单元、终接单元(ODM)、盘纤单元、单头架内尾纤等组成，如图 6.2-10 所示。

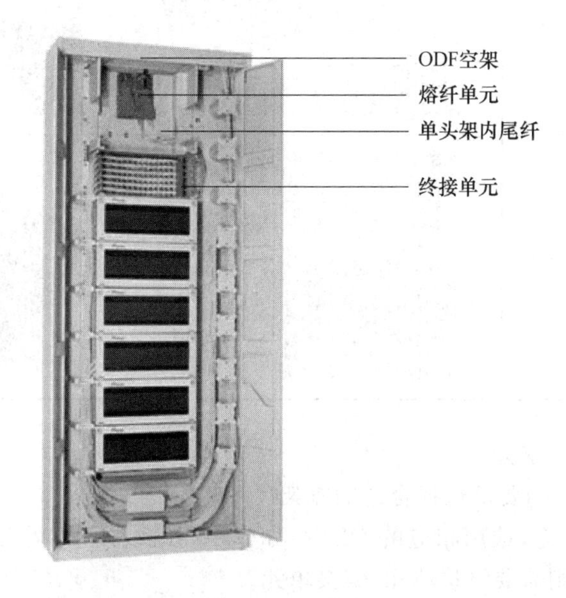

图 6.2-10　ODF

勘察 ODF 是为了核实是否具备新增链路所需光路资源，并预先占用光纤中继资源，即计划占用的 ODF 端子位置。

勘察 ODF 的内容如下。

① 确定 ODF 出局局向，同一 ODF 内各个终接单元经常通往不同局向。因此，需核实相关出局局向并记录该期工程所需光路资源的位置。目前在 IP 工程中，一般先由设计单位在现场核实是否有可用光路资源，具体所用纤芯由局方资源部门分配和指定。

② 勘察去往新增链路方向的剩余可用纤芯数量。

③ 需记录 ODF 可用纤芯是单模还是多模，如果是单模，一般旁边所接光纤为黄色或蓝色；如果是多模，一般旁边所接光纤为橙色或暗红色(单模、多模光缆可能会成端在同一 ODF 架内的不同 ODM)。

④ 核实 ODF 终接单元接头类型。观察尾纤接头型号需注意在有光源的情况下，透视光尾纤接头类型时，不可直视尾纤光纤接头，以免灼伤眼睛，建议在无光源的情况下去查看尾纤接头。各种接头类型如表 6.2-5 所示。

表 6.2-5　光纤接头类型

序　号	类　型	说　明	外形图	适配器
1	FC	圆形光纤接头		
2	SC	方形光纤接头		
3	LC	方形光纤接头	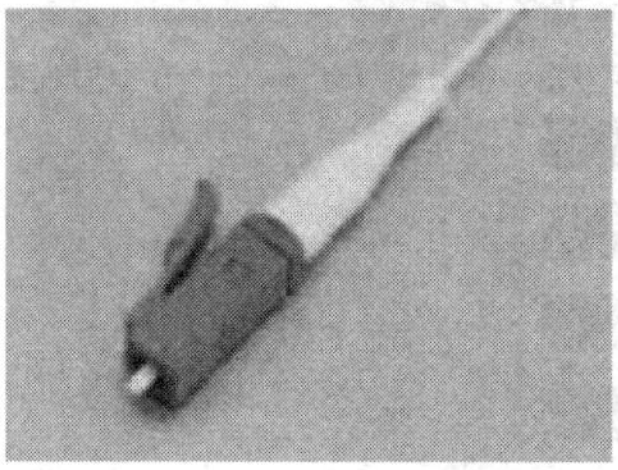	

新增 ODF 的规格要求如下。

① 根据设计和容量的要求选择合适的机架尺寸规格。

② 根据 ODF 的用途，选用相应的 ODF。如作中间跳线用，不需要终接单元/熔接单元，如作光缆终端配线用，则需要终接单元/熔接单元。

③ 根据 ODF 上终接的光缆类型和端口形式，选择相应的连接终接单元。

④ 需要说明：带状光缆、束状光缆的选择、模块的选择（融配一体化/熔接、配线分开）；单模光纤与多模光纤的选择（指熔接使用的单头尾纤）。

⑤ ODF 配套单头尾纤注意写明是要带状还是束状，类型要和熔接的光缆相一致。

6. 线缆布放

(1) 走线路由及长度测量

确定走线路由：两设备间在确定线缆走线路由时，需注意走线架上线缆的布放情况、活动底板下的走线情况，同时注意三线分离原则。当电源线与信号线不可避免地出现交越时，交越处电源线应套阻燃 PVC 管保护或用桥架分离。

走线路由长度勘察事项：

➢ 目前一般机房勘察线缆长度使用瓷砖计数方法；

➢ 拐弯处可按走线架或走线槽布线情况适当估计预留长度，可在拐弯处增加 600 mm 的长度；
➢ 需跨越上下层走线架时，按走线架高度差预留长度；
➢ 设备在不同机房内时必须在平面图上画出走线孔位置，设备在不同楼层时，楼层高度按实际测量；
➢ 对于设备机架内走线方式，部分架内线缆是从走线架布放到设备架底，再布放到机架内设备的，需注意架内走线；
➢ 根据两设备位置的不同可设不同冗余量。若两设备在同列，冗余量可设为 5%；若两设备在不同列，冗余量可设为 10%。两设备在不同机房时，冗余量可设为 10%～20%。

在确定走线路由时，必须实地勘察全程走线路由，严禁进行猜测、假想，如有不确定因素（如走线路由需跨越办公区域或跨越楼层走线孔等），尽量与机房管理人员协商确定。

（2）三线分离原则

➢ 通信机房走线应采用上走线方式。走线架不得安装饰板（含侧板和底板），各类规格的走线架每米承重均应大于 80 kg。走线架应良好接地。
➢ 机房内电源线和信号线的走线架应分层设置，电源线走线架在上，信号线走线架在下，上、下两层走线架的垂直距离不小于 20 cm。
➢ 直流电源线和交流电源线的走线架可以同层设置，但两种走线架的水平距离不小于 10 cm。
➢ 直流电源线和交流电源线需同槽铺设的，必须将直流电源线和交流电源线分成两边，其水平距离不小于 20 cm。
➢ 部分机房尚未满足上述要求的，应逐步整改，如机房高度限制；不同走线架无法分层敷设的，可以同层敷设，但不同走线架的水平距离不小于 10 cm。
➢ 当电源线与信号线不可避免地出现交越时，交越处电源线应套阻燃 PVC 管保护或用桥架分离。

7. 配套设备、材料确定

勘察现场必须确定配套设备、材料清单，如设备机架、直流电源列柜、电源熔丝或空气开关、走线架、尾纤槽等。

（1）设备机架

对于部分室外节点，需根据应用场景选用简易型室外壁挂式机柜或工程完善带直流电源、空调等的一体化机柜。

IP 工程配套机架规格按所需安装设备规格确定，以防止设备或设备线缆突出机柜前后平面为原则，并结合机房现有机柜确定。

确定配套直流机柜需注明机柜外围尺寸、颜色、层板数量、前后门以及侧门需求。

（2）直流电源列柜

如果工程所安装设备附近无可用直流电源系统或直流电源列柜，则需配套采购直流电源列柜，具体新增直流列柜勘测见电源勘察指导书。

确定配套直流电源列柜需注明列柜外围尺寸、颜色，内部输入、输出熔丝开关容量及数量，监控设备配置需求等。

（3）走线架

机房线缆采用上走线时，机房需要安装走线架，走线架上可以铺设机房内的各种线缆。走线架以线梯形式为主。带挡板铝合金走线架如图 6.2-11 所示，不带挡板铝合金走线架如图 6.2-12所示。

图 6.2-11 带挡板铝合金走线架

图 6.2-12 不带挡板铝合金走线架

如果原有机房无走线架，新增走线架的材料、规格等需符合地市公司的使用习惯；如果在原有走线架的基础上扩充，新增走线架的材料、规格需与原有走线架一致。

走线架的布置要仔细考虑机房各设备的走线路由，使用最少的走线架完成线缆的布放。布置走线架要结合具体设备的安装情况，力求走线合理、美观。

走线架规格包括如下参数，在确定配套材料时必须同时确定这些参数：

① 确定材质(铝合金、铝合金＋扁铁、铁走线架)；

② 规格尺寸(常用尺寸：300 mm、400 mm、600 mm、800 mm、1 000 mm)；

③ 确定支、吊架配置(吊装式、立柱式、混合式)；

④ 确定是否分层布放；

⑤ 确定走线架的类型(信号走线架、电力线走线架、尾纤槽等)。

在跨机房、跨楼层走线的情况下，应详细勘察走线架和走线孔洞，特别注意走线孔洞的位置选择，注意孔洞的防火封堵。

6.2.6 勘察报告

勘察结束后，需要对整个勘察情况进行总结，并形成勘察报告。这样做有两个好处：一是将勘察过程中遇到的问题向工程主管汇报，提醒工程主管哪些机房条件不成熟，是否有解决方案，是否需要更换机房等；二是记录相关重要信息，以便设计时能够对机房情况了如指掌。表 6.2-6 是勘察报告模板。

表 6.2-6 勘察报告模板

机房名称	本期建设内容	设备安装位置	机架规格	取电方案	列柜情况	上一级配电屏情况	电源系统情况	中间 ODF	其他	存在问题
××	新增 2 台 NE40E-X16	拆除 HH14-03 位置原有机架,然后新增 1 个 2 200 mm × 600 mm×800 mm的机架,拆除 HH11-05 位置原有机架,然后新增1个2 600 mm×600 mm × 800 mm 的机架	2 200 mm×600 mm×800 mm 2 600 mm×600 mm×800 mm	从同列列柜取电,需更换开关,型号为 Easy8 80 A	14 列列柜(ZL01/ZLP09) 2× 300 A 输入,A 路已用 22.3 A,B 路已用 23.2 A;11 列列柜(ZL01/ZLP08) 2× 400 A 输入,A 路已用 22.8 A,B 路已用 23 A	ZL01/ZLP02,输入为 4 × 1 000 A,已用 600 A,输入为 N×400 A	艾默生 HD48100-5,有 2 个架,已配 24 个(共可配 30 个),目前负载为 1 000 A,电池组电量为 8 000 Ah	本期拆除 05 列 4 个 DDF,然后新增一个中间 ODF05-05 (2 600 mm× 840 mm × 300 mm)	11 列新增尾纤槽,高 2 700 mm,宽 200 mm;14 列新增尾纤槽,与原有尾纤槽同高,宽 200 mm;ODF 列新增尾纤槽,与原有同高,宽 300 mm;新增跨列尾纤槽,与原有同高,宽 300 mm	机房条件不够装 3 台 MSE,且此机房将搬迁,因此暂新增 2 台 MSE

6.2.7 注意事项

勘察作业安全规范和要求如下。

① 勘察人员进行勘察作业时需严格遵守局方的机房安全管理规范和办法，严格执行操作规程，采取措施保证各类管线、设施和建筑物的安全。

② 勘察人员在进行现场勘察工作时需要小心谨慎。严禁触碰与该工程无关的设备及线缆；勘察该工程相关设备、线缆时，避免触动网络设备的电源接口和通信接头，以免造成通信中断的重大事故，对于设备电源线和通信线缆，不能采用拽拉等可能对其造成损坏的动作。

③ 透视光尾纤接头类型时，不可直视尾纤光纤接头，以免灼伤眼睛，建议在无光源的情况下去查看尾纤接头。

④ 勘察人员在对工程所需的电力系统进行勘察时，为保证安全，需要对系统的各层级的容量使用情况进行全面了解、勘测和调查。

⑤ 在勘察 DC 时，如需打开 DC 配电单元盖，注意不要用手触摸 DC 内的任何设备。勘察电池组时，不要接触电池的正负极，在测量电池尺寸时不要将卷尺与电池互联部分(带电部分)接触。

⑥ 设计勘察人员在制订电源的割接等方案时，需与相关机房的电力维护人员和建设单位主管人员充分沟通，以取得多方的建议和允许，增加方案的可靠性和可实施性。

⑦ 设计勘察人员在现场勘察时若发现机房现有状况存在安全隐患或有不符合国家和本行业的安全规定的，应及时向建设单位反映并在设计中提出需要整改的建议，可能的话还可以提交整改解决方案。

6.3 数据通信工程设计方法及案例

6.3.1 工程设计方法与要求

数据通信工程设计的目标是按照流量预测模型，计算设备链路带宽，通过研究 IP 通信发展趋势及现状，选取合理的数据主设备及相关配置，以较高性价比的方案，建设一个满足 1～2 年内宽带用户发展规模的数据网络。

数据通信工程的主要设计内容包括：

- 计算链路带宽并确定传输承载方案；
- 选取合适的数据设备及配置；
- 确定设备取电方案。

一、计算链路带宽并确定传输承载方案

由于互联网的蓬勃发展以及用户上网习惯的不断变化，所以需要每年对流量模型进行不同程度的调整。

某一年的预测方法如下。

① 出省流量：

出省流量＝CR 出口链路流量×出省比例

② CR 流量：

CR 出口链路流量＝MSE/BNG 上行链路流量

CR 出口带宽需求＝CR 出口链路流量/链路利用率

③ MSE 流量

MSE 上行链路流量＝互联网用户数×互联网业务户均流量＋视频用户数×视频业务户均流量

MSE 下行链路流量＝MSE 上行链路流量/收敛比链路带宽需求

＝链路流量/链路利用率

目前 IP 设备的单链路传输带宽有 3 种规格：10GE、40G、100GE。可以根据计算出的链路带宽需求，选择合适的传输速率。比如，链路带宽是 40G，那么可用 4 条 10GE 链路来满足；如果链路带宽是 80G，那么可用 2 条 40G 链路来满足；如果链路带宽是 180G，那么可用 2 条 100GE 链路来满足。

确定了各设备的带宽扩容规模之后，需要确定相应的传输承载方案。信息在 IP 数据设备之间传递，需要经过底层的承载网络，包括光缆网、波分网、OTN 网等。如果两个节点之间存在直达光缆，或者虽然没有直达光缆，但只需要 1 跳即可抵达且总距离只有十多千米，建议可以通过光缆网来连接这两个节点设备；如果两个节点之间的距离较远，那么只能通过传输网(波分网、OTN 网等)来进行传输。

在确定好链路的传输承载方案之后，需要把这个承载方案发给光缆专业和传输专业的相关人员，由他们配合提供相关信息。

二、选取合适的数据设备及配置

目前 IP 数据设备包含以下几个类型：

① 位于核心节点的核心路由器(CR)；

② 用于汇聚转发节点的多业务边缘路由器(MSE)、宽带网络网关控制设备(BNG)及业务路由器(SR)；

③ 用于汇聚接入设备的数据中心交换机(DCSW)及汇聚交换机(HJSW)。

不同设备的转发、交换能力不一样，故所适用的场景和电源要求也不一样。

1. 核心路由器

核心路由器的转发、交换能力最强，故核心路由器价格较贵，主要定位于运营商骨干网络的超级核心节点、城域网核心节点、大型数据中心出口节点和大型企业网络核心节点。CR 一般支持单机、背靠背(2 台单机合并做 1 套系统)、集群(控制框＋N 台业务机框)。CR 扩展能力强，端口颗粒大，支持平滑升级，支持不同级别的机框混框集群，比如“2 个 400G 机框＋1 个 800G 机框”的混框集群。

目前 CR 设备典型的型号为思科 NCS 系列、华为 NE5000E 系列等。

2. 多业务边缘路由器、宽带网络网关控制设备、业务路由器

多业务边缘路由器、宽带网络网关控制设备、业务路由器主要用于骨干网的边缘节点或者是城域网的业务控制层，一般为单机设备，目前支持 200 Gbit/s 的传输能力。

MSE/BNG/SR 设备目前典型的型号为华为 NE40E-X16 系列、中兴 M6000-S 系列、上海贝尔 7750 系列等。

3. 数据中心交换机

数据中心交换机主要用于数据中心(IDC)及流量较大、链路数较多的汇聚节点，其特点是槽位数多，每槽位吞吐量较大，单板支持高达 40 个以上的 10GE 端口。

DCSW 设备目前典型的型号为华为 12800 系列、华为 12500 系列等。

4. 汇聚交换机

汇聚交换机主要用于流量较小但链路数(用户)较多的汇聚节点，将低流量业务(比如百兆、千兆业务)汇总后再以万兆(10GE)链路上行至其他节点，以节省传输资源，以及对上层设备的端口占用率。

HJSW 目前典型的型号为华为 9300 系列、中兴 8900E 系列等。

三、确定设备取电方案

对于新增设备，需要确定其取电方案。设备的基本电源属性从设备厂家的硬件描述手册中获取。需要获取的电源属性包括设备功耗、电源模块功率、设备输入电源端子数量、每个电源端子的开关大小。

1. 确定电源模块数量

对于小型设备，比如交换机，一般只配置 2 个电源模块，那么只需要满配电源模块即可。

对于大中型设备，比如多业务边缘路由器设备、宽带网络网关控制设备、核心路由器设备，由于机房条件有限，不必要一次性配满所有的电源模块，可以根据实际需要计算所需的电源模块数量。

比如根据所配置机框及板卡的数量，计算得出设备功率为 6 000 W，而一个电源模块可提供的最大功率为 2 000 W，那么要支持 6 000 W 的设备功率至少需要 3 个电源模块，考虑至少要有 1 个冗余的电源模块，那么这种情况下至少需要配置 4 个电源模块。

2. 确定电缆线径

电缆线径的确定方案参考“6.2.2 勘察前的数据计算”。

3. 确定接电开关大小

大部分厂家的硬件手册应该都会提供设备建议接入的开关大小，比如 63 A。但也有部分厂家的硬件手册介绍得比较简单，并没有提及此部分内容，那么我们也可以自己计算。

比如设备功率是 6 000 W，共 4 路输入，那么每一路输入承载的功率为 1 500 W，换算成电流约 32 A(电压按 48 V 估算)。一般设备取电是从一个配电屏/列头柜的主备路各取一半的电流，需考虑当配电屏/列头柜的某一路出现故障时，所有的电流需由另一路全力承担。因此上述计算出的设备每一路的输入电源需乘以 2，即 64 A。那么接入的开关大小需大于 64 A，建议取 80 A 的开关。

6.3.2 设计文件的主要内容

一本完整的设计文件需包含设计说明、设计(概)预算、设计图纸，以及建设单位要求的其他交付材料。

设计图纸包括责任分工图、网络拓扑图、机房施工图等。

6.3.3 典型图纸及说明

1. 绘图软件的使用

在工业设计中最常用的专业绘图软件包括 AutoCAD 和 Microsoft Office Visio 等。目前我们绘制设计图纸多采用 Visio。

Visio 作为一种专业制图软件，界面很友好，操作也很简单，但却具有强大的功能；可以提供多种模板，可绘制流程图、网络拓扑图、数据分布图、平面图、规划图、线路图等图纸。

Visio 与 Office 系列其他软件的兼容性很好，而且也可以与 AutoCAD 整合应用。另外，建议新建一个 Excel 文件用于保存编辑图纸中所有 Excel 表格，防止由于 Visio 和 Excel 的兼容问题造成表格丢失。

2. 图纸的主要构成

通常数据通信工程设计包含的图纸种类如下。

① 工程责任分工图。

② 设备安装通用图(包括设备安装方法图/机架和底座加固图)。

③ 工程的网络图。

④ 单项工程的网络图。

⑤ 各机房相关图纸，包括机房设备布置平面图、走线架布置平面图、布线表、机架正视图、设备面板图、电源端子图。

3. 责任分工图

由于 IP 网络工程涉及多个参建单位，采用责任分工图可以详细区分各参建单位在材料提供、设备安装调测方面的不同责任。

责任分工图的主要作用：

- 明确本单项工程的设计范围；
- 明确施工单位和集成商的分工和工作范围；
- 有时还需明确总集成商、分集成商、设备原厂商的分工和工作范围。

绘制时注意事项：

- 不同单位负责的设备和线条的线型要区分；
- 在较复杂情况下，图纸可分为设备材料提供责任分工图和安装调测责任分工图。

4. 网络图

网络图用于形象地表示 IP 网络的拓扑结构，因此需注意布局合理、排列均匀、美观大方。

为了表现出工程前后网络的变迁，对于网络结构比较复杂和节点数量多的情况，需采用现状图和目标图两张图纸；而对于网络结构简单，节点数量很少的情况，可以只采用一张图纸进行表达(采用虚、实线图例表示出网络设备及链路的变化调整)，如图 6.3-1 所示。

当需要表现两个充分互联的网络或 3 个充分互联的网络时，由于情况复杂，可将主要需要表达的网络整体画出，而将次重要的网络以孤立节点的形式表现出来，次重要网络的实际连接图在另外一张图中再进行表达。比如在城域网工程中，可以分类别、分区域地表现城域网网络。

5. 机房平面和设备布置图

图 6.3-2 是机房设备布置图示例。机房平面和设备布置图用于表示设备布置的情况和工程内容情况。图纸比例应根据机房实际大小自行取定。

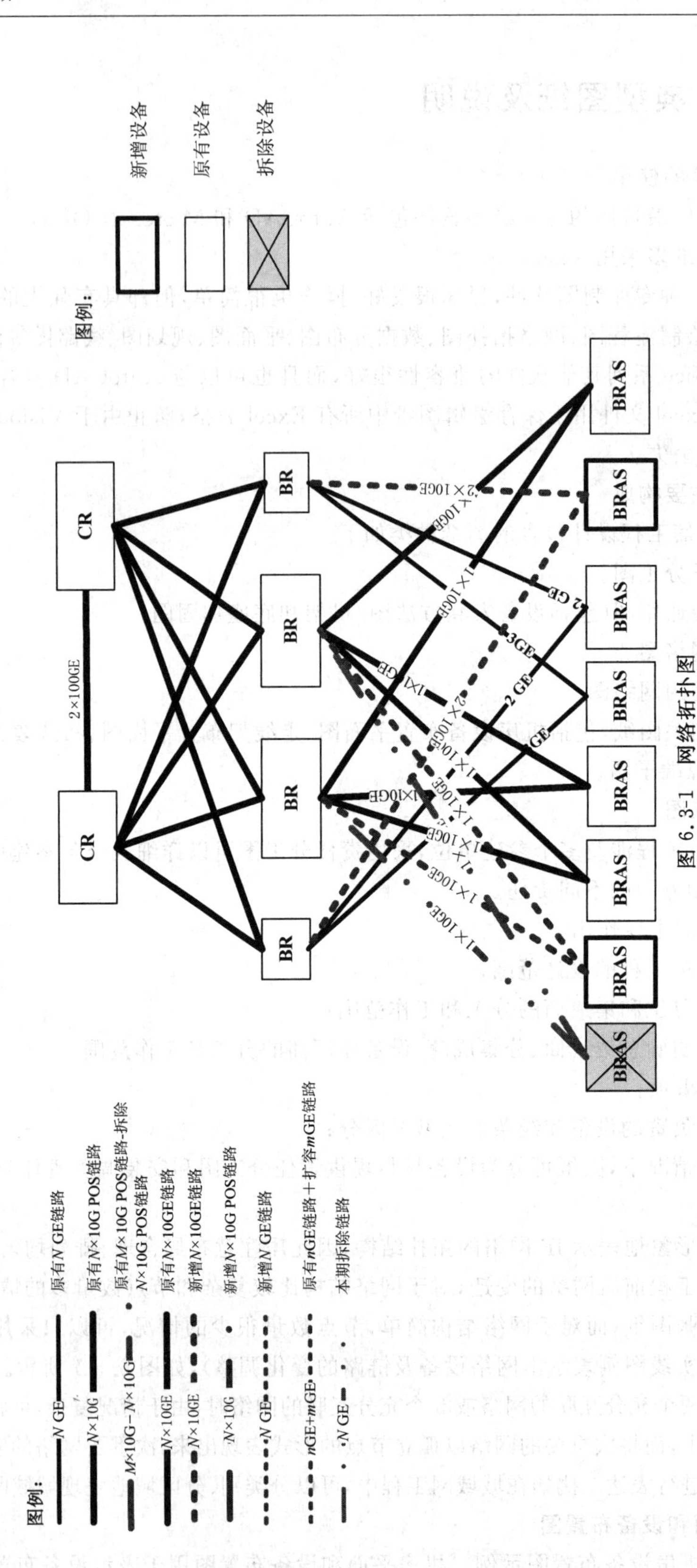
图例:
新增设备
原有设备
拆除设备
CR
CR
2×100GE
BR
BR
BR
BR
BRAS
BRAS
BRAS
BRAS
BRAS
BRAS
BRAS
BRAS
2×10GE
2 GE
3GE
2 GE
1×10GE
图例:
N GE 原有N GE链路
N×10G 原有N×10G POS链路
M×10G−N×10G 原有M×10G POS链路-拆除N×10G POS链路
N×10GE 原有N×10GE链路
N×10GE 新增N×10GE链路
N×10G 新增N×10G POS链路
N GE 新增N GE链路
nGE+mGE 原有nGE链路＋扩容mGE链路
N GE 本期拆除链路

图 6.3-1 网络拓扑图

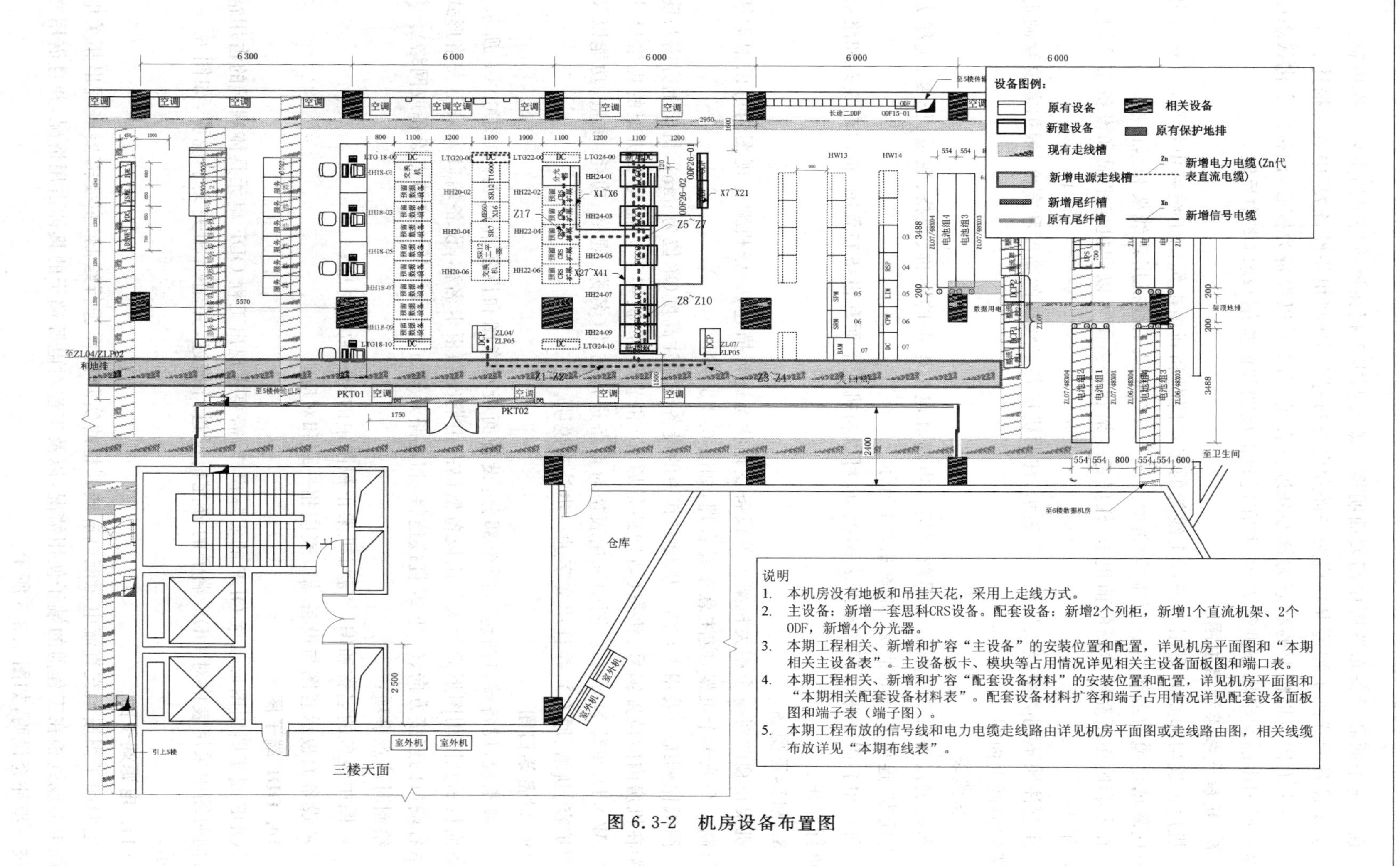

图 6.3-2　机房设备布置图

在机房平面和设备布置图中需要简明扼要地说明本工程在该机房中的主要工作内容。

主要设备的详细工程情况在机房平面和设备布置图中的“相关设备表”中进行描述。

机房平面图应以机架的状态为核心来进行表述，而不是以设备为核心，设备的变化状态可以在平面图中的文字部分进行表述，并在机架正视图和面板图/端口图中反映。

6. 机房走线架和路由图

机房走线架和路由图用于表示走线架的布置情况和新增电缆的走线路由情况，即表达出工程内新增电缆的走线类型、方向和路由。图 6.3-3 是某工程机房走线架和路由图。

在不影响图纸简明清晰的前提下，机房走线架和路由图可以和机房平面和设备布置图进行合并。

注意注明不同类型走线架并区分表示，注明机房各走线架的高度和宽度，根据需要绘制走线架的横截剖面图。

7. 布线表

布线表以表格形式列举工程新增信号电缆和电力电缆的名称、规格、数量、长度、走线方式、责任方、连接方向等情况，如图 6.3-4 所示。

可以单独附一张专门的布线表图纸，也可以与机房平面和设备布置图、机房走线架和路由图进行合并。

8. 机架正视图

机架正视图对每个相关机架内的设备变化状态进行描述，一张机架正视图内可以根据情况绘制一个或多个机架，应注意布局合理，如图 6.3-5 所示。

图纸比例统一采用 1∶10。机架和其中的设备需标注高度(单位为 mm)，机架上方需写明机架在机房内的位置编号、状态(新增还是原有)和节点名，机架下方需写明机架的规格尺寸($H \times W \times D$，单位为 mm)。图中采用表格对设备进行描述(名称、规格、功耗、重量、功能以及注明扩容、新增、原有)，并且用文字进一步补充说明。

9. 设备端口图

一般来说，设备端口图包括两个部分：设备面板示意图和设备端口表，如图 6.3-6 所示。设备面板示意图用图形简明表示出设备槽位占用情况和板卡名称，设备端口表采用表格形式表示各端口的连接方向(ODF 或直接连接)和电路开通方向(最终的连接节点设备或网络)。

绘制时注意事项：

➢ 图中设备的名称和编号需与机架正视图中的相一致和对应；

➢ 设备面板示意图与设备端口表应相一致和对应。

10. ODF 端子图

ODF 端子图用图形示意 ODF 的实际模样，需要表现出工程 ODF 单元具体端子的占用情况；同时图中采用表格对 ODF 端子的分配情况进行描述，并辅以相关文字说明，如图 6.3-7 所示。

11. 电源端子图

电源端子图按照交直流电源配电屏或列柜的实际模样进行绘制，主要需要表现出相关电源配电屏或列柜在工程前的端子使用情况，以及工程对电源端子的具体占用情况，并且需用文字进一步补充说明，如图 6.3-8 所示。

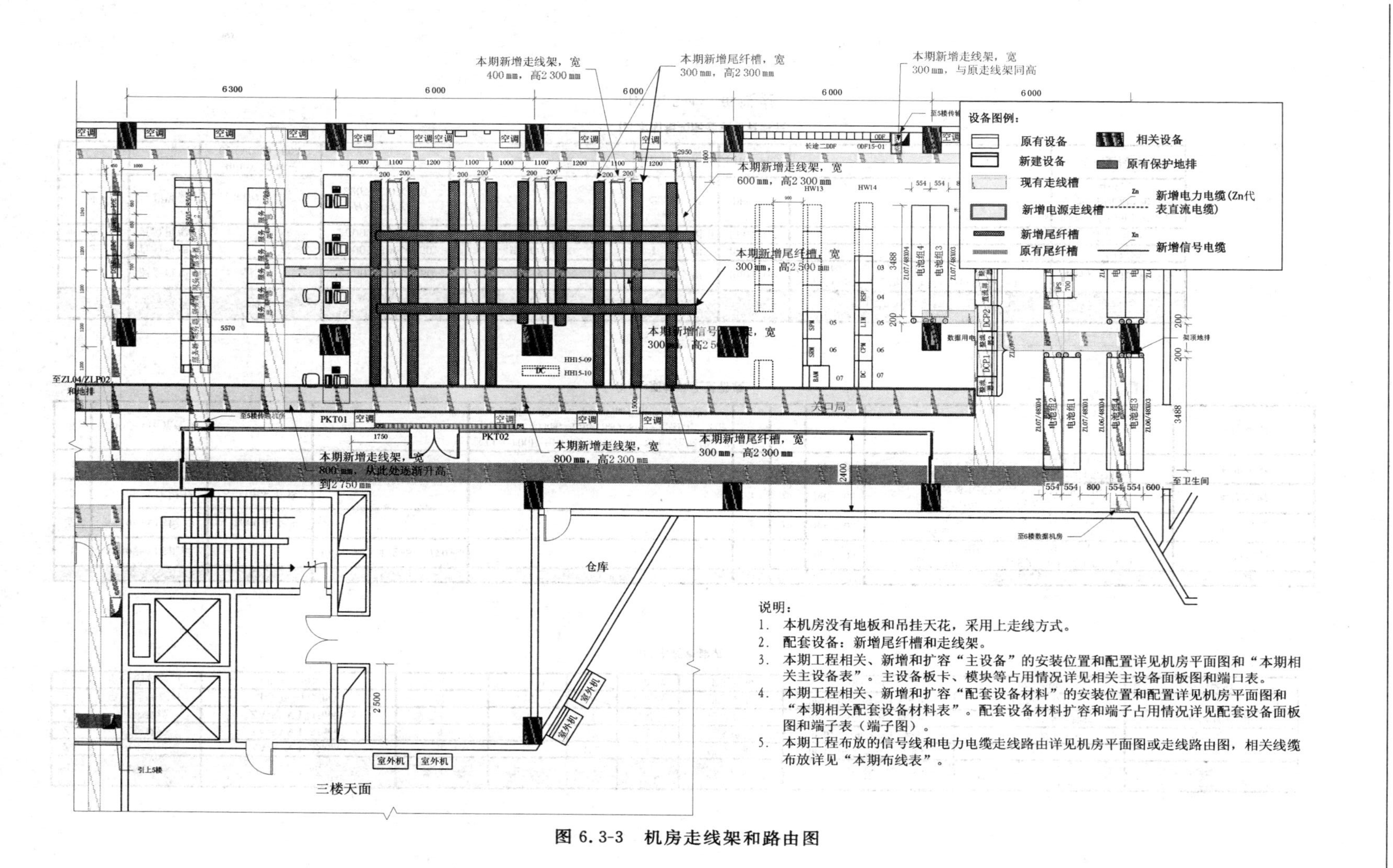

图 6.3-3　机房走线架和路由图

编号	电缆名称	电缆规格	数量/条	距离/m	长度/m	走线方式	责任方	从	至	备注
Z1	直流电力电缆	ZA-RVV 1×35mm²	16	12	192	上走线	建设单位	HH07-05新增华为NE40E	LTG07-00直流列柜	红蓝各半
Z2	保护地线	ZA-RVV 1×35mm²	1	12	12	上走线	建设单位	HH07-05机架保护地排	LTG07-00直流列柜	黄绿双色
Z3	保护地线	ZA-RVV 1×25mm²	1	3	3	机架内	建设单位	HH07-05新增华为NE40E	HH07-05机架保护地排	黄绿双色
X1	单模铠装尾纤	LC/PC-FC/PC	30	25	/	上走线	建设单位	HH07-05新增华为NE40E	ODF01-07	
X2	单模铠装尾纤	FC/PC-FC/PC	8	15	/	上走线	建设单位	ODF01-07	出局ODF	出局跳纤

(a) 本期布线表

序号	设备名称	型号	规格尺寸	架内设备及模块	数量	单位	位置编号	设备编码	备注
1	NE40E-X16机框		1 420 mm×442 mm×770 mm		1	台	HH07-05	设备名称:××综合机房01/K-NE40E-X16-1 设备编码:×××/K-NE40E-X16-1	本期新增
2	NE40E-X16板卡	100G母卡			3	块	HH07-05	设备名称:××综合机房01/K-NE40E-X16-1 设备编码:×××/K-NE40E-X16-1	本期新增
3	NE40E-X16板卡	5口10GE子卡			3	块	HH07-05	设备名称:××综合机房01/K-NE40E-X16-1 设备编码:×××/K-NE40E-X16-1	本期新增
4	NE40E-X16板卡	CGN板卡			1	块	HH07-05	设备名称:××综合机房01/K-NE40E-X16-1 设备编码:×××/K-NE40E-X16-1	本期新增
5	NE40E-X16光模块			含11个10GE（10 km，1 310 nm）SFP+光模块，2个10GE（40 km，1 550 nm）SFP+光模块，2个10GE（80 km，1 550 nm）SFP+光模块					本期新增

(b) 本期相关主设备表

序号	设备名称	型号	规格尺寸 $H\times W\times D$/mm	架内设备	数量	单位	位置编号	设备编码	备注
1	混合机架		2 600×600×850	SR7	1	架	HH01-09	设备名称:××七楼综合机房01/R-SR7-1 设备编码:×××/R-SR7-1	原有，本期扩容设备
2	直流机架		2 600×600×850	M6000-16E	1	架	HH07-04		本期新增
3	直流机架		2 600×600×850	NE40E-X16	1	架	HH07-05		本期新增
4	ODM	日海通讯	$H\times W\times D$: 220×430×270		2	个	ODF01-07		原有中间ODF，本工程新增2个ODM单元并占用端子
5	熔丝	HURO RT16-00(NT00) 80A			16	个	LTG07-00		本期更换熔丝

(c) 本期相关配套设备材料表

图 6.3-4　布线表

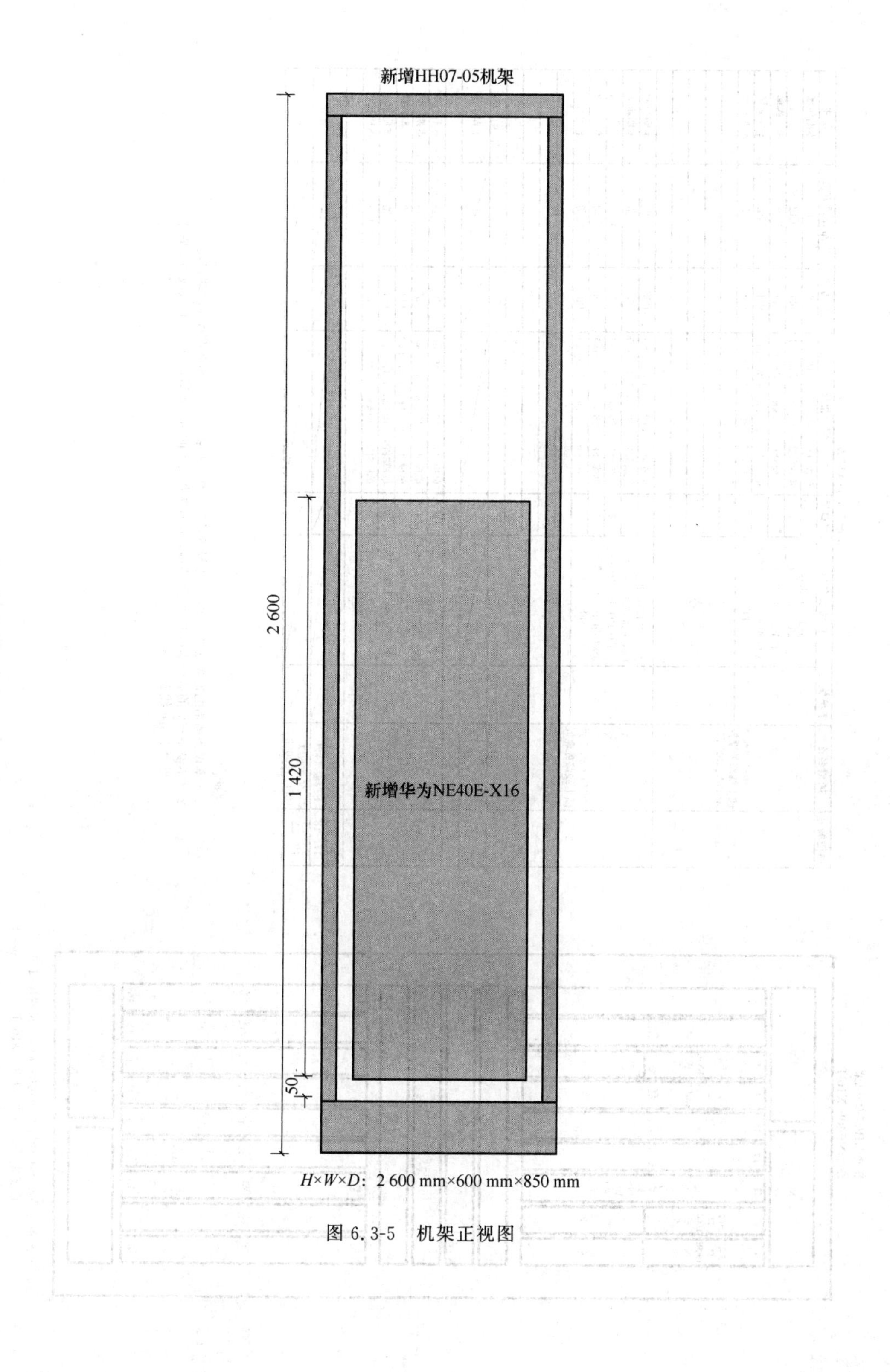
新增HH07-05机架
2 600
1 420
50
新增华为NE40E-X16
H×W×D: 2 600 mm×600 mm×850 mm

图 6.3-5　机架正视图

新增HH07-05机架
新增NE40E-X16-1

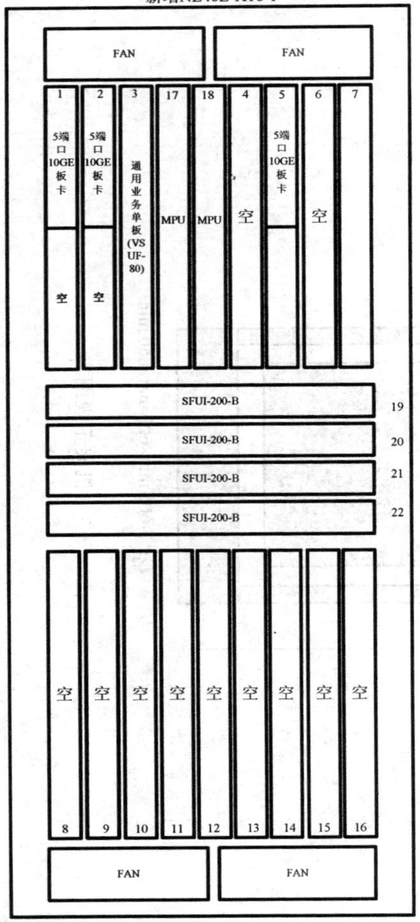

FAN	FAN

1	2	3	17	18	4	5	6	7
5端口10GE板卡 / 空	5端口10GE板卡 / 空	通用业务单板(VSUF-80)	MPU	MPU	空	5端口10GE板卡	空	

SFUI-200-B 19
SFUI-200-B 20
SFUI-200-B 21
SFUI-200-B 22

8	9	10	11	12	13	14	15	16
空	空	空	空	空	空	空	空	空

FAN	FAN

设备名称:××七楼综合机房01/K-NE40E-X16-1
设备编码:××/K-NE40E-X16-1

新增NE40E-X16设备端口表

插槽编号	插槽名称	子槽编号	电路板名称	端口号	端口描述	连接方向	电路开通方向	备注
1	100 Gbit/s灵活插卡线路处理板(LPUF-102-E)	0	5端口10GBase LAN/WAN-SFP+灵活插卡E(P101-E)(P101-5x10GBase LAN/WAN-SFP+ -E)	0	单模SFP+（10 km，1 310 nm）	ODF	CR	本期新增
				1	单模SFP+（10 km，1 310 nm）	ODF	预留	本期新增
				2	单模SFP+（10 km，1 310 nm）	ODF	预留	本期新增
				3	单模SFP+（40 km，1 550 nm）	ODF	预留	本期新增
				4	单模SFP+（80 km，1 550 nm）	ODF	预留	本期新增
		1	空					
2	100 Gbit/s灵活插卡线路处理板(LPUF-102-E)	0	5端口10GBase LAN/WAN-SFP+灵活插卡E(P101-E)(P101-5x10GBase LAN/WAN-SFP+ -E)	0	单模SFP+（10 km，1 310 nm）	ODF	CR	本期新增
				1	单模SFP+（10 km，1 310 nm）	ODF	预留	本期新增
				2	单模SFP+（10 km，1 310 nm）	ODF	预留	本期新增
				3	单模SFP+（40 km，1 550 nm）	ODF	预留	本期新增
				4	单模SFP+（80 km，1 550 nm）	ODF	预留	本期新增
		1	空					
3	通用业务单板(VSUF-80)							本期新增
4	空							
5	100 Gbit/s灵活插卡线路处理板(LPUF-102-E)	0	5端口10GBase LAN/WAN-SFP+灵活插卡E(P101-E)(P101-5x10GBase LAN/WAN-SFP+ -E)	0	单模SFP+（10 km，1 310 nm）	ODF	预留	本期新增
				1	单模SFP+（10 km，1 310 nm）	ODF	预留	本期新增
				2	单模SFP+（10 km，1 310 nm）	ODF	预留	本期新增
				3	单模SFP+（10 km，1 310 nm）	ODF	预留	本期新增
				4	单模SFP+（10 km，1 310 nm）	ODF	预留	本期新增
		1	空					
6～16	空							
17～18	主控板（MPU）							本期新增
19～22	交换网板(SFUI-200-B)							本期新增

说明：
1. 本设备新增配置详见“本期相关主设备表”。具体安装位置详见设备面板图和端口表。
2. 本设备布放的信号线和电力电缆走线路由详见机房平面图或走线路由图，相关线缆布放详见“本期布线表”。

图 6.3-6　设备端口图

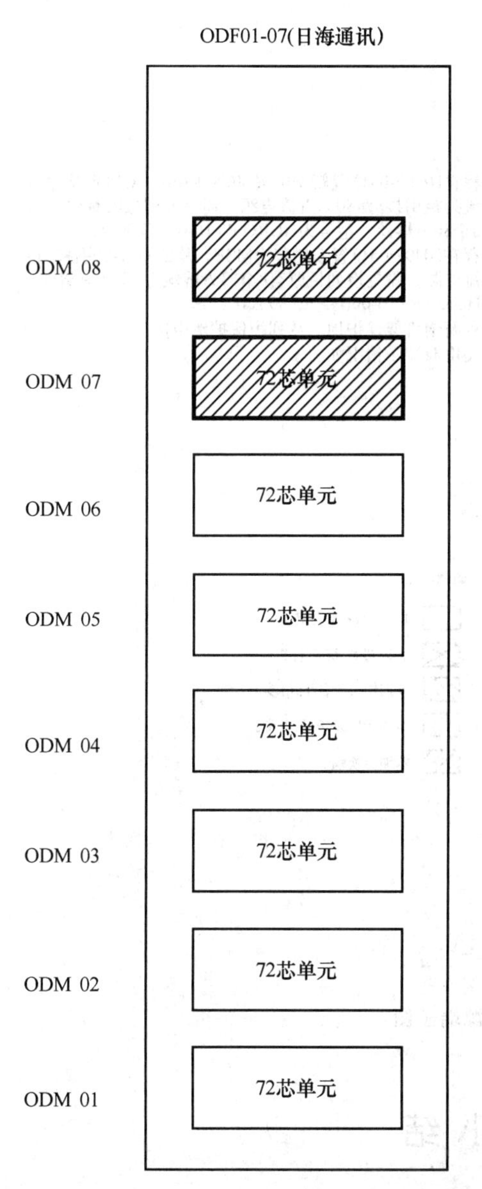

说明：本期工程新增2个ODM，并占用其端子。

图 6.3-7　ODF 端子图

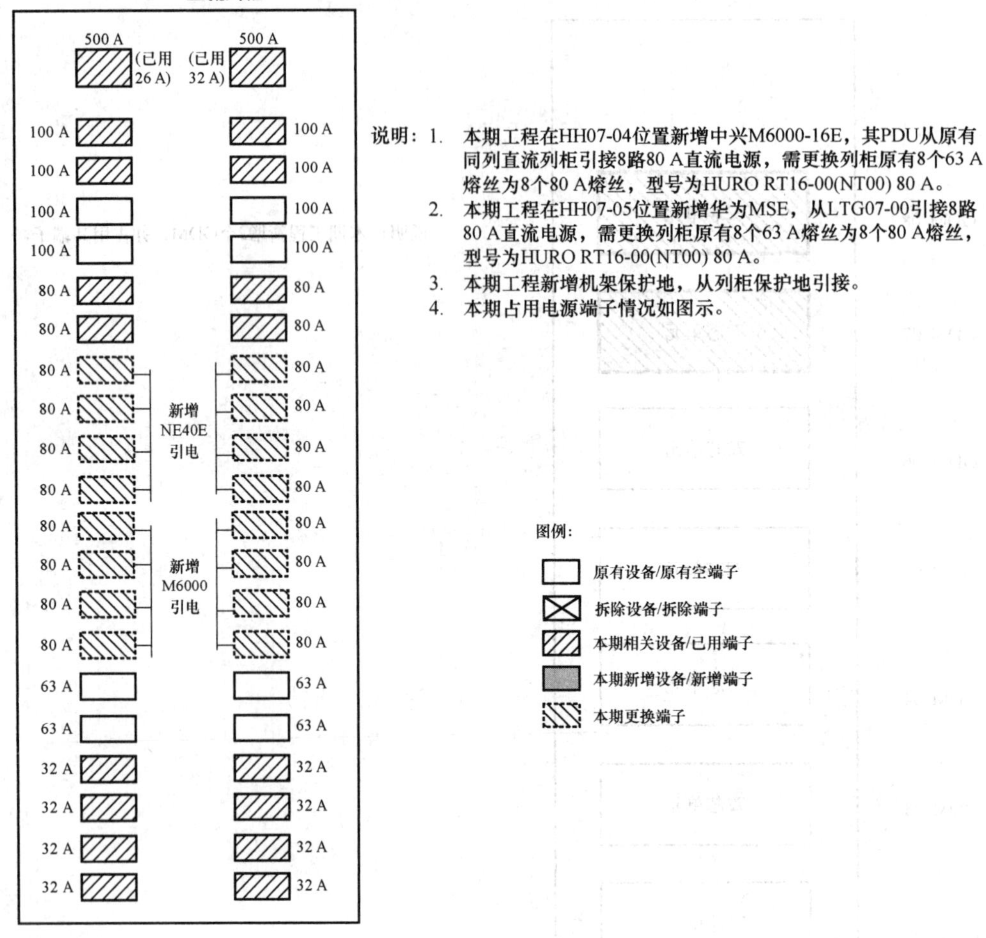

图 6.3-8　电源端子图

本章小结

本章介绍了数据通信工程涉及的主要大类及其在通信系统中所处的位置，并详细地介绍了数据通信工程的勘察方法，列出了具体的勘察内容及相关的勘察图，最后介绍了数据通信工程的设计方法，重点介绍了施工图纸的编制内容，并给出了相关的典型图纸。

课后习题

1. 请简述数据通信工程设计的勘察内容。
2. 请简述数据通信工程的设计方法与要求。